中医药公共卫生专项"国家基本药物所需中药原料资源调查和监测项目"（财社［2011］76号）；中医药行业科研专项"我国代表性区域特色中药资源保护利用"（201207002）；国家自然科学基金项目"基于SMRT测序技术和谱效关系研究黎药裸花紫珠资源品质差异形成机制"（81660714）；国家中医药管理局2019年中医药事业传承与发展补助资金"2019年中药材产业扶贫推进项目"（琼财社〔2019〕466号）

中国药食同源
资源开发与利用

田建平　胡远艳　主编

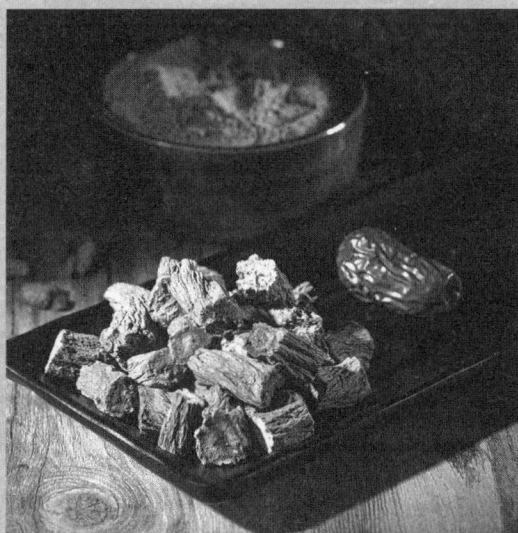

吉林大学出版社
·长　春·

图书在版编目（ＣＩＰ）数据

中国药食同源资源开发与利用 / 田建平 , 胡远艳主
编 . — 长春 : 吉林大学出版社 , 2020.8
ISBN 978-7-5692-6868-3

Ⅰ . ①中… Ⅱ . ①田… ②胡… Ⅲ . ①药用植物—资
源开发—研究②药用植物—资源利用—研究 Ⅳ . ① S567

中国版本图书馆 CIP 数据核字（2020）第 148952 号

书　　　名	中国药食同源资源开发与利用
	ZHONGGUO YAOSHI TONGYUAN ZIYUAN KAIFA YU LIYONG

作　　者　　田建平　胡远艳　主编
策划编辑　　樊俊恒
责任编辑　　曲　楠
责任校对　　樊俊恒
装帧设计　　崔　蕾
出版发行　　吉林大学出版社
社　　址　　长春市人民大街 4059 号
邮政编码　　130021
发行电话　　0431-89580028/29/21
网　　址　　http://www.jlup.com.cn
电子邮箱　　jdcbs@jlu.edu.cn
印　　刷　　北京亚吉飞数码科技有限公司
开　　本　　787mm×1092mm　1/16
印　　张　　19.5
字　　数　　474 千字
版　　次　　2021 年 3 月　第 1 版
印　　次　　2021 年 3 月　第 1 次
书　　号　　ISBN 978-7-5692-6868-3
定　　价　　92.00 元

中国药食同源资源开发与利用

主　编　田建平　胡远艳

副主编　吴振宁　盛　琳

主　审　曾　渝(海南医学院)

编　者　(以姓氏拼音为序)

胡远艳 海南大学

李惠玲 海南医学院

彭云露 海南医学院

盛　琳 海南医学院

田建平 海南医学院

吴振宁 海南省中医院

前　言

　　本书是对中华人民共和国国家卫生健康委员会公布的110种药食同源品种资源及其应用的总结和挖掘。习近平总书记指出："人民对美好生活的向往，就是我们的奋斗目标"。健康生活是人们美好生活的重要组成部分，而实现治未病和慢性病的良好疗效是实现全生命周期健康美好生活的重要一环。在这方面，中医药具有显著的优势。2019年始发，2020年全球大流行的新冠肺炎疫情（COVID-2019）给人们的生命健康和经济生活带来了很大的负面影响。在中国，中西医结合，中医药并用，是国内新冠肺炎疫情迅速得到控制的重要原因之一，这也是中医药传承精华、守正创新的生动实践。在国家推荐的治疗新冠肺炎三药三方（金花清感颗粒、连花清瘟胶囊、血必净注射液；清肺排毒汤、化湿败毒方、宣肺败毒方）组成中含有较多药食同源中药，如金银花、苦杏仁、薄荷、甘草、广藿香、鱼腥草、黄芪和薏苡仁等。而且诸多药食同源资源具有提高人体免疫力的作用，可以有效抵御外邪对人体的侵袭。另外药食同源品种典籍中包含大量的食养、食疗和药膳的知识，是中华民族先辈经验的积淀，对于提高人们的生活质量具有重要的意义。加强对这些古典医籍精华的梳理、挖掘并与现代科学知识相结合，指导其应用于老百姓的日常生活中，是新时代健康生活的迫切要求。

　　本书借鉴药食同源资源最新研究文献及研究成果，注重药食同源资源在经典应用和现代研究方面的结合，以为今后药食同源资源的深入研发提供参考。由于时间仓促，水平有限，书中难免有不足之处，希望广大读者提出宝贵意见，以便再版时修订和进一步完善。

编　者

2020年6月

目 录

绪　论

一、药食同源概念、理论基础、与大健康关系及其意义

（一）概念

药食同源是指有些食物和药物的来源相同，它们之间没有绝对的界线，其既可用于治病，也可作为食物使用。如葛根、山楂、乌梅、蜂蜜等，它们既属于具有良好药效的中药，也是被人们广泛运用的食材。

药食同源的另一层含义是指大部分中药可以食用。毒性作用大的食用量小，而毒性作用小的食用量大。也就是说，部分中药和食物的概念是相对的。

（二）理论基础

中医药"四气五味学说"是药食同源理论的核心，其特点是：药物和食物均具有四气（寒、热、温、凉）与五味（辛、甘、酸、苦、咸）的属性。人们应用时需根据天气、四季变化和人体所处的状态选择适宜对象，通过纠偏，使人体存在的不平衡（疾病或亚健康）状态恢复至平衡（健康）状态，其中，使身体由亚健康恢复到健康状态就是治未病过程。药食两者使用的原理基本相同，不同点在于："食养正气，药攻邪气"，即中药的治疗药效强，用药正确时，疗效突出，而用药不当时，则会导致副作用；而食物的治疗效果缓和，不及中药那样突出和迅速，配食不当，也不会立即产生不良后果；如绿豆和大黄都具凉性，绿豆作为食物可清胆养胃、解暑止渴，大黄作为药物则可泄热毒、破积滞和行瘀血，后者清热作用显著强于前者。总之，药物更善于纠偏作用和药性，古人云"是药三分毒"，非常形象地勾画出了药物和食物的共性和特性。

（三）药食同源与大健康关系及其意义

饮食与人类的健康存在紧密的联系，药食同源是部分中药能够作为养生保健品的理论依据。虽然药物作用强但不常吃，食物作用弱却是日常生活必需品。人们日常饮食在供给必需的营养物质同时，还会因长期效应导致量变引起质变，从而使食物的性能作用对身体生理平衡和功能产生非常明显的有利或不利的影响。因此，在中医理论指导下，长期合理地调配饮食，可以利用某些食物所具有的药物功能及其药性缓和的特点，避免药物毒性对身体不利影响，达到纠正人类亚健康和疾病的状态，使身体恢复正常。近年来，随着社会的快速发展，由于生活压力和不良生活习惯等因素的影响，处于亚健康状态的人越来越多，从

而导致慢性病的产生和累积。党的十九大报告中已明确提出"实施健康中国战略",勾画了健康中国的清晰蓝图。2016 年国务院印发的《中医药发展战略规划纲要(2016—2030 年)》和 2017 年 7 月 1 日实施的《中华人民共和国中医药法》,标志着我国已将中医药事业上升为国家战略部署,国家对于中医药的重视必将对中医药产业发展带来重大机遇。药食同源产业作为中医药发展不可缺少的部分,其产品在日常食疗与养生保健中扮演着重要角色,在实现广大人民群众对美好生活的向往,及对更高标准、更高质量生活的健康要求中有望发挥重要的作用,因此,发展药食两用食品产业对促进我国的大健康事业具有重要的意义。

二、药食同源文化的起源与发展

(一)药食同源理论的起源与传承

我国药食同源文化历史久远。古代时期,人们在寻找食物过程中发现了各种食物、药物的性味和功效及其彼此联系,并将药称为毒,即指药的偏性及其所具独特的气、味、归经;而食物较平和,许多食物不仅可食,还可防病治病。如西汉《淮南子·修务训》云:"神农尝百草之滋味,水泉之甘苦,令民知所避就",说明神农尝百草时代药与食不分,无毒者可就,有毒者当避。用之治病者为药,用作食物者为食,但大部分药食两用,很难严格区分,如橘子、花椒、蜂蜜等。古代医学家将中药的"四气五味"理论运用到食物之中,认为每种食物也具有"四气五味"。在夏商周朝,药食同源理论趋于成熟,从理论层面详述了药食配伍和身体五脏的相互关系。后代继续传承了药食同源的理念,如《隋唐黄帝内经太素》称:"空腹食之为食物,患者食之为药物",唐代孟诜《食疗本草》就是将药食同源学说与品种加以集中介绍的专著。此类专著诸如《救荒本草》《随园食单》等,均体现出了药食同源的思想。

特别值得注意的是,《黄帝内经·素问》云:"不治已病治未病,不治已乱治未乱",提出了"治未病"思想,首度阐明了"治未病"重要性。"治未病"思想也是药食同源思想的具体体现,是药食同源理论和生活实践相结合的产物。

从起源过程来看,远古时代药和食同源,直到《神农本草经》出现了上、中、下三品的分化,完整提出四气五味的药性理论。从药食同源的传承来看,早期的《神农本草经》中的上品有 120 种,内含大量滋补强壮抗衰老药物。其中,益气者如人参、黄芪、山药、灵芝、白术、甘草等,温补者如肉苁蓉、杜仲、续断、巴戟天、菟丝子等,滋阴者如玉竹、石斛、天冬、麦冬、枸杞子、女贞子、沙参、龟甲等,养血者如地黄、阿胶、桑寄生等,安神养心者如柏子仁、酸枣仁、茯苓、五味子等,固肾涩精者如藕、莲子、芡实、覆盆子等。上述大部分种类与现在官方批准的药食同源种类是一脉相承的。

总体而言,药食同源是人们在长期的中药材使用生活实践中所取得的知识和智慧,通过提炼和升华,使药食同源向药食两用转化,利用某些食品所具有的预防、保健养生功能,实现药食两用。再经过历朝历代相关人士的不断实践和发展,逐步形成了药食同源理论。药食同源体现了中华传统文化多维认识和把握事物的认知方式,即不以机械主义的理念生活,而是一种辩证唯物的中国智慧文化。药食同源分为食养、食疗和药膳三类,它们各自有其特点和文化传承发展。

（二）食养、食疗和药膳的特点

食养即饮食营养，是通过正常的饮食调节达到养生保健的目的，其特点在于均衡饮食，保持健康。其原则为强调饮食不偏，有节，生熟冷热有度。食养要适应环境，要因时、因地、因人而异。

食疗即饮食疗法，指在中医理论指导下，结合现代营养学知识，利用食物的特性或膳食中的营养成分调节身体，以达到治疗疾病，恢复人体健康目的，其本质属于中医传统疗法。食疗与食养的不同点在于，食养关注的是非疾病状态的膳食营养，更偏重饮食生活方式的调养保健；而食疗具有一定程度的调节人体生理功能目的，需要中医背景的专业人员通过综合膳食调理来完成。

药膳是食疗的一部分，药膳是以辅助治疗某些疾病为目的，依据中医辨证施治的原则在膳食中加入一定的中药做成菜肴或其他类型的食物。药膳与食疗的根本区别是药膳是食疗的表现形式，而食疗是一种系统的治疗方法。药膳在膳食中加入了一定的药物，而药物有一定的适应范围和规定的使用剂量，传统的药膳应用正逐渐被规范的应用药膳标准所取代，因此，药膳要在医生的指导下服用。需要注意的是，药膳不等于单纯中药和膳食的结合，需要专业的人员辨证并制作。药膳是中医辨证论治的结果，不是简单的膳食，要考虑应用的原则和法规。

（三）中国食养文化

中国食养可分食法和食方。在食法方面，《黄帝内经》由《素问》和《灵枢》组成，其分别从阴阳五行、天人相应、五运六气、脏腑经络、病机、诊法、治则、针灸等方面，结合当时哲学和自然科学成就，作出了比较系统的理论概括和认识。如《素问·宝命全形论》曰："人以天地之气生、四时之法成。"《素问·六节脏象论》又曰："天食人以五气，地食人以五味。"上述说明了古代人们朴素的生命观，即人类的生命源于天地日月，人体要靠天地之气提供的物质和环境而获得生存，要适应四时阴阳的变化规律，才能发育成长。这与当代人与自然和谐发展的观点不谋而合。因此，食养方法需要因人（体质）、因时（季节）、因地（地理环境）制宜，实现协调融合。《素问》还明确提出："五谷为养，五果为助，五畜为益，五菜为充，气味合而服之，以补精益气。"这一理论是对当时食养文化的经验总结，成为后来食养文化"三分治疗七分养"的理论依据。

在因人（体质）制宜（饮食）方面，它是依据个人体质，科学严谨地搭配食材，从而起到养生保健的作用。在疾病初起和渐消时，可合理运用食养理论，通过扶正以驱邪，达到调整机体状态的目的。

在因地（地理环境）制宜（饮食）方面，"一方水土养一方人"体现了地理环境与饮食习俗的适宜性。如四川的辣饮食习俗与当地人抵御潮湿多雨的气候密切相关；山西的醋与当地饮水的碱性较大和地处黄土高原、气候干燥有关；东北的酸菜与当地鲜菜不够，而酸菜却近乎能完整保存白菜原有的蛋白质、糖类、无机盐、维生素等营养成分有关，此外酸菜还含新的乳酸营养物，所以酸菜具有较高的营养价值；南方的甜饮食习俗则与南方人所喜爱的甜食结构及南方较热、人体新陈代谢率高、对能量需求较高有关。

在因时（季节）制宜（饮食）方面，《素问·六元正纪大论》云："用寒远寒，用凉远凉，用温远温，用热远热，食宜同法，有假者反常，反是者病，所谓时也。"即运用寒凉药物和食物时要远离寒凉季节，用温热药物和食物须远离温热季节，否则就会产生疾病。因此，根据夏季高温湿盛特点，需要重视健脾、消暑、化湿，饮食应以多吃薏米、绿豆、豆腐、藕、南瓜、苦瓜等清暑、生津的食物，少吃甜、油腻助湿之品，但切忌过食生冷；冬季应多食温热性等高热量、高蛋白肉类食物，以提高机体耐寒能力，如羊肉、甲鱼、鸽、鹌鹑、海参、枸杞、韭菜、胡桃、糯米、桂圆肉、枣等；而春季万物生发，自然界阳气萌动，饮食要以协助阳气升发为原则，适当吃些葱、姜、蒜、韭、芥等温性食品，少吃冬瓜、绿豆芽等凉性食品，如气温较高，又需防止阳气上升太过，郁而化热，可多食清淡甘凉的蔬菜果品；秋季气候凉爽而干燥，宜多吃一些生津养液、清肺降气、润燥止渴食物，如芝麻、核桃、梨、枣、菊花、银耳等，少食辛辣发散之品。

对于季节与五味关系，我们应遵循四季养生基本原则，即如孙思邈《卫生歌》所云："春月少酸宜食甘，冬月宜苦不宜咸，夏日增辛减却苦，秋辛可省但欲酸。"

在食方方面，伊尹的"桂枝汤"可称为华夏药食同源第一汤。商朝初期大臣伊尹烹调技艺高超，其首创桂枝汤的五种原料均为常见的调味品。伊尹说汤的食方要诀为"凡味之本，水最为始。五味三材，九沸九变，火为之纪。时疾时徐，灭腥去臊除膻，必以其胜，无失其理。调和之事，必以甘酸辛咸，先后多少，其齐甚微，皆有自起。鼎中之变，精妙微机，口弗能言，志弗能喻，若射御之微，阴阳之化，四时之数"，较好地概括了汤品的制作要点。故伊尹说汤成为以后几千年中国食方的理论依据。

在典型的食方方面，如阿胶始于秦汉，寓医于食，为传统的滋补、补血良药，也是经典食方。阿胶最早记载于《神农本草经》，列为上品，熬制阿胶的传统工艺复杂，在原料、用水、工具、制作季节等方面都有讲究，经过上千年的传承和发展，得到了实践的检验。

茯苓饼，作为北京滋补性传统食方，其制作方法早在南宋《儒门事亲》中就有记载："茯苓四两，白面二两，水调作饼，以黄蜡煎熟。"清初进一步改进为"糕贵乎松，饼利于薄"。茯苓饼既清香，又有安神、益脾、利水、渗湿等功效，对妇女及老年人滋补最佳，故成为清王朝宫廷里祛病延年的滋补佳肴。

随着科技的发展，食材的加工方法更加科学，软胶囊、片剂、粉剂以及超微粉等食品的不断推出，标志着中国食养文化进入新纪元。

"药补不如食补"，随着国人食养观念的日益成熟，低热量、低油脂、低胆固醇类食材将大受欢迎；有机食品、绿色食品、无公害食品备受青睐；黑枸杞、黑番茄、黑橄榄等野生天然食材将大放异彩。从单纯追求舌尖上的快乐到追求营养物质的均衡，崇尚食物养生已经成为中国食养文化的发展趋势。总体而言，中国食养文化是一种广视野、深层次、多角度、高品位的药食结合文化，是华夏民族在五千年的生产和生活实践中，在食材开发、食器研制、食艺审美、食方调理、食法养生等方面创造、积累的物质财富及精神财富。

（四）中国食疗文化

在中国食疗文化方面，文献最早记载与食疗相关原则和理论的是《黄帝内经》。如其提出了最早的食疗原则，即"大毒治病，十去其六；常毒治病，十去其七；小毒治病，十去其八；无毒治病，十去其九；谷肉果菜，食养尽之，无使过之，伤其正也"，这可称为最早的食疗原则。其还提出了"上工治未病,不治已病"思想,是"未病先防,治未病"食疗思想的起源。东汉张仲景的《伤寒杂病论》是中医史上第一部理、法、方、药具备的经典,被后人称为方书之祖,食疗肇始。该书载方113个,其中,许多著名方剂在现代食疗养生中仍然发挥着巨大作用,例如乌梅丸、白头翁汤、栝蒌薤白白酒汤、当归生姜羊肉汤、猪肤汤等都是临床中常用食方。另在剂型上也比以前专著丰富,计有汤剂、丸剂、散剂、膏剂、酒剂、洗剂、浴剂、熏剂等,这些为食疗文化的发展奠定了良好的基础。

唐朝孙思邈在《千金要方》也记载了果实、菜蔬、谷类、鸟兽虫鱼等百余种可资食治的食物。由其学生孟诜编撰的《食疗本草》是现存的我国第一部食疗专著。自此之后,有关著作相继出现,如9世纪中期四川昝殷《食医心鉴》(该书宋时尚存,后佚);《医方类聚》中用食物组成药方以治诸疾,包括中风、诸气、心腹冷痛等16类,共211方,如"治浮肿胀满不下食心闷方:猪肝一具,洗,细切布绞,更以醋洗。上者葱白、豉、姜、椒熟后食";南宋娄居中《食治通说》则体现了以食治则身治,此上工医未病的观点;明清时期食疗文化更为繁荣,其中首推清代名医费伯雄撰《食鉴本草》,共1卷,首论了各种食物功用、主治、宜忌,另分述了风、寒、暑、湿、燥、气、血、痰、虚、实十类病因病症所用食品及治法;此外还有《食物本草》等。

古代对食疗著述最专业的文献当属李时珍的《本草纲目》,其中,涉及食疗内容的谷、菜、果三部占300余种;虫、介、禽、兽类占400余种。另外还将药物和食物分列四气五味,并根据人体不同的体质特点和疾病的阴阳寒热偏性,提出热者寒之、寒者热之、实则泻之、虚则补之的治疗原则。此外"百病主治药"中还记述有许多食疗方法,包括酥、腐乳等经加工制作的食品等。其对养生食疗影响最大,现今人们研究豆腐、酒品和不少食艺、食方的源流,常以此书为据。

近年来,在我国,由于工作压力加大、步入老龄化社会、过度饮食和过量脂肪摄入等因素,导致与此相关的亚健康患者和包括肥胖症、高血压、冠心病及癌症、老年病在内的慢性病患者人数逐年上升。因此,学习和传承好食疗文化,开发相关产品非常有必要。

(五)中国膳食文化

"民以食为天",中华民族五千年的岁月积淀出了深厚的饮食文化底蕴,并同中医药核心理论相结合,形成了独具特色的药膳食疗。作为食疗的组成部分,其文化脉络与食疗文化一脉相承。"药膳"一词最早出现于东汉时期,如《后汉书·列女传》有"母亲调药膳,思情笃密"的描述。而早期战国《黄帝内经》中"谷肉果菜,食养尽之,无使过之,伤其正也",则阐述了药食同源朴素的应用观点,对药膳学的发展影响深远。除在食疗中所述之外,比较有代表性的记载特色药膳著作还有:唐代苏敬等编撰的《新修本草》、陈藏器所著《本草拾遗》、孙思邈的《千金要方》和《千金翼方》也记载了一定量的药膳方;北宋王怀隐等撰写的《太平圣惠方》、南宋林洪撰写的烹饪专著《山家清供》包含100多种菜肴,他们进一步推动了药食同源理论的发展;而当今经典药膳方多源于元明清时期的药膳方,如元末忽思慧《饮膳正要》为我国第一部营养学专著,对230余种食品原料做了较简单的食用和药用说明,全书有230余种宫廷菜,以膳为主,以药为辅,对后面的营养学领域产生了深远的影响;明初贾铭所著《饮食须知》以368食物原料为对象,从医药学和养生学的角度进行了说明,其中含65种以上的鱼类膳食；明末高濂所著的《尊生八笺》则包含了适用于中老年人养生的32种汤谱和35种粥谱；而清末黄云皓《粥谱》则是我国现存首部和收集数量最多的一部药粥专著。以后经历一段低谷时期，在改革开放后药膳文化又得到快速发展。

作为药膳的重要组成，茶饮文化在我国历史上也十分久远。《神农本草经》首次讲述了茶饮起源的传说："神农尝百草，日遇七十二毒，得茶而解之。"中国茶文化的发展经历了以下阶段。

（1）两晋南北朝茶文化的萌芽期。如南北朝齐梁时期陶弘景所编著《杂录》中曰："苦茶轻身换骨，昔日丹丘子、黄山君服之"，茶叶在当时被称为"万药之药"，其功效也被逐步神化，以致后世由其他原料所制饮品也被称为"茶"。

（2）唐代茶文化的形成期。如唐代陈藏器《本草拾遗》云"茶为百病之药"，苏敬等人《新修本草》中则明确了茶的本草学定位，将其列入木部中品，其味甘、苦，性微寒、无毒，可下气、祛痰、祛热、消渴、令人少睡、消宿食、利小便、治瘘疮等。唐代茶圣陆羽在编写世界第一部茶学专著《茶经》一书中，则从生活的角度来集合前人对茶叶的认识，阐述了茶饮起源的权威观点，称"茶之为饮，发乎神农氏，闻于鲁周公"。此书承前启后，丰富了人们对于茶的认识，使得茶叶成为中华文化基因的一部分，最终确立了茶在整个中华历史中的重要地位。

（3）宋代茶文化的兴盛期。此时茶也由单一的茶叶逐渐过渡到复方茶剂，如《太平圣惠方》即列由茶叶配伍而成的茶疗方剂共计8首。其中的槐芽茶方、上萝叶茶方、皂荚芽茶方、石楠芽茶等方剂已不再专注于茶叶（即单一药材的本草药效），而是将重点转向茶叶制作工艺、服饮方法和社会认知在养生及临床中的运用，这使得药膳茶在发展上逐渐脱离了单一茶叶的束缚，从而迈出了崭新的一步。宋代对"茶"的品饮方式进行了很大的变革，此时茶不仅仅是单纯的"茶叶"，而是添加了一定辅料的"药茶"或"香"，甚至将茶中的"茶叶"省去而成"代茶饮"。在《太平惠民和剂局方》中就首次提出了"川芎茶调散"，并逐渐明确用茶水代替煎药用水的"茶剂"。

（4）元、明、清代茶文化的持续发展期。如明代《本草纲目》中对茶叶进行了系统总结，在其后续附方中载有含茶方剂16首，不含茶的"代茶饮"20余首。朱权《茶经》一书中将其冲泡方法改进为温水冲兑，去掉了烦琐的茶事表演环节，使以饮茶方式为主体的膳饮在民间流行开来。至此，茶饮功能已远远大于茶叶所提供的保健范畴，人们更愿用这种简单而又生活化方式进行防病治病、强身健体、延年益寿。至清代，由于皇室习俗，则提倡"以药带茶"的药茶方，不仅产生大量行之有效的养生茶疗方剂，医家也更加将注意力集中于制作工艺改进及品饮方式探索方面。如茶疗剂型由最开始的汤剂、丸剂，逐渐发展为汤剂、丸剂、散剂、冲剂、代茶饮等多种方式并用；饮服方法也发展出饮服、调服、和服、顿服、噙服、含漱、滴入等内服方法和擦、涂、熏等多种外用方法。在这种背景下，以茶叶为主体的茶饮逐渐被淡化，而蜕变成一种综合性治疗手段。

（5）至现代，不论是否含有茶叶，能够形成品饮的形式和精神世界的满足，均可视作药膳茶。由此可知，药膳茶的定义随着历史的发展而不断延伸，其原料、茶道品饮的方式方法、保健养生及治疗效能均在不断地拓展和升华；同样当代茶叶种类和食用方法都得到了很大的发展，茶文化也得到了很好的传承和发展。

在种类方面，当今主流的药膳茶饮可分为养生保健类和疾病治疗类。就其功能而言，主要以减肥、降脂、降压、健身、健美、解酒、益寿延年等养生保健作用为主。其组成多以茶叶基质与食用药物联用的冲泡剂为主,如市场上拼配茶"绞股蓝保健茶""宁红保健茶"等,其药物选择和适应范围都受到较大限制,且治疗效能不明显;市场上用于疾病治疗类的药茶极少,产品市场较为空白,如单纯地将某一种或数种保健(功能)食品的原料进行加工,如苦丁茶、金银花茶等。

保健茶如按成品形态划分,可分为三类:袋泡类,如江西宁红系列产品等;液体饮料类,如软、硬包装的各色保健茶饮料;结晶速溶类,如湖南猴王牌减肥晶等。今后药食同源类药膳茶应在中医学"治未病"的学术体系和内在思路下,积极构架药食同源药膳茶的传统中医理论体系,并结合现代制药工艺和生物工程技术,对传统药茶方剂进行包装改革,古法新用,创立药食同源类药膳茶的新标准体系,并在此基础上研发出相关健康产品,探索出药膳茶新的特色研发之路。

总之,经过长期的发展和传承,中国已全面建立食治、食疗本草体系,并为广大医家所接受和运用。药食同源文化是中华民族宝贵的中医药非物质文化遗产的重要组成部分。传承和发展好药食同源文化,不仅是中华民族伟大复兴的需要,更是发展我国大健康产业的迫切需求。药食同源系列产品是中国医药经济中独具特色的重要健康产品。健康产业将成为中国经济发展的新引擎和新动力,大力开发药食同源的健康产品是发扬中国传统文化和资源优势,也是打造有中国特色的现代健康产业的一个有效路径和抓手。

三、国内外功能性食品的发展概况

目前,功能性食品发展可分为三个时期。

第一时期主要为各类强化食品,其属于最原始的功能食品,其特点是无实验验证,目前我国部分功能食品属于此类情形,而日美等国将此类列为一般食品。

第二时期是经过人体和动物试验证明其具有生理调节功能,我国只有部分产品符合该类要求。

第三时期是不仅需要人体和动物试验证明其具有生理调节功能,还需研究其功能因子(或成分)的结构、含量及其作用机制,并保证功能因子在食品中应有稳定的存在形态。目前,大多数国家都在研制、开发符合最新要求的功能食品。

但需要注意的是,由于人体健康状态差异较大,经常出现动物试验与人体试验结果差异较大的情况,因此,最终要以人体使用效果为准。我国药食同源利用历史非常悠久,积累了海量的历史文献,应利用大数据等手段筛选先辈留下的丰富临床及食用价值的资料,能更快地研制更好的药食两用产品,为中华民族的健康服务。

关于国外功能性食品的发展概况,以日本为例,1987 年,日本文部省最先使用"功能性食品"一词,1989 年,厚生省进一步明确功能性食品的定义,并制订了保健功能食品制度。该制度将符合国家基准和规定的健康食品分为"特定保健用食品""营养功能食品"和"功能性标示食品"。其中,特定保健用食品特点是其目的为促进和维持健康,国家须对标注的功效及安全性进行审查通过,并得到消费者厅的许可;营养功能食品特点是补充必需的营养成分,只需通过科学认定,不需要特别提交申请;功能性标示食品特点是采取企业责任制,上市前须向消费者厅提交安全性及功能相关的资料,但不须得到消费者厅批准许可。

在功能性食品中，主要种类属于特保型功能（脂肪类、血压、整肠、血糖值等），其次为助眠、精神压力、疲劳、鼻不适、护眼等。目前，功能性食品的相关成分中排名首位者为抗性糊精，其次为 γ-氨基丁酸（GABA），较少者为二十二碳六烯酸（DHA）、二十碳五烯酸（EPA）、双歧杆菌、叶黄素、银杏叶等。如利用具有舒缓精神、促进睡眠、缓解眼部疲劳功能的冰片、菊花、当归、薰衣草等中药开发中药眼罩；利用药用植物开发降血糖、减肥等方面的功能食品等。

关于中国功能性食品的发展概况：

（1）20世纪80年代初至80年代末：保健食品以滋补品为主，主体为药酒阶段。

（2）20世纪80年代末至21世纪初：随着国内经济的快速发展，保健食品行业百花齐放，为快速成长阶段。

（3）2001年至2003年：保健食品行业因连续发生负面事件，消费者对保健食品信任度不断降低，此阶段为暂时危机阶段。

（4）2003年~至今：2003年的SARS不仅让国内消费者重新建立了对保健食品的信心，需求快速增长，而且国外保健食品巨头直销激增，此阶段为复兴发展阶段。行业特点是企业数量较多，企业规模正在增大，产品数量较多，种类丰富、新产品开发卓有成效，产品质量不断提高、发展迅速，市场需求持续提升等。

在功能食品研发方面，基于经方开发相关功能食品是一个有效的途径。经方配伍严谨，用药简明扼要，组方安全，疗效确切，且很多经方原料与保健食品存在密切的关系。因此，从经典方剂宝库中发掘具有药食同源基础的功能食品有着坚实的中医学理论基础。药食同源功能食品研发中的基本路线为基础方剂选择、食品形式确定、制作工艺和产品功能四个方面，关键技术为食源化方剂中的物品和选择有人群针对性和功能针对性的食品形式。根据大健康未来发展趋势，补益型和大病康复治疗型产品是基于经方的药食同源功能食品的两大主要发展方向。

当然，目前国内保健品行业也存在六大问题亟待解决：

（1）消费者地区分布不均，集中在北京、上海、广东等地，少数在其他地区。

（2）产品类别集中，主要为免疫调节、排毒养颜、健脑益智、减肥、补肾等方面，而与亚健康类疾病相关的保健品很少，大部分正处于实验室阶段。

（3）企业在资金实力、研发创新和营销模式方面有很大改进的空间。

（4）产品质量参差不齐，多数产品质量有保证，个别企业产品品质有待提高。

（5）本土品牌面临国外品牌的激烈竞争。

（6）需要进一步完善严谨科学的功能评价体系。

今后应兼顾不同的产品研发，以满足不同阶层的消费者需求；同时应以批准的药食同源食品库为基础，大力转向特定保健功能食品，包括肥胖症、冠心病、糖尿病、骨骼、免疫、抗疲劳、补脑、运动、孕期健康等方面的食品开发方向发展，适应健康消费需求由简单、单一的医疗治疗型，向疾病预防型、保健型和健康促进型转化的形势。此外，还要注意加大知识产权保护，促进产业规范发展。

四、药食同源食品在大健康中的作用

大健康作为一种健康生活方式是今后的发展方向,治未病是其重要内容,药食同源食品在缓解亚健康、减少身心痛苦和不菲医疗费用方面具有重要的作用。特别是最近全球爆发的新型冠状病毒肺炎(COVID-19)给人们的生命健康和经济造成了严重的影响。在国家推荐的三药三方组成中含有较多药食同源食品如金银花、苦杏仁、薄荷、甘草、广藿香、鱼腥草、黄芪和薏苡仁等;另外提高机体免疫力是避免 COVID-19 感染的重要方式,而甘草、黄芪、人参、西洋参、阿胶、党参、天麻、黄精等药食同源食品均具有良好的提升机体免疫力的作用。因此,利用药食同源食品在治未病方面所具有的优势,做好药食同源食品为重要内容的大健康方面宣传工作,可以发挥其在呵护国人健康、预防疾病方面的重要作用,以避免透支健康,从而更好地对抗疾病,实现人们对幸福美好健康生活的向往。

五、用于常见症候的药食同源资源开发与利用的方法

药食同源应用范围非常广泛,其中,主要为养生保健,其次为预防疾病;其中美容减肥约占三分之一,用于慢性病约占五分之一,用于外感轻症及其他用途者较少。随着社会的发展,三高(高血脂、高血糖和高血压)和免疫力下降已成为现代社会人类常见的症状,利用药食同源食品可有效缓解这些难题。

(一)药食同源原料认定相关文件及其标准

根据《卫生部关于进一步规范保健食品原料管理的通知》(卫法监发〔2002〕51 号)相关文件,其附录包含既是食品又是药品的物质名单、可用于保健食品的物品名单。需要注意的是,药食同源中的物质可以用作普通食品原料(即传统既是食品又是中药材物质),保健食品原料只能用于保健食品而不能用于普通食品。食品原料具备食品的特性,符合应当有的营养要求,且无毒、无害,对人体健康不造成任何急性、亚急性、慢性或者其他潜在危害。

(二)常见降血脂食品原料及其开发利用方法

经过统计分析,可用于高脂血症的有 11 种国产药食同源原料,分别是葛根、蒲公英、桑叶、决明子、山楂、山药、紫苏、荷叶、莱菔子、薏苡仁、红曲。它们总体上能降低血清或维持机体正常中的总胆固醇(TC)、甘油三酯(TG)、低密度脂蛋白 - 胆固醇(LDL-C)的含量,具有降血脂的功效。目前,我国降血脂产品的开发大多为饮料类,如葛根降脂茶、薏苡仁保健酸奶;还有复方产品,如决明子、丹参与苦丁茶的配伍茶降血脂效果较好,表明复方茶是今后的研发方向。

(三)常见降高血压食品原料及其开发利用方法

经过统计分析,中国常见的药食同源原料中可用于高血压症的有 5 种,分别是山楂、莱菔子、余甘子、牡蛎、枸杞子。它们都有降血压作用,复方配伍效果更佳,如由银杏叶与山楂提取物配伍;山楂菊花茶;由黄芪、丹参与生山楂组成的配伍茶;山楂绿茶;由西青果、诃

子、余甘子组成的蜜膏制剂;石决牡蛎汤;由芫蔚子、石决明、夏枯草、钩藤、杜仲、莱菔子组成的复方制剂;由枸杞子与菊花、麦冬、元参、生地、白蒺藜及钩藤组成的配伍制剂;枸杞菊花茶等都具有一定的降血压效果。

（四）常见降血糖的食品原料及其开发利用方法

经过统计分析,中国常见的药食同源原料中可降血糖作用的有 12 种,分别为山药、海带、桑叶、薏苡仁、肉桂、玉竹、百合、沙棘、罗汉果、金银花、枸杞、桑葚。实验表明它们具有降血糖的作用,是今后开发利用降血糖药物来源。

（五）常见增强免疫力（免疫调节）的食品原料及其开发利用方法

经过统计分析,中国常见的药食同源原料中可增强免疫力的有 14 种,分别是枸杞子、灵芝、黄芪、西洋参、人参、蜂蜜、山药、大枣、黄精、当归、阿胶、甘草、党参、五味子;它们均属于中药补益药的范畴,实验结果表明,它们是从免疫器官、免疫细胞以及免疫分子的多方面发挥增强免疫力的功效,多糖是有效成分;今后应在符合中医药理论指导下进行有关配方,多开发有关产品。

六、药食同源资源废渣的利用

药食同源资源废渣是一个很大的资源宝库,里面含有很多可利用的资源,做好药食同源资源循环利用,使药食同源资源废渣得到充分利用是今后需要关注的一个重点问题。如药食同源资源药渣中还含有其他活性成分,充分利用这些活性成分,可以使药食同源资源得到较充分利用。而一些无明显活性成分（如淀粉、蛋白质、脂肪油等）的药食同源资源废渣在无害化处理后可以用于配制饲料、制作活性炭、有机肥等,它对提高药食同源资源的利用率、减少其对大自然的污染,具有重要的意义。

各 论

阿胶 EJIAO

一、来源及产地

为马科动物驴（*Equus asinus* Linnaeus）的皮去毛后熬制而成的胶块。

二、动物形态

驴的头型较长，眼圆，其上生有1对长耳，显眼。颈部长而宽厚，颈背鬃毛短而稀少。躯体匀称，四肢短粗，蹄质坚硬。尾尖端处生有长毛。

三、药材简明特征

整齐长方形块状。表面棕黑色或乌黑色，平滑，有光泽。对光照视略透明。质坚脆易碎，断面棕黑色或乌黑色，平滑，有光泽。气微弱，味微甜。以色乌黑、光亮、透明、无腥臭气、经夏不软者为佳。

四、化学成分

1. 主要有效成分
赖氨酸、精氨酸、组氨酸等氨基酸和 Fe、Cu、Zn、Mn、Cr、Ni、V、Sr 等微量元素。
2. 主要成分
（1）氨基酸：丙氨酸、谷氨酸、天冬氨酸、亮氨酸、异亮氨酸、苏氨酸。
（2）蛋白质：胶原蛋白 α_1、胶原蛋白 α_2 和驴血清白蛋白。
（3）多糖：硫酸皮肤素、透明质酸。

五、现代药理作用

1. 抗肿瘤作用：可以抑制肿瘤生长、诱导肿瘤细胞凋亡。
2. 补血造血作用：可以提高红细胞数量及血红蛋白含量。

3. 保护卵巢：可延缓卵泡颗粒细胞凋亡，促进雌激素分泌，推迟卵泡闭锁。

4. 其他：提高细胞免疫和体液免疫能力，抗疲劳和抗衰老等。

六、功效

性平，味甘。归肺、肾、肝经；补血止血，滋阴润肠。用于血虚萎黄、眩晕、心悸、阴虚及燥症等。

七、代表性中药制剂与方剂

1. 加减复脉汤：由炙甘草、干地黄和生白芍各 18g，麦冬 15g，阿胶和麻仁各 9g 组成，可滋阴养血，生津润燥。

2. 复方阿胶补血颗粒：含阿胶 50g、熟地黄 200g、党参 100g 等，可补气养血。

3. 其他：如黄连阿胶汤、复方阿胶浆、阿胶养血口服液等。

八、食品应用

1. 药膳

阿胶红枣鸡蛋汤、阿胶花胶鸡蛋汤、龙眼胶枣茶（龙眼干 10g、阿胶 6g、红枣 5 枚）、粳米阿胶粥、白术阿胶猪肚粥等。

2. 代表性保健食品

（1）阿胶黄芪浆：由阿胶、熟地黄、黄芪、枸杞子等组成，可增强免疫力。

（2）润彤口服液：含阿胶、枸杞、桑椹、龙眼肉、大枣等，可改善贫血。

（3）阿胶西洋参鹿茸胶囊：由阿胶、马鹿茸粉、西洋参提取物等组成，可缓解体力疲劳。

3. 其他

（1）单一原料食品：阿胶蜜枣、速溶阿胶粉、阿胶压片糖果、破壁阿胶颗粒、即食阿胶糕、阿胶红糖、阿胶肽粉、阿胶酒等。

（2）与其他联用食品：人参、红参、龙眼、玫瑰鲜花、龟、葡萄、桂圆、枸杞、百合、银耳、林蛙、花粉、芝麻、茯苓、黄精、沙棘等。

九、其他应用

暂无。

参考文献

[1] 杜怡波，樊慧蓉，阎昭. 阿胶的化学成分及药理作用研究进展 [J]. 天津医科大学学报，2018，24（03）：267-270.

[2] 毛跟年，郭倩，瞿建波，等. 阿胶化学成分及药理作用研究进展 [J]. 动物医学进展，2010，31（11）：83-85.

八角茴香 BAJIAOHUIXIANG

一、来源及产地

为木兰科植物八角茴香（*Illicium verum* Hook.f.）的干燥成熟果实。主产地为中国福建、广西、广东、云南、贵州等省区。

二、植物形态

常绿乔木，树皮灰色至红褐色。单叶互生；革质，椭圆状倒卵形至椭圆状倒披针形，长5～11cm。花单生于叶腋；花被片7～12，数轮，覆瓦状排列，内轮粉红色至深红色。聚合果放射星芒状，直径约3.5cm，红褐色。每一蓇葖含种子1粒，种子呈扁卵形，红棕色或灰棕色。花期春季。

三、药材简明特征

八角形，由8～9个蓇葖果呈轮状排列组成，表面常红棕色，果柄钩状；单果小艇形，长1～2cm，宽0.3～0.7cm，背面开裂，粗糙有皱纹，先端钝或钝尖。种子1个，扁卵圆形，种皮常红棕色，平滑光泽。香气特异，浓郁，味甜。

四、化学成分

1. 主要有效成分
茴香醚、茴香醛等。
2. 主要成分
（1）黄酮类化合物：如槲皮素–3-O–鼠李糖苷、槲皮素–3-O–葡萄糖苷、槲皮素–3-O–半乳糖苷、槲皮素–3-O–木糖苷、槲皮素、山奈酚、山奈酚–3-O–葡萄糖苷、山奈酚–3-O–半乳糖苷、山奈酚–3–芸香糖苷。
（2）有机酸类化合物：如3-（或4-，或5-）咖啡酰奎宁酸、3-（或4-，或5-）阿魏酰奎宁酸、4-（β-D–吡喃葡萄糖氧基）–苯甲酸、羟基桂皮酸等。
（3）挥发油：如茴香醚、对丙烯基苯基异戊烯醚、α–及β–蒎烯、樟烯、月桂烯、α–芹烯、α–柠檬烯、3–蒈烯、枝叶素等。

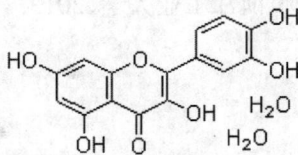
图1 槲皮素

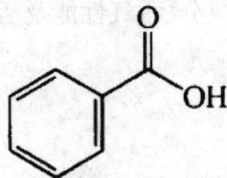
图2 苯甲酸

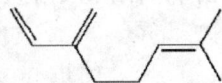
图3 月桂烯

五、现代药理作用

1. 抗菌作用：可有效抑制细菌和真菌的生长及活性。
2. 镇痛作用：可抑制疼痛反应，起到理气止痛的作用。
3. 抗氧化作用：可有效地对自由基起到一定的清除作用。
4. 其他：抗病毒、抗疲劳、抑制血小板凝聚、提高白细胞数量等。

六、功效

性温、味辛。归肝、肾、脾、胃经；温阳散寒，理气止痛。用于寒疝腹痛、肾虚腰痛、胃寒呕吐、脘腹冷痛等症。

七、代表性中药制剂与方剂

1. 七香止痛丸：由川木香 160g，木香和沉香各 20g，降香、小茴香、八角茴香、丁香、炒乳香和广藿香各 80g 组成，可温中散寒，行气止痛。
2. 定痛丸：由威灵仙 15g，金铃子、炮川乌和八角茴香各 31g 组成，可用于伤损、腰痛不可忍等症。
3. 其他：如三层茴香丸、产灵丸、伤湿祛痛膏、救急行军散等。

八、食品应用

1. 普通食品：八角茴香果汁、八角茴香茶。
2. 代表性保健食品：如甘草片，由甘草浸膏、八角茴香油组成，可增强免疫力。

九、其他应用

作为烹饪食物的香料；茴香油常用于调制日用香精等，如酒类、饮料、糖果、烘烤食品、口香糖、卷烟以及香皂、漱口水及牙膏等的加香剂；其还具有抗氧化性，可用于果蔬及肉类的保鲜；八角茴香油可作为食品添加剂或化妆品原料。

参考文献

[1] 黄丽贞,谢滟,姜露,等.八角茴香化学与药理研究进展 [J].辽宁中医药大学学报,2015,17（02）:83-85.

[2] 郭向阳.八角茴香油化学成分、香气性能及活性研究 [D].浙江工业大学,2013.

白扁豆 BAIBIANDOU

一、来源及产地

为豆科植物扁豆（*Lablab purpureus*（Linn.）Sweet）的成熟种子。在中国，主要分布于全国大部分地区。

二、植物形态

一年生缠绕草质藤本。茎光滑。羽状三出复叶，小叶 3，托叶小，披针形。总状花序腋生，直立；花 2 至多朵；小苞片 2，脱落；萼阔钟状，萼齿 5，不等；花冠蝶形，白色或紫红色，长约 2cm，旗瓣基部具耳。荚果倒卵状长椭圆形，长 5 ~ 7cm；种子 2 ~ 5，白色或紫黑色，长约 8mm。成熟后呈扁椭圆形或扁卵圆形。嚼之有豆腥气。花期 7—9 月；果期 9—11 月。

三、药材简明特征

扁椭（卵）圆形，长 8 ~ 13mm，宽 6 ~ 9mm，厚约 7mm。表面淡黄白色或淡黄色，稍有光泽，平滑，有时具棕褐色斑点，一侧边缘有隆起的白色半月形种阜，长约 7 ~ 10mm，剥后可见凹陷的种脐。质坚硬，种皮薄而脆，子叶肥厚，黄白色。气微，味淡，嚼之有豆腥气。以粒大、饱满、色白者为佳。

四、化学成分

1. 主要有效成分
有机酸、生物碱、豆甾醇、植物凝集素等。
2. 主要成分
（1）脂肪酸类：棕榈酸、亚油酸、反油酸、油酸、硬脂酸、花生酸。
（2）糖类：蔗糖、葡萄糖、水苏糖、麦芽糖、棉子糖。
（3）氨基酸：蛋氨酸、亮氨酸、苏氨酸。
（4）其他：葫芦巴碱、维生素 B_1 及维生素 C，胡萝卜素、L-2- 哌啶酸和具有毒性的植物凝集素。

五、现代药理作用

1. 抗菌、抗病毒作用：可抑制痢疾杆菌等。
2. 抗氧化作用：可清除自由基和提高超氧化物歧化酶（SOD）的活力。
3. 对神经细胞缺氧性凋亡坏死的保护作用：可促进神经细胞的生长并抵抗其缺氧凋亡。

4. 其他：防治酒精性肝病、治疗脾胃及肠道疾病、肿瘤、皮肤疾病、慢性肾炎、解酒精或河豚中毒等作用。

六、功效

性微温，味甘。归脾、胃经；健脾化湿，和中消暑。用于脾胃虚弱、食欲不振、大便溏泻、白带过多、暑湿吐泻、胸闷腹胀等症。

七、代表性中药制剂与方剂

1. 健儿膏：由炒白术 50g，党参、白扁豆、山药、茯苓、麦芽和大枣各 100g，甘草 30g，黄芪 80g，陈皮 10g 组成，可健脾益气，和胃调中。

2. 健脾八珍糕：由炒党参 5.58g，炒白术 3.67g，茯苓、炒白扁豆、炒薏苡仁、炒山药、炒芡实和莲子各 11g，陈皮 2.75g 组成，可健脾益胃。

3. 加味四君子汤：由人参、黄芪、茯苓、白术、炙甘草、白扁豆组成，可益气补脾。

4. 其他：如万应甘和茶、二宝颗粒、人参健脾片、健胃固肠散等。

八、食品应用

1. 药膳

扁豆芡实粥（白扁豆和芡实各 20g、粳米 50g）、扁豆香薷汤（白扁豆 30g、香薷 15g）、二豆粥（炒白扁豆 50g、绿豆 30g、粳米 50g）、白扁豆排骨汤（白扁豆 50g、山药 30g、猪排骨 500g、生姜 10g、食盐少许），可祛体内湿。

2. 代表性保健食品

（1）蜂肠乐胶囊：由蜂胶粉、白扁豆、干姜、莲子、白术组成，增强免疫力。

（2）常康胶囊：由葛根、白扁豆、益智仁、薄荷、砂仁组成，辅助保护化学性肝损伤。

（3）朝润胶囊：由太子参、白扁豆、火麻仁、木香、莲子心、β-胡萝卜素组成，可润肠通便。

（4）好贝贝颗粒：由山楂、麦芽、茯苓、鸡内金、白扁豆等组成，促进消化。

3. 其他

白扁豆山药固体饮料、白扁豆粉等。

九、其他应用

白扁豆提取物可用于化妆品原料。

参考文献

[1] 李海洋,李若存,陈丹,等.白扁豆研究进展[J].中医药导报,2018,24（10）：117-120.

[2] 童巧珍,周日宝,刘湘丹,等.中药材白扁豆质量标准的研究[J].世界科学技术-中医药现代化,2007（01）：46-48.

白扁豆花 BAIBIANDOUHUA

一、来源及产地

来源及产地同白扁豆,7—8月间采收未完全开放的花,晒干或阴干。

二、植物形态

原植物形态同白扁豆。

三、药材简明特征

干燥花扁平三角形,不规则,下部有绿褐色钟状花萼,萼齿5个,外面被白色短毛。质软,体轻。气微香,味淡。以朵大、色白、干燥者为佳。

四、化学成分

1. 主要有效成分
黄酮类、原花青素等。
2. 主要成分
原花青苷、木犀草素、大波斯菊苷、花青素、香豆精。

五、现代药理作用

1. 消暑化湿作用:可有效缓解中暑、湿热、头疼等夏天肠胃型感冒症状。
2. 和中健脾作用:可有效改善因脾胃功能不好导致的胃肠道方面的不适。
3. 其他:可治疗利尿、痢疾、泄泻等病症。

六、功效

性平,味甘淡。归脾、胃、大肠经。健脾和胃,消暑化湿。用于痢疾、泄泻、赤白带下等症。

七、代表性中药制剂与方剂

豆花散:由焙干白扁豆花组成,用于妇女白崩不止。

八、食品应用

1. 药膳:白扁豆花馄饨(白扁豆花和猪肉各100g、胡椒7粒、面粉150g)、白扁豆花熘鲜贝、荷叶蒸扁豆花鱼条、白扁豆花粥(干扁豆花 10g、粳米 50g)、白扁豆花茶。

2. 代表性保健食品:白扁豆花陈皮茶。

3. 其他:白扁豆花酒。

九、其他应用

暂无。

参考文献

[1] 曹素梅,袁卫斌,陈洪英.扁豆花高效液相色谱指纹图谱研究 [J]. 中国药业,2019,28(03):7-9.

[2] 李正国,刘桂银,常虹.白扁豆花中芦丁含量测定方法的研究 [J]. 中国药事,2013,27(03):308-311.

白果 BAIGUO

一、来源及产地

为银杏科植物银杏(*Ginkgo biloba* L.)的干燥成熟种子。主产于山东、江苏、广西、四川、河南、湖北等地。

二、植物形态

落叶乔木,高可达 40m。树干直立,树皮灰色。叶在短枝上簇生,在长枝上互生。叶片扇形,先端中间二浅裂,平行叶脉,叉形分歧;花单性,雌雄异株;雄花柔黄花序短,下垂,4 ~ 6 个生于短枝上的叶腋内,雄蕊多数;雌花每 2 ~ 3 个聚生于短枝上,每花有一长柄,柄端两叉,各生 1 心皮。种子核果状,倒卵形或椭圆形,被白粉状蜡质。花期4—5月,果期 7—10 月。

三、药材简明特征

椭圆形,长 5.0 ~ 2.5cm,宽 1 ~ 2cm,厚约 1cm。表面黄白色或淡棕黄色,平滑,边缘处有 2 ~ 3 条棱线。种皮质硬,种仁常宽卵形,一端淡棕色,横断面粉性,中间有空隙。无臭,味甘微苦。以粒大、色白、肥壮充实者为佳。

四、化学成分

1. 主要有效成分
黄酮、有机酸、银杏酚等。
2. 主要成分
(1)醇类:α-己烯醇、白果醇等。
(2)有机酸类:奎宁酸、亚油酸。
(3)酚类:羟基银杏醇、银杏酸等。
(4)萜类:银杏内酯 A、B、C、J、M 等。
(5)黄酮类:去甲银杏双黄酮,银杏双黄酮等。
(6)其他类:白果酮、芝麻素、β-谷甾醇、β-谷甾醇-葡萄糖苷、松醇、氰苷、赤霉素、组氨酸及微量胡萝卜素、核黄素等。

五、现代药理作用

1. 抗菌作用:可有效抑制多种有害的真菌和细菌。
2. 抗氧化作用:可对多种自由基进行清除。

3. 神经保护作用：可抑制神经细胞的凋亡和退化。

4. 抗肿瘤作用：可通过诱骗及调节肿瘤自身系统来抑制其发展。

5. 其他：抗炎、降血糖、免疫调节等作用。

六、功效

性平，味甘、苦、涩。归肺经；敛肺定喘，止带浊，缩小便。用于痰多喘咳，带下白浊，遗尿尿频等症。

七、代表性中药制剂与方剂

1. 百咳宁片：由白果（去壳）120g、青黛和平贝母各 60g 组成，清热化痰，止咳定喘。用于小儿百日咳。

2. 定喘汤：由去壳白果 21 枚、麻黄、法半夏、款冬花和蜜炙桑皮各 9g、苏子 6g、杏仁和黄芩各 4.5g、甘草 3g 组成，可宣肺平喘，清热化痰。

3. 其他：如咳喘舒片、哮喘丸、喘嗽宁片、除湿白带丸、银冰消痤酊等。

八、食品应用

1. 药膳：银杏全鸭（银杏 200g、白条鸭 1 只）、白果莲肉粥（白果 6g、莲肉 15g 糯米 50g、乌骨鸡 1 只）、猪小肚炖白果（白果 15g、猪小肚 1 只）。

2. 代表性保健食品：以银杏为主要原料的系列保健营养食品，如茯苓白果冲剂（固体饮料）、富硒木耳白果固体饮料、人参白果颗粒、白果干姜固体饮料、白果酒、白果三豆茶、白果山药茶、山楂白果固体饮料、白果蝮蛇颗粒、蚕蛹白果固体饮料、白果干姜代用茶、黄精白果膏、速溶人参枸杞白果颗粒等。

3. 其他：银杏粉等。

九、其他应用

化妆品：白果含有白果酸，能抑制和杀灭引起青春痘的痤疮丙酸杆菌和表皮葡萄球菌。另外白果中的内酯可抑制炎症，因而白果可以缓解青春痘和其他美容作用。产品如银杏美白防晒乳、银杏祛斑霜、银杏润颜凝白面贴膜、银杏果透白修复晚霜等。

参考文献

[1] 夏梦雨，张雪，王云，等. 白果的炮制方法、化学成分、药理活性及临床应用的研究进展 [J]. 中国药房，2020，31（01）：123-128.

[2] 盖晓红，刘素香，任涛，等. 银杏化学成分、制剂种类和不良反应的研究进展 [J]. 药物评价研究，2017，40（06）：742-751.

白芷 BAIZHI

一、来源及产地

为伞形科植物白芷（*Angelica dahurica*（Fisch. ex Hoffm.）Benth. et Hook. f. ex Franch. et Savat.）的根。分布在中国大陆的东北及华北等地,生长于海拔 200 ~ 1500m 的地区。

二、植物形态

多年生高大草本,高 1 ~ 2.5m。根有浓烈气味。茎常紫色,中空。基生叶一回羽状分裂,具长柄,叶柄下部为叶鞘。茎上部叶二至三回羽状分裂,末回裂片沿叶轴下延成翅状。复伞形花序,花序梗、伞辐和花柄均有短糙毛。花白色,无萼齿,花瓣倒卵形,果实带紫色。花期 7—8 月,果期 8—9 月。

三、药材简明特征

圆锥形,长 10 ~ 20cm,直径 2 ~ 2.5cm。表面灰棕色,有横向突起皮孔,顶端茎痕凹陷。质硬,断面白色,粉性足,皮部密布棕色油点。气芳香,味辛、微苦。饮片表皮灰棕色或黄棕色,切面白色或灰白色,具粉性,形成层环棕色,近方形或近圆形,皮部散有多数棕色油点。

四、化学成分

1. 主要有效成分
白当归素、白当归醚、氧化前胡素等。
2. 主要成分
（1）挥发油类：主要为 3- 亚甲基 -6（1- 甲乙基）- 环己烯、棕榈酸、壬烯醇、甲基环癸烷、1- 十四碳烯、十八碳醇等。
（2）香豆素类：氧化前胡素、欧前胡素、异欧前胡、白当归素等。
（3）其他成分：棕榈酸、豆甾醇、β - 谷甾醇、β - 胡萝卜苷、Fe、Ca 等。

五、现代药理作用

1. 解热、镇痛抗炎作用：可降低血管和神经的损伤、调节炎症中的介质。
2. 抑制病原微生物作用：可抑制病原菌的生长。
3. 抑制药物代谢作用：可通过抑制多种肝药酶来降低药物的代谢。
4. 其他：抑制肿瘤生长、抗皮肤氧化、降血糖、调节机体中枢神经等作用。

六、功效

性温,味辛。归胃、大肠、肺经;散风除湿,通窍止痛,消肿排脓。用于感冒头痛、眉棱骨痛、鼻塞、鼻渊、牙痛、白带等症。

七、代表性中药制剂与方剂

1. 利鼻片:由黄芩、辛夷和白芷各 100g,苍耳子 150g,薄荷 75g,细辛 25g,蒲公英 500g 组成,可清热解毒,祛风开窍。

2. 九味羌活丸:由羌活、防风和苍术各 150g,细辛 50g,川芎、白芷、黄芩、甘草和地黄各 100g 组成,可疏风解表,散寒除湿。

3. 其他:如丁公藤风湿药酒、万应宝珍膏、万灵五香膏、上清丸、大黄清胃丸、伤科敷药(散)等。

八、食品应用

1. 药膳

白芷参茯苓粥(白芷 6g、党参和白茯苓各 20g、生姜 10g、粳米 100g),前四味煎汁煮粥。

2. 代表性保健食品

(1)素果胶囊:由白芷、制首乌、芦荟、红花、珍珠粉组成,可祛黄褐斑。

(2)莱茵胶囊:由党参、茯苓、白芷、吴茱萸组成,辅助保护胃黏膜损伤。

3. 其他

白芷桃仁植物粉、白芷金银花片(压片糖果)、蚕蛹白芷固体饮料、人参白芷茶、山楂白芷肽固体饮料、白芷茯苓颗粒固体饮料、牡蛎肽白芷粉固体饮料、白芷昆布固体饮料、白芷丁香肉桂粉、牡蛎白芷粉等。

九、其他应用

可用于抗菌杀虫、制成漱口水祛臭;还可美容美白,如七子白粉由白术、白芷、白及、白蔹、白芍、白茯苓、白僵蚕等“七白”按照同等比例搭配,再与珍珠粉混合,经过细磨而成的纯中药面膜粉,对于多种皮肤暗黄、色斑晒斑、痘痘、粉刺、黑头、疤痕伤口以及排除化妆品残留铅汞元素等具有较好的美容美白作用;也可作香料调料:因其味芳香、微苦,具有去异味,增香味,调节口味,增进食欲的作用。

参考文献

[1] 王正帅. 白芷化学成分及质量标准研究 [D]. 河南大学,2008.

[2] 梁波. 川白芷及柘藤化学成分的研究 [D]. 中国协和医科大学,2006.

百合 BAIHE

一、来源及产地

为百合科植物百合（ *Lilium brownii var. viridulum* Baker ）的干燥鳞茎。在中国主产于湖南、四川、河南、江苏、浙江，全国各地均有种植。

二、植物形态

多年生草本，株高 70 ~ 150cm。鳞茎球形，淡白色，先端莲座状，由多数肉质肥厚、卵匙形的鳞片聚合而成。根分为肉质根和纤维状根两类。茎直立，圆柱形，常有紫色斑点。叶片互生，无柄，披针形，全缘，叶脉弧形。花大、漏斗形，单生于茎顶。蒴果，具钝棱。种子多数。花期 6—7 月，果期 7—10 月。

三、药材简明特征

鳞茎球形，鳞叶呈长椭圆形，顶端尖，基部较宽，微波状，向内卷曲，长 1.5 ~ 3cm，有脉纹 3 ~ 5 条，有时不明显。表面淡白色或淡黄色，光滑半透明，质硬而脆，易折断，断面平坦，角质样，无臭，味微苦。

四、化学成分

1. 主要有效成分
甾体糖苷、生物碱等。
2. 主要成分
（1）挥发油：酸类、醇类、酯类、醛类、烯烃类、萜类、苯的衍物等。
（2）其他化合物：岷江百合苷 A、D，3,6'-O- 二阿魏酰蔗糖，1-O- 阿魏酰甘油，1-O- 对 - 香豆酰甘油等。

五、现代药理作用

1. 抗炎作用：可镇痛消炎。
2. 抗氧化作用：对自由基有较强的清除能力。
3. 抗抑郁作用：可提高 5- 羟色胺含量，改善抑郁症状。
4. 活血化瘀作用：可延长凝血酶原时间，抑制内源性凝血。
5. 其他：镇静和改善睡眠、抗衰老、有效抑制多种病原菌等作用。

六、功效

性寒,味甘。归心、肺经;养阴润肺,清心安神。用于阴虚久咳、痰中带血、余热未清,或情志不遂引起的虚烦惊悸、失眠多梦等症。

七、代表性中药制剂与方剂

1. 二母安嗽丸:由知母、玄参、紫苑、苦杏仁和百合各108g,罂粟壳216g,款冬花324g,浙贝母54g组成,可清肺化痰,止嗽定喘。

2. 百合固金丸:由百合、川贝母、当归、白芍和甘草各100g,地黄200g,熟地黄300g,麦冬150g,玄参和桔梗各80g组成,可养阴润肺,化痰止咳。

3. 其他:如摩罗丹、舒神灵胶囊、百合保肺膏、十味百合颗粒等。

八、食品应用

1. 药膳

百合粥(百合30g,洗净切碎,糯米50g)、玉合苹果汤(玉竹、百合各30g,陈皮6g,大枣10枚,苹果3个)、玉合沙参饮(玉竹、沙参、百合各30g)、百合莲子粥(干百合、莲子、冰糖各30g,大米100g)、百玉二冬粥(百合25g,玉竹、天冬、麦冬各10g,粳米100g)等。

2. 代表性保健食品
(1)百合酸枣仁蜂蜜:由酸枣仁、百合、蜂蜜组成,可改善睡眠。
(2)御莲白酒:由茯苓、百合、麦冬、黄芪、白酒等组成,缓解身体疲劳。

3. 其他
(1)单纯原料:百合饮料(膏、干、固体饮料、葡萄酒、颗粒)。
(2)配伍原料:酸枣仁百合复合片、金银花百合茶、砂仁百合粉、百合玉竹饮料、胖大海百合固体饮料、红枣百合粉、栀子百合双花颗粒、百合决明茶等。

九、其他应用

用于化妆品,如百合茉莉纯花紧致霜、百合精华舒缓膏、百合洁肤乳等。

参考文献

[1] 罗林明,裴刚,覃丽,等.中药百合化学成分及药理作用研究进展[J].中药新药与临床药理,2017,28(06):824-837.

[2] 刘鹏,林志健,张冰.百合的化学成分及药理作用研究进展[J].中国实验方剂学杂志,2017,23(23):201-211.

薄荷 BOHE

一、来源及产地

为唇形科植物薄荷(*Mentha canadensis* L.)干燥地上部分,中国各地常有栽培,以江苏、安徽为传统道地产区。

二、植物形态

多年生草本。茎直立,锐四棱形,具四槽,上部被倒向微柔毛,多分枝。叶片长圆状披针形,边缘在基部以上疏生粗大的牙齿状锯齿,侧脉约 5 ~ 6 对;常沿脉上密生微柔毛;叶柄被微柔毛。轮伞花序腋生,轮廓球形,花萼管状钟形,萼齿 5。花冠淡紫,冠檐 4 裂。雄蕊 4,花柱略超出雄蕊。小坚果卵珠形,具小腺窝。花期 7—9 月,果期 10 月。

三、药材简明特征

茎方柱形,表面紫棕色或淡绿色,棱角具茸毛。质脆,断面白色,髓部中空。叶对生,叶片完整者展平后呈宽披针形,长椭圆形或卵形,先端尖锐,边缘有牙齿状锯齿,背面深绿色,腹面灰绿色,茸毛稀,腺鳞凹点状。叶揉搓后有浓郁的芳香气,味辛、凉感浓。

四、化学成分

1. 主要有效成分
薄荷醇、L- 薄荷酮、左旋薄荷酮。
2. 主要成分
(1)挥发油类:左旋薄荷酮、异薄荷酮、胡薄荷酮、胡椒酮、胡椒烯酮等。

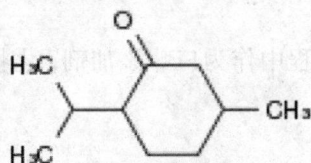

图 4 胡薄荷酮

(2)黄酮类:椴树素、木犀草素 –7– 葡萄糖苷、异黄酮苷、橙皮苷。
(3)萜类:齐墩果酸、胡萝卜苷、熊果酸。
(4)氨基酸:甘氨酸、天冬氨酸、缬氨酸、蛋氨酸。

五、现代药理作用

1. 抗病毒作用:可对抗单纯疱疹病毒、呼吸道合胞病毒、牛痘等病毒。

2. 抗肿瘤作用：可抑制肿瘤细胞的增殖。

3. 抗炎镇痛作用：可调节炎性细胞中分泌因子与介质水平。

4. 其他：保肝利胆、抗氧化、抗辐射、抗生育、促渗透、止痒等。

六、功效

性凉,味辛。归肺、肝经;宣散风热、清头目、透疹。用于风热感冒、温病初起、头痛、目赤、喉痹、口疮、风麻疹、胸胁胀闷等症。

七、代表性中药制剂与方剂

1. 九圣散：由苍术 150g,苦杏仁 400g,紫苏叶、黄柏和薄荷各 200g,乳香和没药各 120g,轻粉和红粉各 50g 组成,可解毒消肿,燥湿止痒。

2. 养阴清肺口服液：由地黄 100g,麦冬 60g,玄参 80g,川贝母、白芍和牡丹皮各 40g,薄荷 25g,甘草 20g 组成,可养阴润燥,清肺利咽。

3. 其他：如牛黄清胃丸、复方薄荷脑滴鼻液、薄荷清火片等。

八、食品应用

1. 药膳

薄荷烧鸡腿、薄荷黄花烧带鱼、薄荷绿豆粥(薄荷 10g、绿豆 50g、粳米 250g、冰糖适量)、二荷鳢鱼煲(薄荷和荷叶各 5g、鳢鱼 500g、香菇 10g、冬笋 25g、火腿肉 50g、棒子骨汤)等。

2. 代表性保健食品

(1)罗汉果糖：由罗汉果提取物、薄荷脑、薄荷油、白砂糖、蜂蜜、葡萄糖浆组成,可清咽。

(2)常康胶囊：由葛根、白扁豆、益智仁、薄荷、砂仁组成,可辅助保护化学性肝损伤。

3. 其他

如薄荷绿豆凉粉、口香糖、凉茶、薄荷饮料、薄荷双花颗粒、葛根薄荷粉、薄荷菊花茶等。

九、其他应用

薄荷提取物可在香烟制作过程中作为口味添加剂;化妆品方面如薄荷润唇膏等。叶和嫩芽则作调味品使用。

参考文献

[1] 徐凌玉 . 薄荷化学成分及其质量评价研究 [D]. 南京中医药大学,2014.

[2] 景玉霞,兰卫 . 薄荷的化学成分和药理作用 [J]. 新疆中医药,2012,30(04):122–124.

荜茇 BIBA

一、来源及产地

为胡椒科植物荜茇（*Piper longum* L.）的干燥近成熟或成熟果穗。在中国分布于云南、广东、福建和海南等地。

二、植物形态

多年生草质藤本。茎下部匍匐,具棱角和槽,幼时密被短柔毛。叶互生,长圆形或卵形,全缘,密被柔毛;掌状叶脉通常 5 ~ 7 条。花单性,雌雄异株,穗状花序;雄穗与雌穗总花梗均具被短柔毛,花小,苞片 1,无花被的特点。雄花雄蕊 2;雌花无花柱,柱头 3。浆果卵形。

三、药材简明特征

常圆柱形,稍弯曲,由多数球形小浆果聚合形成。表面常黑褐色,小突起斜向排列,整齐。质硬而脆,易折断,断面不整齐,颗粒状。香气特异,味辛辣。

四、化学成分

1. 主要有效成分
胡椒碱、棕榈酸、四氢胡椒酸。
2. 主要成分
（1）生物碱类:胡椒新碱、胡椒碱、胡椒脂碱等。
（2）挥发油类:大根香叶烯、石竹烯等。
（3）酰胺类化合物:胡椒酰胺、几内亚胡椒酰胺、N- 异丁基十八碳 -2,4- 二烯酰胺、N-异丁基二十碳 -2,4- 二烯酰胺、N- 异丁基二十碳 -2,4,8- 三烯酰胺等。
（4）其他类:棕榈酸、四氢胡椒酸、3,4- 二羟基苯乙醇糖苷、脂聚多糖、微量元素。

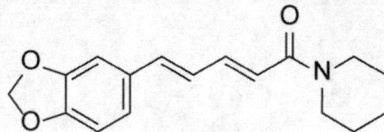

图 5 胡椒碱

五、现代药理作用

1. 抗肿瘤作用:可加速癌细胞的凋亡并抑制其增殖。
2. 降血脂作用:可调控多个靶点并干预多个通路从而发挥降血脂作用。

3. 其他：抑菌、调节胃肠运动、抗胃溃疡等作用。

六、功效

热、辛。归胃、大肠经；温中散寒，下气止痛。用于脘腹冷痛，呕吐，泄泻，偏头痛；外治牙痛等症。

七、代表性中药制剂与方剂

1. 五味清浊丸：由石榴皮 576g，红花 288g，豆蔻、肉桂和荜茇各 72g 组成，可开郁消食，暖胃。

2. 六味木香散：由木香 200g、石榴和闹羊花各 100g、豆蔻和荜茇各 70g、栀子 150g 组成，可开郁行气止痛。

3. 其他：如十二味石榴散、十味豆蔻丸等。

八、食品应用

1. 药膳：荜茇粥（荜茇 5g、白胡椒粉 1g、肉桂皮 3g、糯米适量）、川芎 15g、荜茇 3g、大鱼头半个、猪瘦肉 50g、生姜 3 片）、荜茇烧黄鱼等。

2. 代表性保健食品：如和辉胶囊由丹参、荜茇、沙棘、制大黄组成，可辅助降血脂。

3. 其他：荜茇固体饮料、荜茇代用茶等。

九、其他应用

主要作为香辛料或提取其挥发油人工合成香辛料。

参考文献

[1] 吴霞，于志斌，周亚伟，等. 荜茇化学成分的研究 [J]. 中草药，2018（2）：178-180.

[2] 李丹，吴立军，赖睿智，等. 荜茇化学成分和药理活性研究现状 [J]. 中国临床药理学杂志，2017（6）：565-569.

布渣叶 BUZHAYE

一、来源及产地

为椴树科植物破布叶（*Microcos paniculata* L.）的干燥叶。产于中国西藏东南部、云南、贵州、广西、广东、福建及台湾等省区。

二、植物形态

乔木，高 3 ～ 8m。叶卵形或椭圆形，边缘常微波状或具波状牙齿，两面疏生短柔毛或无毛；叶柄细弱。聚伞花序；花二型，无梗；花萼钟状，5 裂；花冠白色，与花萼略等长；雌蕊退化。核果近球形。花期 2—4 月，果期 6—8 月。

三、药材简明特征

具短柄，纸质，常卵状矩圆形，先端渐尖，基部浑圆，具 3 脉，叶柄及主脉上被星状柔毛，边缘有小锯齿，托叶线状披针形。味酸、涩。

四、化学成分

1. 主要有效成分
生物碱、有机酸等。
2. 主要成分
（1）挥发油：2- 甲氧基 -4- 乙烯基苯酚、二十八烷、棕榈酸、二十五烷、二十七烷、2,3- 二氢苯并呋喃、四十四烷，三十六烷。
（2）总三萜酸类成分：熊果酸。
（3）其他成分：黄酮、甾体等。

五、现代药理作用

1. 心血管作用：可增加冠状流量、改善心肌血的供求平衡，扩张脑血管。
2. 抗衰老作用：可减缓皮肤的老化。
3. 降血脂作用：可促进肝合成并增加 HDL 的分泌。
4. 解热作用：可降低体温并维持其正常水平。
5. 其他：退黄、镇痛、清除自由基、杀蚊、抗炎、促进消化等作用。

六、功效

性平,味酸、淡,入脾经;清热利湿和健胃消滞,用于感冒发烧、黄疸和食欲不振、消化不良等症。

七、代表性中药制剂与方剂

1. 保儿安颗粒:含山楂、稻芽、布渣叶和葫芦茶各400g,使君子、莱菔子和孩儿草各133g,槟榔88g,莲子心66g,适用食滞及虫积所致厌食消瘦,胸腹胀闷等症。

2. 广东凉茶颗粒:由岗梅308g、山芝麻43g、五指柑59g、淡竹叶和布渣叶各18g、木蝴蝶1g、火炭母46g、金沙藤104g、广金钱草27g、金樱根106g组成,可用于四时感冒,发热喉痛,湿热积滞,口干尿赤。

3. 其他:如胃肠宁冲剂、加味健脾化湿汤、加味葛根芩连汤、消滞宁泻片。

八、食品应用

1. 药膳:如布渣叶苹果蜜枣煲肉汤(布渣叶15g、苹果2个、蜜枣2颗、猪腱子肉400g、生姜2片)、布渣叶夏枯草汤(蜜枣4个、夏枯草15g、布渣叶15g、猪肉400g、雪梨2个)等。

2. 代表性保健食品:王老吉凉茶、布渣叶茶(布渣叶10g和绿茶),五花茶加味(木棉花和鸡冠花各20 g,菊花、银花和布渣叶各15 g,灯芯草10扎)。

九、其他应用

暂无。

参考文献

[1] 毕和平,韩长日,梁振益,等.破布叶叶片中挥发油的化学成分研究[J].林产化学与工业,2007,27(3):124-126.

[2] 鲍长余,刘冰晶,毕和平,等。破布叶枝和叶中总三萜酸的含量测定[J].时珍国医国药,2011,4:845-846.

草果 CAOGUO

一、来源及产地

为姜科植物草果（*Amomum tsaoko* Crevost et Lemaire）的干燥成熟果实。在中国产于云南、广西、贵州等省区。

二、植物形态

多年生草本，茎丛生，全株有辛香气，地下部分略似生姜。叶片长椭圆形或长圆形，长40～70cm，宽10～20cm，两面光滑无毛。穗状花序不分枝；总花梗密被鳞片；苞片披针形；萼管约与小苞片等长；花冠红色；唇瓣椭圆形；花药长3cm，药隔附属体3裂。蒴果密生，熟时红色，干后褐色，种子多角形，有浓郁香味。花期4-6月，果期9-12月。

三、药材简明特征

椭圆形，具三钝棱，长2～4.5cm，直径1～2.5cm，表面常棕色，有多数显著的纵沟及棱线；果实3室。红棕色种子常圆锥状，灰白色膜质假种皮。种皮质硬，种仁红白色。气香，味辛辣。以个大，饱满，色红棕，气味浓者为佳。

四、化学成分

1. 主要有效成分
香叶醇、草果酮等挥发油。
2. 主要成分
（1）挥发油：香叶醇、桉油精、对丙基苯甲醛、2-葵烯醛、香叶醇柠檬醛、1,8-桉树脑、α-蒎烯、β-蒎烯、柠檬烯、对-聚散花素、柠檬醛等。
（2）酚性化合物：芦丁、槲皮素-3-O-β-D-吡喃葡萄糖苷、邻苯三酚、邻苯二酚、对羟基苯甲酸、原儿茶酸和香草酸等。

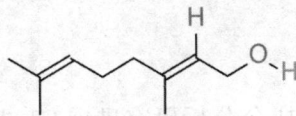

图6 香叶醇

五、现代药理作用

1. 调节胃肠功能作用：可抑制回肠痉挛，增加胃液分泌，从而减轻腹痛。
2. 抗氧化作用：可清除自由基和提高超氧化物歧化酶（SOD）的活力。

3. 减肥降脂、降糖作用：可抑制脂肪的吸收，降低血浆中葡萄糖的浓度。

4. 抗肿瘤作用：对癌细胞有较高的选择毒性，诱导其凋亡。

5. 其他：镇痛、抗胃溃疡、抗乙肝病毒、抗诱变、防霉等作用。

六、功效

性温，味辛。归脾、胃经；燥湿温中，除痰截疟。用于寒湿内阻，脘腹胀痛，痞满呕吐，疟疾寒热等症。

七、代表性中药制剂与方剂

1. 七味诃子散：由诃子（去核）100g，波棱瓜子、木棉花、草果、丁香、甘松和荜茇各50g组成，可用于劳伤引起的脾脏肿大，疼痛，脾热等。

2. 达原饮：由槟榔6g，草果仁15g，厚朴、知母、芍药和黄芩3g，甘草1.5g组成，可用于瘟疫或疟疾，邪伏膜原证等。

3. 其他：如十一味草果丸、珍宝丸、六味锦鸡儿汤散等。

八、食品应用

1. 药膳：草果牛肉汤、豆蔻草果乌骨鸡、草果七枣汤（草果、鸡骨风、黄虻、槟榔、大枣、甘草、酸梅）等。

2. 代表性保健食品：如解酒片由葛根、葛花、草果、高良姜、菊花组成。

3. 其他：如草果干制品、草果醋饮料、草果淮山谷物粉等食品。

九、其他应用

1. 食品调料：草果常用来烹调菜肴，能去腥除膻、增进菜肴味道，增加食欲，是烹调佐料中的佳品，被誉为食品调味中的"五香之一"。

2. 防霉作用：草果挥发油对桔青霉、黑曲霉、产黄青霉、黑根霉、黄绿青霉、黄曲霉有明显抑菌作用。

3. 化妆品：目前在市场上可见的产品主要包括草果白果臻白活肤露、活肤乳、活肤精华、眼精华、活肤日霜、活肤晚霜和活肤面膜等。

参考文献

[1] 权美平. 草果挥发油化学成分分析研究进展 [J]. 中国调味品，2016，41（02）：147-150.

[2] 代敏，彭成. 草果的化学成分及其药理作用研究进展 [J]. 中药与临床，2011，2（04）：55-59.

赤小豆 CHIXIAODOU

一、来源及产地

为豆科植物赤小豆（*Vigna umbellata*（Thunb.）Ohwi et Ohashi）和赤豆（*V.angularis*（Willd.）Ohwi et Ohashi）的干燥成熟种子。主产于华北、西南、华中等地区，中国各地普遍栽培。

二、植物形态

赤小豆为一年生草本，茎纤细，幼时被黄色长柔毛。羽状复叶具 3 小叶，托叶盾状着生。小托叶钻形，小叶纸质，卵形或披针形，有基出脉 3 条。总状花序腋生，短。苞片披针形，花梗短，具腺体。花黄色，龙骨瓣右侧具长角状附属体。荚果线状圆柱形，种子常暗红色，种脐凹陷。花期 5～8 月。果期 8～9 月。赤豆的特点是托叶盾状着生，箭头形，小叶卵形至菱状卵形，荚果圆柱状，种子通常暗红色或其他颜色，长圆形，种脐不凹陷。

三、药材简明特征

赤小豆：长圆形而稍扁，长 7mm，直径 4mm。表面紫红色或赤褐色，有的无光泽，白色种脐线形突起，偏向一侧。另一侧有不显著棱脊。质硬，不易碎。气微，味微甜，嚼之有豆腥味。以身干，颗粒饱满，色赤红发暗者为佳。

赤豆：短圆柱形，两端较平截或钝圆，直径比赤小豆稍大。表面暗棕红色，有光泽，种脐不突起。

四、化学成分

1. 主要有效成分
多糖。
2. 主要成分
（1）黄酮及其苷类：芦丁、槲皮素、二氢槲皮素、槲皮素 –3'–O– α–L– 鼠李糖苷、槲皮素 –7–O– β–D– 葡萄糖苷。
（2）多酚类：绿原酸、没食子酸、儿茶素、儿茶素 –5–O– β–D– 葡萄糖苷、儿茶素 –3–O– β–D– 葡萄糖苷等。
（3）三萜皂苷类：赤豆皂甙 I、II、III、IV、V、VI等。
（4）黄烷醇鞣质：D– 儿茶精和表没食子儿茶素等。
（5）多糖：赤小豆多糖等。
（6）其他类：α– 球胺，p– 球阮，脂肪酸，烟酸，维生素 A_1、B_1、B_2，甾醇。

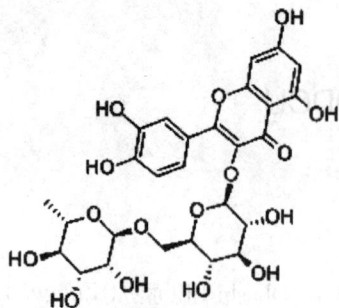

图 7 芦丁

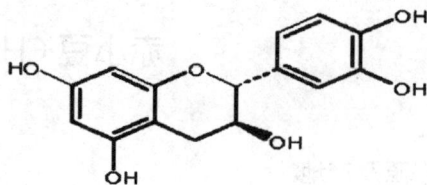

图 8 儿茶素

五、现代药理作用

1. 抗氧化作用：其清除自由基的作用较强。
2. 其他：可防止动脉硬化，降低患肥胖、糖尿病及心血管疾病的风险。

六、功效

性平，味甘、酸。归心、小肠经；利水消肿、解毒排脓。用于水肿胀满、脚气肢肿、黄疸尿赤、风湿热痹、痈肿疮毒、肠痈腹痛等症。

七、代表性中药制剂与方剂

1. 赤小豆当归散：由赤小豆 150g、当归 30g 组成，可清热利湿，和营解毒。
2. 琥珀消石颗粒：由赤小豆、当归、琥珀、海金沙、金钱草、鸡内金、蒲黄、牛膝组成，可清热利湿，通淋消石。
3. 其他：如铁箍散、追风透骨片、补白颗粒等。

八、食品应用

1. 药膳
如赤豆粥、赤豆薏米粥、茅根赤豆粥、赤小豆鲫鱼汤、赤小豆山药羹等。
2. 代表性保健食品
如可欣胶囊由金银花、蒲公英、赤小豆、桑白皮、桃仁组成，具有祛痤疮功效。
3. 其他
（1）配方食品：人参赤小豆莲子颗粒、赤小豆薏苡仁固体饮料。
（2）普通食品：赤豆可整粒食用，或用于煮饭、煮粥、做赤豆汤。赤豆淀粉含量较高，后呈粉沙性，而且有独特的香气，故常用来做成豆沙，以供各种糕团面点的馅料。赤豆还可发制赤豆芽，食用同绿豆芽。

九、其他应用

赤小豆提取物可作为化妆品原料。

参考文献

[1] 宁颖,孙建,吕海宁,等.赤小豆的化学成分研究.中国中药杂志,2013（12）：1938-1941.

[2] 王海棠,尹卫平.赤豆中黄色素芦丁的分离与鉴定[J].洛阳工学院学报,2000,21（1）：77-79.

代代花 DAIDAIHUA

一、来源及产地

为芸香科植物代代花（*Citrusaurantium* 'Daidai'.）花蕾。在中国东南各省均有栽培。

二、植物形态

常绿小乔木,枝疏生短棘刺。叶椭圆形至卵状椭圆形,叶柄长 2 ~ 2.5cm,叶翼倒心形。总状花序,花萼 5 裂,花白色,花瓣 5,长 2 ~ 2.5cm。雄蕊常 3 ~ 5 枚结合。果实扁圆形,直径 7 ~ 8cm,不芳香。花果期分别为 5-6 月和 12 月。

三、药材简明特征

干燥花蕾稍呈长卵圆形,直径 6 ~ 8mm。上部较膨大,基部有花柄;花萼绿色,皱缩不平,基部相连合,裂片 5;花瓣 5 片,淡黄白色或灰黄色,顶端覆盖成瓦状,表面有纵纹;内有数束黄色雄蕊和棒状雌蕊。质脆易碎。气香,味微苦。以干燥、香气浓郁、色黄白、无破碎者为佳。

四、化学成分

1. 主要有效成分
柠檬烯、芳樟醇、香叶醇等。
2. 主要成分
（1）挥发油类:萜品醇、柠檬烯、正二十一烷、正二十四烷、棕榈酸等。
（2）黄酮类:柚皮苷、新橙皮苷、苦橙苷、酸橙黄酮等。
（3）生物碱类:辛弗林、N-甲基酪胺等。
（4）其他类:强心苷、非强心苷、维生素类、人体必需氨基酸及香豆素类。

五、现代药理作用

1. 抗菌、抗病毒作用:对一些致病菌有良好的抑制作用。
2. 抗氧化作用:可有效清除自由基。
3. 抗肿瘤作用:可选择性诱导癌细胞凋亡和抑制其增殖。
4. 其他:抗氧化、降血脂、促进肠胃动力、利尿等作用。

六、功效

性平,味甘,微苦,归肝、胃经;理气宽中、开胃止呕。用于胸腹满闷胀痛、恶心呕吐、食积不化等症。

七、代表性中药制剂与方剂

1. 小儿增食丸:由焦山楂、焦神曲、焦麦芽、焦槟榔、黄芩、化橘红、砂仁、麸炒枳壳、代代花、炒鸡内金、炒莱菔子组成,可消食化滞,健脾和胃。

2. 肝郁调经膏:由白芍、牡丹皮、制香附、当归、丹参、葛根和泽泻各 60g,郁金、代代花和川楝子各 50g,佛手 45g,玫瑰花 15g 组成,可疏肝解郁,清肝泻火,养血调经。

3. 其他:如白玫瑰露酒等。

八、食品应用

1. 药膳:代代花粥(代代花 10 朵、糯米 100g、白糖 20g)、代代花莲子汤(代代花蕾 20g、莲子 100g、红枣 50g、白糖适量)、代代花鳙鱼头汤(代代花 10 朵、鳙鱼头 750g、洋葱丁和番茄块各 200g、胡萝卜片 100g、麻油 10g、胡椒粒 5 粒)、代代花蒸猪肉(鲜代代花 15 朵、猪肉 500g、鸡蛋 1 个)等。

2. 代表性保健食品:如减肥美姿茶由绞股蓝、绿茶、何首乌、代代花、竹叶、荷叶组成,可减肥。

3. 其他:代代花浓缩粉应用于调味品、烘焙食品、固体饮料等,或配伍应用,如菊花代代花泡腾片、桔红代代花茶、淡竹叶代代花茶、北虫草代代花固体饮料、代代花酒等。

九、其他应用

化妆品:代代花可以加快新陈代谢,保护肌肤抵御外界环境的有害物质的侵袭。调节肌肤水油平衡,改善肌肤粗糙暗淡状况。其中含有大量单宁酸,强效抗氧化、抗败血酸、对抗自由基,含有的乳酸可溶解浓重妆容。

参考文献

[1] 杨丽 . 代代花化学成分的研究 [D]. 华南理工大学,2010.

[2] 陈丹,林超,刘永静,于丽丽,曾绍炼,黄剑钧 . 代代的研究进展 [J]. 福建中医学院学报,2008(01):61-63.

淡豆豉 DANDOUCHI

一、来源及产地

为豆科植物大豆（*Glycine max*（Linn.）Merr.）成熟种子的发酵加工品，大豆原产自中国，现世界各地广泛栽种，淡豆豉产于我国全国各地。

二、植物形态

一年生草本，高 30 ~ 90cm。叶 3 小叶，托叶被黄色柔毛，叶柄长 2 ~ 20cm，幼嫩时散生疏柔毛或具棱并被长硬毛。小叶侧脉每边 5 条，小托叶铍针形，被黄褐色长硬毛。总状花序，花 5 ~ 8 朵，花紫色、淡紫色或白色，旗瓣先端常外翻，翼瓣莲状，龙骨瓣斜倒卵形，具短瓣柄。雄蕊二体。荚果肥大，下垂，密被褐黄色长毛。种子种脐明显，椭圆形。花期 6–7 月，果期 7–9 月。

三、药材简明特征

呈椭圆形或卵圆形，略扁，长 0.5 ~ 1cm，直径 0.5 ~ 0.7cm。表面黑色，皱缩不平，质地柔软，断面棕黑色。气香，味微甘。

四、化学成分

1. 主要有效成分
大豆异黄酮类成分。

2. 主要成分
（1）异黄酮类：游离型异黄酮苷元：黄豆苷元、黄豆黄素、染料木素。结合型糖苷：大豆苷、黄豆黄苷、染料木苷。

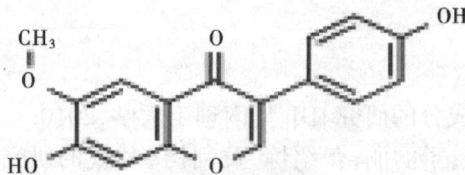
图 9 黄豆黄素

（2）氨基酸类：缬氨酸、丙氨酸、谷氨酰胺、天冬氨酸、精氨酸、谷氨酸。
（3）核苷类：黄嘌呤、腺嘌呤、尿苷、腺苷、鸟苷、胞苷等。
（4）皂苷类：大豆皂苷 A 组、大豆皂苷 B 组以及 DDMP 类皂苷。
（5）其他类：淡豆豉多糖、豆豉纤溶酶等。

五、现代药理作用

1. 抗菌活性作用：对呼吸道及其他的治病菌有较强的抗菌活性。
2. 抗肿瘤作用：可抑制癌细胞生长、改善血脂，提高肿瘤治愈率。
3. 对阿尔兹海默症的改善作用：可抑制乙酰胆碱酯酶，改善认知功能。
4. 其他：清除自由基、抗肿瘤、降血糖、退热、促进成骨细胞分化、调节肠道菌群等作用。

六、功效

性凉，味苦、辛。归肺、胃经；解表除烦，宣发郁热。用于感冒、寒热头痛、烦躁胸闷、虚烦不眠等症。

七、代表性中药制剂与方剂

1. 加味银翘片：含连翘 160g，金银花、忍冬藤、甘草和淡豆豉各 80g，桔梗、地黄、薄荷和牛蒡子各 100g，淡竹叶、荆芥和栀子各 65g，可辛凉透表，清热解毒。
2. 银翘解毒丸：由金银花和连翘各 200g，甘草和淡豆豉各 100g，薄荷、牛蒡子和桔梗各 120g，荆芥和淡竹叶各 80g 组成，可疏风解表，清热解毒。
3. 其他：如加味感冒丸、小儿疏表丸、小儿豉翘清热颗粒等。

八、食品应用

1. 药膳
如淡豆豉葱白煲豆腐（豆腐 2 ~ 4 块、淡豆豉 12g、葱白 15g、生姜 1 ~ 2 片）、葱豉黄酒汤（连须葱白 30g、淡豆豉 15g、黄酒 50g）等。
2. 代表性保健食品
（1）骨泰胶囊：由淡豆豉、葛根、怀牛膝、骨碎补、当归、麦芽糊精等组成，可增加骨密度、抗疲劳。
（2）鑫丰胶囊：由淡豆豉、牛磺酸、维生素 C、L- 肉碱等组成，可抗氧化。
（3）其他：香味淡豆豉包括淡豆豉、小茴香粉、大蒜粉、芝麻油、丁香粉等；另还有淡豆豉膨化食品。

九、其他应用

淡豆豉干燥后粉碎，得到淡豆豉调味粉。

参考文献

[1] 果卉 . 栀子豉汤神经保护作用及其化学物质基础研究 [D]. 中国人民解放军海军军医大学 ,2018.

[2] 韩燕 . 栀子豉汤的药效物质基础研究 [D]. 福建中医药大学 ,2015.

淡竹叶 DANZHUYE

一、来源及产地

为禾本科植物淡竹叶（*Lophatherum gracile* Brongn.）的干燥茎叶，在中国分布于华南、西南、华中和华东地区。

二、植物形态

多年生草本。秆直立，具 5 ~ 6 节。叶鞘平滑或外侧边缘具纤毛，叶舌质硬，长 0.5 ~ 1mm，背有糙毛。叶片披针形，具横脉。圆锥花序长 12 ~ 25cm，分枝斜升或开展，长 5 ~ 10cm。小穗线状披针形，具极短柄。颖顶端钝，具 5 脉。雄蕊 2 枚，颖果长椭圆形。花果期 6–10 月。

三、药材简明特征

茎呈圆柱形，有节，表面淡黄绿色，断面中空。叶片披针形，有的皱缩卷曲，表面浅绿色或黄绿色，叶鞘开裂。叶脉平行，具横行小脉，形成长方形的网格状，腹面尤为明显。体轻，质柔韧。气微，味甘、淡。以叶多、长大、质软、色青绿、无根及花穗者为佳。

四、化学成分

1. 主要有效成分

芦竹素、白茅素。

2. 主要成分

（1）三萜类：卢竹素、印白茅素、蒲公英赛醇、无羁萜、羊齿烯醇等。

（2）黄酮类：木犀草素、苜蓿素、苜蓿素 –7–O– β –D– 葡萄糖苷和牡荆素、黄酮苷、日当药黄素；黄酮木脂素类成分 salcolinA（la）、salcolinB（lb）、阿福豆苷、当药黄素、苜蓿素 –7–O– 新橙皮糖苷、黄酮碳苷、异荭草苷、牡荆苷、异牡荆苷。

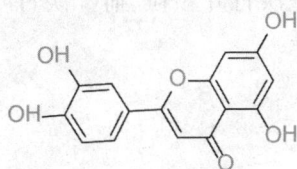

图 10　木犀草素　　　　　图 11　苜蓿素

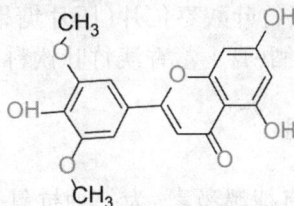

（3）酚酸类：绿原酸等。

（4）挥发油类：月桂酸、棕榈酸、2– 呋喃甲醛、反式 –4– 甲基环己醇、二十九烷、α – 生育酚醌、4- 羟基 -3,5- 二甲氧基苯甲醛、反式对羟基桂皮酸和香草酸、对甲氧基肉桂酸、对羟基苯甲醛等。

（5）微量元素：Ca、K、Mg、Fe、Mn 含量相对较高。

五、现代药理作用

1. 抗菌作用：可抑制痢疾杆菌和对食物中毒起到一定解毒作用。
2. 抗氧化作用：可清除自由基，降低体内过氧化物量，延缓衰老。
3. 心肌保护作用：可保护心肌缺血 / 再灌注损伤。
4. 收缩血管作用：可明显激动 α 受体，有效地收缩血管。
5. 其他：可对损伤的肝进行保护、抵抗病毒入侵、降低血脂等作用。

六、功效

性寒，味甘、淡。归心、胃、小肠经；清热除烦，利尿。用于热病烦渴、小便赤涩淋痛、口舌生疮等症。

七、代表性中药制剂与方剂

1. 竹叶石膏汤：由淡竹叶、人参和炙甘草各 6g，石膏 50g，半夏 9g，麦门冬 20g，粳米 10g 组成。可用于伤寒、温病、暑病之后，余热未清，气精两伤证。
2. 小儿七星茶口服液：由苡仁和稻芽各 417g、山楂 208g、钩藤 156g、甘草和蝉蜕各 52g、淡竹叶 313g 组成，用于更年期综合征属肝肾阴虚、心肝火旺。
3. 其他：如清凉防暑冲剂、清瘟解毒膏、口炎片、复方西羚解毒丸等。

八、食品应用

1. 药膳：如竹叶灯芯乳（淡竹叶 6g、灯芯 5g、牛乳 100mL）、茵陈淡竹叶粥（粳米 100g、茵陈蒿 15g、淡竹叶 10g、冰糖 30g）、麦冬竹叶粥（麦冬 30g、炙甘草 10g、淡竹叶 15g、粳米 100g、大枣 6 枚）等。
2. 代表性保健食品：如助眠口服液由何首乌、酸枣仁、灵芝、人参叶、银杏叶、葛根、桑叶、荷叶、鲜白茅根、淡竹叶、鲜芦根组成，可缓衰老、助睡眠。
3. 其他：如淡竹叶酸枣仁片（压片糖果）、破壁淡竹叶颗粒、荷叶淡竹叶代用茶、淡竹叶代代花茶、淡竹叶酒（膏）、藿香淡竹叶饮料、凉茶等。

九、其他应用

淡竹叶中含有褪黑激素，为一种抗氧化剂，现被应用于美容产品中，常用淡竹叶粉，或其提取物。

参考文献

[1] 焦坤.淡竹叶化学成分的分析方法研究进展[J].广州化工,2017,45（19）:20-21.

[2] 陈烨.淡竹叶化学成分与药理作用研究进展[J].亚太传统医药,2014,10（13）:50-52.

当归 DANGGUI

一、来源及产地

为伞形科植物当归（*Angelica sinensis*（Oliv.）Diels）的干燥根。主产于甘肃东南部，以岷县产量多，质量好，另外在云南、四川、陕西、湖北等省也有栽培。

二、植物形态

多年生草本，根圆柱状，分枝，具浓郁香气。茎直立，常绿白色，有纵深沟纹，光滑无毛。叶三出式二至三回羽状分裂，叶柄基部膨大成管状薄膜质鞘。复伞形花序，萼齿 5；花瓣长卵形；花柱短，果实背棱线形，隆起，侧棱具翅，薄而宽，棱槽内有油管 1，合生面油管 2。花期 6-7 月，果期 7-9 月。

三、药材简明特征

圆柱形，全长 15 ～ 25 cm，表面浅棕色至棕褐色，归头部分仅有 1 个茎叶残基，主根短粗，直径 1.5 ～ 4 cm，横向皮孔，皱缩不明显。尾部多分支，支根 2 ～ 10 条呈扭曲状，直径 0.3 ～ 1 cm，横向皮孔不显著。气浓郁，较香，味甘。

四、化学成分

1. 主要有效成分
豆甾醇、维生素、多糖。
2. 主要成分
（1）挥发油：藁本内酯、正丁烯呋内脂、香荆芥酚、正丁酰内酯、邻羧基苯正戊酮等。

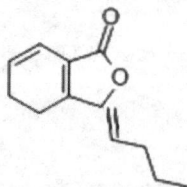

图 12　藁本内酯

（2）有机酸类成分：阿魏酸、香草酸、烟酸、琥珀酸。
（3）糖类成分：葡萄糖、半乳糖、甘露糖、D- 葡萄糖、D- 半乳糖。
（4）维生素：维生素 A、E、B_{12}。
（5）其他：嘌呤、微量元素等。

五、现代药理作用

1. 增强免疫力作用：可诱导干扰素活性、增强免疫细胞的功能,提高免疫力。
2. 增强心血管功能作用：可抵抗心肌缺血、扩张冠状动脉、矫正心率等。
3. 保肝、强肾作用：可减低转氨酶和糖原,提高 ATP 酶活性,保护肝脏;保护肾小球和肾小管的功能,改善肾炎。
4. 其他：可改善血液循环系统、镇痛、平喘、对子宫的兴奋或抑制、抗惊厥、神经修复等作用。

六、功效

性温,味甘、辛。归肝、心、脾经;补血活血、调经止痛、润肠通便。用于血虚萎黄、眩晕心悸、月经不调、经闭痛经、虚寒腹痛、肠燥便秘、风湿痹痛、痈疽疮疡等症。

七、代表性中药制剂与方剂

1. 当归四逆汤：由当归 12g、桂枝和芍药各 9g、细辛 3g、通草和炙甘草各 6g、大枣 8 枚组成,可温经散寒,养血通脉。
2. 当归芍药汤：由当归 9g,芍药、人参、桂心、生姜、干地黄和甘草各 6g,大枣 10 枚组成,可调和气血,行滞化瘀。
3. 三两半药酒：含当归、炙黄芪和牛膝各 100g,防风 50g,可活血祛风通络。
4. 其他：如七宝美髯颗粒、当归丸等。

八、食品应用

1. 药膳
如当归蒸鸡、当归核桃羊肉羹、党参当归煲虾球、党参当归炖乳鸽、山楂当归茶等。
2. 代表性保健食品
（1）舜华胶囊：由当归、白芍、白芷、菊花、茯苓、珍珠粉、淀粉等组成,可用于祛黄褐斑。
（2）蔓顺胶囊：由当归、白芍、枳实、苦杏仁、库拉索芦荟全叶烘干粉、糊精、硬脂酸镁组成,可通便。
3. 其他
具香浓当归味乳酸菌发酵型泡菜其组成为当归量 3%,盐浓度 4%,糖浓度 2%;接种量 3%,发酵温度 30℃,发酵时间 4d。

九、其他应用

当归泽皮肤,去瘀生新,温中养血,活血舒筋,现当归提取物被运用于护肤品之中,如当归祛斑复颜霜。

参考文献

[1]. 曹颜冬 . 当归化学成分及药理作用的分析 [J]. 世界最新医学信息文摘 , 2019 , 19（ 2 ）: 93–94.

[2] 黄红鸿 , 覃日宏 , 柳贤福 . 中药当归的化学成分分析与药理作用探究 [J]. 世界最新医学信息文摘 , 2019 , 19（ 58 ）: 127–153.

党参 DANGSHEN

一、来源及产地

为桔梗科植物党参（*Codonopsis pilosula*（Franch.）Nannf.）、素花党参（*C. pilosula* var. *modesta*（Nannf.）L. T. Shen）或川党参（*C.tangshen*（Oliv.）D.Y. Hong）的干燥根。在中国，党参主产于山西、陕西、甘肃等地；素花党参主产于甘肃、四川；川党参主产于四川、湖北等。

二、植物形态

党参为多年生草本，有乳汁。茎基具多数瘤状茎痕，根常肥大呈纺锤状或纺锤状圆柱形，长 15～30cm，表面灰黄色，上端有细密环纹。茎缠绕，有多数分枝。在主茎及侧枝者叶互生，在小枝者近于对生，叶柄有疏短刺毛，叶片卵形，两面疏或密地被贴伏的长硬毛或柔毛。花单生。花萼贴生至子房中部，花冠上位，阔钟状，黄绿色，内面有明显紫斑，柱头有白色刺毛。蒴果，种子多数。花果期 7–10 月。素花党参的特点是全体近于光滑无毛，花萼裂片较小，长约 10mm。川党参的特点是其植株除叶片两面密被柔毛，全体几近于光滑无毛。

三、药材简明特征

1. 党参：长圆柱形，稍弯曲，表面黄棕色到灰棕色，根头部有狮子盘头，根头下部有致密环状横纹，全体有纵皱纹和散生横长皮孔，质稍硬或略带韧性，断面稍平坦，有放射状纹理。有特殊香气，味微甜。

2. 素花党参：不同之处在于其根头下部致密环横纹达全长一半以上。

3. 川党参：根头部横纹较稀。

四、化学成分

1. 主要有效成分

党参苷、葡萄糖、菊糖、多糖、党参碱、挥发油等。

2. 主要成分

（1）糖类：葡萄糖、菊糖、果糖、酸性多糖等。

（2）苷类：党参苷 Ⅰ、Ⅱ、Ⅲ、Ⅳ和丁香苷、苯基–β–D–葡萄糖苷、（E）–异松柏苷、松柏苷、新党参炔醇苷（党参炔苷 A）等。

（3）甾体类：α–菠甾醇、α–菠甾酮、豆甾醇、豆甾酮等。

（4）生物碱类：党参碱、胆碱等。

（5）氨基酸：谷氨酸、胱氨酸、甘氨酸、亮氨酸、赖氨酸、苯丙氨酸等。

（6）挥发油：脂肪酸、醛、醇等。

（7）萜类及倍半萜内脂：蒲公英萜醇、补骨脂内酯、苍术内酯等。

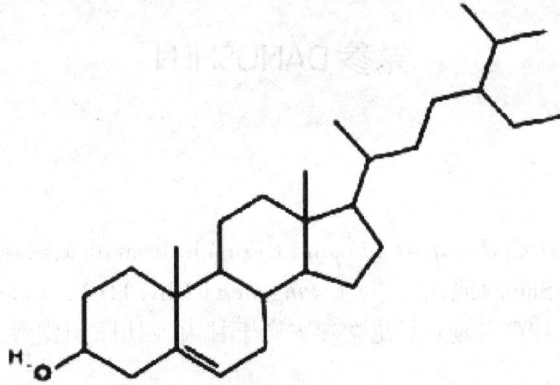

图 13　甾醇

五、现代药理作用

1. 改善造血功能作用：可阻碍造血细胞的凋亡，缓解造血功能障碍。

2. 调节性激素分泌作用：可促进雌性激素（孕酮、黄体生成素、卵泡刺激素）分泌，保护睾丸中的生精细胞并提高血清里的睾酮含量。

3. 抗肿瘤作用：抑制肿瘤细胞的增殖。

4. 其他：改善心力衰竭、抑制细菌增长、对机体免疫功能进行调节、抗氧化及衰老、抗溃疡、抗疲劳、增强肠胃功能、改善学习记忆功能等作用。

六、功效

性平，味甘。归脾、肺经；补中益气，健脾益肺。用于脾肺虚弱、气短心悸、食少便溏、喘虚咳嗽、内热消渴等症。

七、代表性中药制剂与方剂

1. 十全大补汤：由党参和川芎 6g，当归、白术、白茯苓和白芍各 9g，黄芪和干熟地黄各 12g，甘草 3g，生姜 3 片，大枣 2 个组成，可用于气血两虚证。

2. 八珍汤：由当归、川芎、熟地黄、白芍、党参、甘草、茯苓和白术各 30g，可用于气血两虚证。

3. 其他：如参苓白术散、补中益气汤、参耆安胃散、上党参膏等。

八、食品应用

1. 药膳

如党参煨羊肉、党参炖乌鸡、党参鸽子汤、党参猪心汤等。

2. 代表性保健食品

（1）红尔口服液：由黄芪、党参、枸杞子、大枣、阿胶、富马酸亚铁、蔗糖等组成，可用于改善营养性贫血。

（2）党参黄芪枸杞子口服液：由党参、黄芪、枸杞子、山梨酸钾、纯化水组成，可增强免疫力、缓解体力疲劳。

3. 其他

茯苓枸杞党参酒、党参蜂蜜薏米茶。

九、其他应用

提取物常用于化妆品原料。

参考文献

[1] 刘玉兰,姚丽.党参化学成分系统研究进展[J].山东医药工,1999（1）:35-36.

[2] 孙政华,邵晶,郭玫.党参化学成分及药理作用研究进展[J].安徽农业科学,2015,43（33）:174-176.

刀豆 DAODOU

一、来源及产地

为豆科植物刀豆（*Canavalia gladiata*（Jacq.）DC.）的干燥成熟种子。在中国长江以南各省区间常见栽培。

二、植物形态

缠绕草本,高 60 ~ 100cm；羽状复叶具 3 小叶,小叶卵形,长 8 ~ 20cm,宽 5 ~ 16cm。总状花序具长总花梗；花萼唇形,上唇大,2 裂,下唇 3 齿裂；花冠蝶形,白色或粉红；雄蕊 10,两体。荚果带形而扁,长可达 30cm。种子椭圆形,红色或褐色。

三、药材简明特征

扁卵形或扁肾形,长 2 ~ 3.5 cm。表面红紫色至淡红色。边缘有眉状黑色种脐,长约 2 cm,上有白色细纹 3 条。种皮革质,内表面棕绿色而光亮,子叶黄白色,油润。质硬,难破碎。气微味淡,嚼之有豆腥味。

四、化学成分

1. 主要有效成分
尿素酶、血球凝集素、刀豆氨。
2. 主要成分
（1）多酚类：没食子酸（甲酯）、1,6- 二没食子酰基 – β –D- 吡喃葡萄糖苷。
（2）甾醇类：β – 谷甾醇。
（3）三萜类：羽扇豆醇。
（4）氨基酸及蛋白质等：伴刀豆球蛋白（ConA）、L- 刀豆氨酸、胰蛋白酶抑制剂、刀豆四胺,γ – 胍氧基丙胺,氨丙基,刀豆四胺和氨丁基刀豆四胺等。

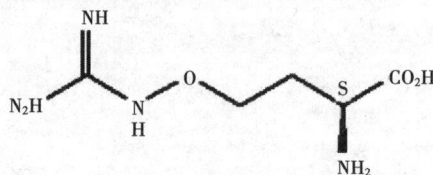

图 14　刀豆氨酸

五、现代药理作用

1. 保护肝脏的作用：可促进损伤后的肝脏功能的恢复及肝细胞的生成。

2. 抗氧化作用：对自由基有较强的清除能力。

3. 抗癌作用：抑制癌细胞生长及扩散。

4. 其他：润肠通便、抗炎、免疫调节、抗菌等作用。

六、功效

性温，味甘。归胃、肾经；温中下气、止呃。用于虚寒呃逆、呕吐等症。

七、代表性中药制剂与方剂

1. 十味手参散：由手参和桂皮各 10g，刀豆、石榴子、荜茇、天冬和红花各 50g，豆蔻 100g，麝香和熊胆各 5g 组成，可用于肾虚遗精，阳痿。

2. 前列宁胶囊：由蒺藜子 58.7g，石韦和蒲公英各 41.2g，刺柏和诃子各 29.3g，刀豆 22.8g，芒果核、蒲桃、大托叶云实和藏茜草各 17.5g，紫草茸和红花各 11.4g，豆蔻 5.9g 组成，可清热解毒，化瘀通淋。

3. 其他：如溃疡汤、十三味马蔺散、十味诃子丸等。

八、食品应用

1. 药膳：刀豆炒腰片、刀豆生姜饮、刀豆粥。

2. 代表性保健食品：如舒诺胶囊由红景天、枸杞、余甘子、诃子、人参、刀豆组成，可抗疲劳。

3. 其他：刀豆罐头、刀豆饮料、刀豆腌制零食，还用作鲜菜炒食。

九、其他应用

刀豆荚提取物被用于化妆品原料。

参考文献

[1] 李宁,李铣,冯志国,等.刀豆的化学成分[J].沈阳药科大学学报,2007（11）:676-678.

丁香 DINGXIANG

一、来源及产地

为桃金娘科植物丁香（*Eugenia caryophyllata* Thunb.）的干燥花蕾,在中国广东、广西、海南等地有栽培。

二、植物形态

常绿乔木,高 10 ~ 15m。树皮灰白而光滑；叶对生,叶片革质,卵状长椭圆形,全缘密布油腺点,叶柄明显。叶芽顶尖,红色或粉红色；花 3 朵 1 组,圆锥花序,花瓣 4 片,花蕾初起白色而现微紫色,花萼呈筒状,顶端 4 裂。裂片呈三角形,鲜红色,雄蕊多数,子房下位；浆果卵圆形,红色或深紫色,内有种子 1 枚,呈椭圆形。花期 1-2 月,果期 6-7 月。

三、药材简明特征

研棒状或"丁"字形,长 1 ~ 2cm,萼筒圆柱状,常棕褐色,上部有 4 枚三角状萼片,十字状分开。花冠圆球形,直径 0.3 ~ 0.5cm,覆瓦状花瓣 4 片,常棕褐色,内有雄蕊和花柱,搓碎可见多数黄色细粒状花药。质坚实,富油性。气芳香浓烈,味辛辣,有麻舌感。以完整、色深、油足、香气浓郁、入水下沉者为佳。

四、化学成分

1. 主要有效成分

丁香酚、β – 丁香烯等。

2. 主要成分

（1）挥发油：丁香油酚、乙酰丁香油酚、β – 丁香烯、β – 石竹烯、甲基正戊基酮、水杨酸甲酯、葎草烯、苯甲醛、苄醇、乙酸苄酯、胡椒酚、a- 衣兰烯等。

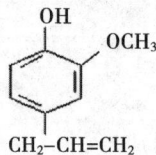

图 15　丁香油酚

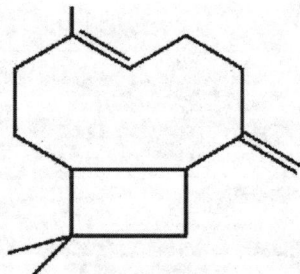

图 16　β – 石竹烯

（2）三萜化合物：齐墩果酸、熊果酸、山楂酸、科罗索酸等。

（3）黄酮类：山奈酚、鼠李素等。

五、现代药理作用

1. 抗炎作用：可抑制巨噬细胞增殖，发挥抗炎镇痛作用。
2. 抑菌作用：对金黄色葡萄球菌、链球菌、肺炎双球菌等均有抑制作用。
3. 抗病毒作用：对病毒细胞具有极强的毒性，抑制其增殖活性。
4. 其他：清除自由基、抗氧化、抗心肌缺血、抑制肝纤维化、降糖等作用。

六、功效

性温，味辛。归脾、胃、肺、肾经；温中降逆，补肾助阳。用于脾胃虚寒，呃逆呕吐、食少吐泻、心腹冷痛、肾虚阳痿等症。

七、代表性中药制剂与方剂

1. 六味丁香丸：由丁香 50g、藏木香和甘草各 100g、石灰华和白花龙胆各 200g、诃子 300g 组成，可用于咽喉肿痛，声音嘶哑，咳嗽。
2. 丁桂温胃散：由丁香和肉桂各等份组成，用于寒性脘痛及寒性腹痛等症。
3. 其他：如丁蔻理中丸、丁沉透膈丸、十香止痛丸、十香定痛丸等。

八、食品应用

1. 药膳
丁香鸭（净鸭子 1 只、丁香 6g、白菜心 250g、西红柿 150g、佐料适量）、丁香粥、丁香雪梨粥等。
2. 代表性保健食品
（1）舒睡软胶囊：由丁香、酸枣仁、肉豆蔻、黑胡椒、肉桂、大豆油组成，可用于改善睡眠。
（2）合胃胶囊：由生姜、陈皮、丁香、党参组成，可辅助保护胃黏膜。
（3）诺力通片：由制首乌、人参、远志、橘皮、生姜、丁香、茯苓、天麻等组成，可辅助改善记忆、增强免疫力。
3. 其他
用作食疗食材，如丁香梨和丁香酒等具有药物辅助作用的食物；配伍食品如丁香姜糖、丁香紫苏茶、佛手丁香茶、丁香红茶、白芷丁香肉桂粉、丁香山楂压片糖果等。

九、其他应用

1. 用于化妆品促进透皮吸收、漱口液、抗氧、改善记忆力的保健品。
2. 在酱油、果蔬、禽肉制品中起防腐保鲜的作用，可用于制作配制调味品。

参考文献

[1] 美丽,朱懿敏,罗晶,等. 丁香化学成分、药效及临床应用研究进展 [J]. 中国实验方剂学杂志,2019,25（15）: 222-227.

[2] 但春,焦威. 丁香的化学成分研究 [J]. 中药材,2018,41（05）: 1108-1113.

杜仲叶 DUZHONGYE

一、来源及产地

为杜仲科植物杜仲(*Eucommia ulmoides* Oliv.)的叶片。分布于湖南、陕西、甘肃、浙江、河南、湖北、四川、贵州等地,现各地广泛栽培。

二、植物形态

落叶乔木。树皮折断拉开有多数细丝。单叶互生,叶柄被散生长毛。叶片椭圆形先端渐尖,边缘有锯齿,侧脉 6 ~ 9 对。花单性,雌雄异株,雄花无花被,花梗无毛。雌花单生,子房1室,先端2裂。翅果扁平,先端2裂,基部楔形,周围具薄翅,坚果与果梗相接处有关节。2-3月开花,9-10月果实成熟。

三、药材简明特征

椭圆形或卵形,长 7 ~ 15cm,宽 3.5 ~ 7cm。先端渐尖,基部常圆形,边缘有锯齿。质脆,搓之易碎,折断可见少量银白色橡胶丝相连。气微,味微苦。

四、化学成分

1. 主要有效成分
桃叶珊瑚苷等。
2. 主要成分
(1)环烯醚萜类:车叶草苷、京尼平苷酸、桃叶珊瑚苷、哈帕苷乙酸酯、筋骨草苷、杜仲苷、杜仲醇等。
(2)木质素类:脂素、橄榄脂素、二氢脱氢二松柏醇等。
(3)黄酮类:槲皮素、槲皮素苷、紫云英苷、山奈酚、芦丁、陆地锦苷等。

五、现代药理作用

1. 降血压作用:可调节激素水平和钙离子通道,较好的降血压作用。
2. 抗氧化作用:可清除自由基和提高超氧化物歧化酶(SOD)的活力。
3. 降血糖作用:可阻碍多糖的水解、降低葡萄糖的吸收,实现降血糖效果。
4. 其他:抗骨质疏松、抑菌、抗肿瘤、降血脂、免疫调节等作用。

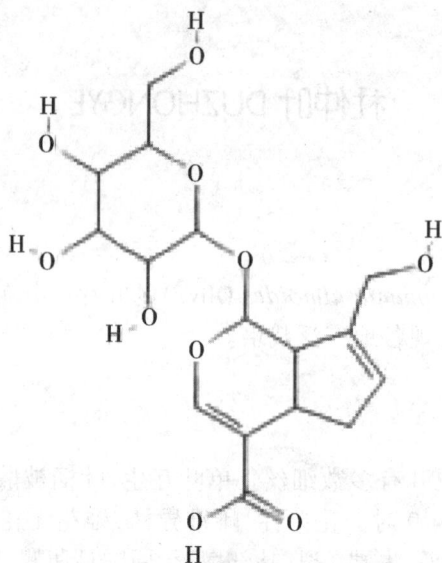

图 17　京尼平苷酸

六、功效

性温、味微辛,归肝、肾经,补肝肾、强筋骨、降血压。用于肝肾不足,腰膝酸软,筋骨痿弱等症。

七、代表性中药制剂与方剂

1. 杜仲双降袋泡剂:由杜仲叶 700g、苦丁茶 300g 组成,可降压,降脂等。

2. 腰痛丸:由盐炒杜仲叶和当归各 100g,盐补骨脂、制狗脊、续断、炒白术和牛膝各 75g,泽泻 50g,肉桂和制乳香各 25g,赤芍和酒炒土鳖虫各 40g 组成,可补肾活血,强筋止痛。

3. 其他:如妇宝颗粒、强力定眩片等。

八、食品应用

1. 药膳

如杜仲猪腰汤(杜仲叶、猪腰、蜂蜜)、杜仲药膳汤(杜仲叶、香菇)等。

2. 代表性保健食品

(1)杜仲叶枸杞子口服液:由杜仲叶、枸杞子、纯化水、蜂蜜组成,具有增强免疫力的保健功能。

(2)杜仲核桃复合保健饮料:由杜仲叶和核桃仁组成。

(3)洛和安茶:由杜仲叶、牛膝、山楂、泽泻、益母草、绿茶组成,具有辅助降血压的保健功能。

3. 其他

杜仲绿茶(红茶、酒、醋、精粉等),复合饮料有乌龙杜仲茶、杜仲茉莉茶等。如杜仲叶复合饮料由杜仲叶和苹果汁等材料配伍，其风味独特，无毒；或者由杜仲叶、蜂蜜、柠檬酸等辅料配伍组成，酸甜可口；或者以牛乳和杜仲茶粉为原料制成保健酸奶，色、香、味及组织状态俱佳。

九、其他应用

暂无。

参考文献

[1] 吴红艳,彭呈军,邓后勤.杜仲叶化学成分研究进展 [J]. 食品工业科技,2019,（17）：360-364.

[2] 赖娟华,徐丽瑛,饶华,等.杜仲叶化学成分和药理作用研究概况 [J]. 实用中西医结合临床,2004,4（2）：67-68.

榧子 FEIZI

一、来源及产地

为红豆杉科植物榧(*Torreya grandis* Fortune ex Lindl.)的干燥种子。在中国主要产于浙江、福建、安徽、江西、湖南和贵州等地。

二、植物形态

常绿乔木,叶呈假二列状排列,线状披针形,先端突刺尖,全缘,质坚硬,背面中肋显著,在其两侧各具一条凹下黄白色的气孔带。花单性,常雌雄异株。雄花序具总花梗,雄蕊排成4~8轮,花药4室。雌花无梗,成对生,只1花发育,基部具数对交互对生的苞片,胚珠1,直生。种子核果状,红褐色,有不规则的纵沟。花期4月。种子成熟期为次年10月。

三、药材简明特征

卵圆形,长2~4cm,表面灰黄色或淡黄棕色,有纵皱纹,一端钝圆,具椭圆形疤痕,其两侧各有一个小突起,另一端稍尖,外壳质硬脆,内部红棕色,具麻纹。种仁卵圆形,皱而坚实,表面有灰棕色皱缩薄膜,仁黄白色,有油性。气微香,味微甜。以个大、种仁黄白色、不泛油、壳薄、不破碎者为佳。

四、化学成分

1. 主要有效成分
多糖、挥发油、不饱和脂肪酸。
2. 主要成分
(1)脂肪油:棕榈酸、硬脂酸、油酸、亚油酸的甘油酯。
(2)其他成分:麸朊、甾醇、草酸、葡萄糖、多糖、挥发油和鞣质等。

五、现代药理作用

1. 抗菌作用:可抑制痢疾杆菌。
2. 抗氧化作用:可清除自由基,提高抗氧化作用。
3. 其他:驱逐胃肠道寄生虫,防治心血管疾病,改善血脂水平,防治动脉粥样硬化形成,延缓衰老,对子宫有收缩等作用。

六、功效

性平,味甘。归胃、肺、大肠经;杀虫消积,润燥通便。用于钩虫、蛔虫、绦虫病等多种寄生虫积腹痛,小儿疳积,大便秘结等症。

七、代表性中药制剂与方剂

1. 小儿康冲剂:由太子参、葫芦茶和山楂各 332g,乌梅、蝉蜕、茯苓和白术各 100g 组成,白芍、麦芽、榧子和槟榔各 170g,陈皮 33g 组成,可健脾开胃,消食导滞,驱虫止痛,安神定惊。
2. 榧子煎:由细榧子 49 枚(去壳)制成,可用于虫积腹痛。
3. 其他:如一郎二子散、健儿疳积散、婴儿消食散等。

八、食品应用

1. 普通食品:市场上炒坚果(榧子)作为普通食品销售。
2. 代表性保健食品:暂无。

九、其他应用

榧子提取物作为化妆品原料使用。

参考文献

[1] 马长乐,周稚凡,李向楠,等.云南榧子和香榧子营养成分比较研究 [J]. 食品研究与开发,2015,36（14）:92-94.

[2] 于美.香榧子蛋白及饼粕水提取物的研究 [D]. 江南大学,2017.

粉葛 FENGE

一、来源及产地

为豆科植物甘葛藤（*Pueraria thomsonii* Benth）的干燥根。除新疆、西藏外，中国各地均有分布。

二、植物形态

藤本。根肥大。茎枝被黄褐色短毛或杂有长硬毛。三出复叶，具长柄。托叶披针状长椭圆形，有毛，小叶片菱状卵形至宽卵形。总状花序腋生，小苞片卵形。花萼钟状，长2～5cm，萼齿5，被黄色长硬毛，花冠紫色。荚果长椭圆形，密被黄褐色长硬毛。种子肾形或圆形。花期6-9月，果期8-10月。

三、药材简明特征

饮片呈横切或纵切的不规则厚片，大小不一。外表面黄白色或淡棕色，未去外皮则呈灰棕色。体重、质硬、富粉性。纵切面可见由纤维形成的数条纵纹，横切面可见纤维形成的浅棕色同心性环纹。气微，味微甜。

四、化学成分

1. 主要有效成分
葛根素。
2. 主要成分
（1）黄酮类：葛根素等。
（2）苷类：葛根苷 A、B、C 等。
（3）三萜类：葛皂醇 A、B、C 等 7 种新型齐墩果酸烷型醇类。
（4）香豆素类：6,7- 二甲基香豆素。
（5）氨基酸类：色氨酸、天冬酰胺、赖氨酸。

五、现代药理作用

1. 解酒作用：可影响酒精吸收，保护肝脏组织。
2. 抗氧化作用：可清除自由基。
3. 防治骨质疏松作用：改善骨组织硬度，提高骨质量。
4. 其他：抗感染、消炎、降血压、降血脂、降血糖、改善微循环、改善心肌缺血、扩张冠状动脉、解热、抗肿瘤等作用。

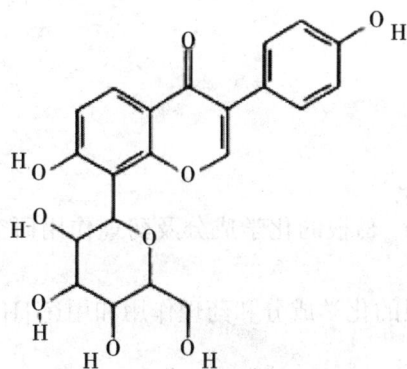

图 18　葛根素

六、功效

性凉,味甘辛。归肺、胃经;解肌退热,生津,升阳止泻,透疹;用于外感发热头痛,项强,口渴,消渴,高血压颈项强痛,麻疹不透等症。

七、代表性中药制剂与方剂

1. 单灯通脑软胶囊:由丹参、灯盏细辛和川芎各 555g,葛根 835g,大豆油 290g 组成,可用于瘀血阻络所致的中风,中经络证。

2. 除瘟化毒汤:由粉葛根、金银花、生地、冬桑叶和贝母各 6g,枇杷叶 4.5g,薄荷 1.5g,竹叶 3g,小木通和生甘草各 2.4g 组成,可清肺解毒。

3. 其他:如葛根岑莲、当归拈痛丸、葛山降脂颗粒、气血康胶囊等。

八、食品应用

1. 药膳

葛粉猪胰汤(粉葛 50g、猪胰半具)、葛粉粥(粉葛 200g、粟米 300g)、粉葛猪骨汤(粉葛、红枣、陈皮、排骨适量)等。

2. 代表性保健食品

(1)牦牛壮骨颗粒(低糖型)由藕粉、牦牛骨粉、茯苓、粉葛、奶粉、维生素 D 组成,可增加骨密度。

(2)芪黄桑葛颗粒由黄芪、地黄、粉葛、黄精、桑叶、木糖醇、糊精组成,可辅助降血糖、增强免疫力;

(3)葛根木瓜压片糖果由粉葛、木瓜和葡萄糖组成,可辅助疏通乳腺。

3. 其他

葛根口服液(面包、面条、粉丝、粉、冰激淋、饮料)、葛冰、葛冰罐头、葛根混合精、葛粉红肠、葛根木瓜魔芋粉等。

九、其他应用

葛根素为化妆品原料。

参考文献

[1] 孙华,李春燕,薛金涛. 葛根的化学成分及药理作用研究进展 [J]. 新乡医学院学报, 2019,36（11）: 1097-1100.

[2] 赖建有,李兴波. 葛根的化学成分和药理作用和用途 [J]. 农业与技术,2018,38: 20.

蜂蜜 FENGMI

一、来源及产地

蜂蜜是蜜蜂科动物中华蜜蜂（*Apis cerana* Fabriciu）或意大利蜂（*A. mellifera* Linnaeus）从所采的花蜜在蜂巢中酿制的蜜。在中国产于全国各地。

二、动物形态

中华蜜蜂特点是体躯较小,体长 10 ~ 13mm。头胸部黑色,腹部黄黑色,全身被黄褐色绒毛。唇基表面具三角形黄斑,后翅中脉分叉。意大利蜜蜂特点是体型较大,体长 12 ~ 14mm。体色黄褐,唇基表面黑色,无具黄斑,后翅中脉不分叉。

三、药材简明特征

具光泽、半透明、浓稠的液体,白色至淡黄色或橘黄褐色,放久遇冷有白色颗粒状结晶析出。气芳香,味极甜。

四、主要成分

1. 主要有效成分
多种维生素、氨基酸、有机酸。
2. 主要成分
（1）糖类：葡萄糖、果糖、蔗糖等。

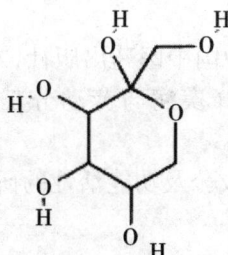

图 19　果糖

（2）蛋白质：淀粉酶、过氧化酶、酯酶等。
（3）无机元素：钙、硫、磷、镁、钾、钠、碘。
（4）黄酮类：黄芩素、芹菜素、槲皮素、橙皮素、乔松素等。
（5）酚酸类：阿魏酸、咖啡酸、丁香酸、香草酸等。
（6）其他类：维生素 B_1、B_2、B_3、B_7、C、K 等；挥发油、蜡、生长刺激素、乙酰胆碱、胡萝卜素等。

五、现代药理作用

1. 修复皮肤创伤作用：可提高伤口愈合能力，预防瘢痕形成。
2. 抗菌作用：可抑制金黄色葡萄球菌、铜绿假单胞菌等微生物的生长。
3. 其他：降血压、缓鼻炎等作用。

六、功效

性平，味甘。归脾、肺、大肠经；补中缓急，润肺止咳，润肠通便。用于脾胃虚弱、脘腹作痛、肺虚咳嗽、燥咳咽干、肠燥便秘等症。

七、代表性中药制剂与方剂

蜂蜜主要用作辅料。无专门的制剂和方剂。

八、食品应用

1. 药膳：如蜂蜜蒸白梨、蜂蜜石榴膏等。
2. 代表性保健食品：与其他药材配伍组成保健食品。
3. 其他：常用与各种茶饮料，蜂蜜无须加工即可用于各种食物中，例如蓝莓蜜茶、蜂蜜牛肉干、蜂蜜萝卜条。

九、其他应用

蜂蜜、蜂蜜粉、蜂蜜提取物、蜂蜜发酵产物滤液等均可用于化妆品原料。

参考文献

[1] 钟赣生. 中药学 [M]. 北京：中国中医药出版社，2016.
[2] 张祎，韩日畤. 蜂产品及蜜蜂疾病与劳动分工行为研究概况 [J]. 环境昆虫学报，2017，39（1）：19-38.
[3] 伊作林，杨柳，刘锋等. 蜂蜜成分及功能活性的研究进展 [J]. 中国蜂业，2018，51-54.

佛手 FOSHOU

一、来源及产地

为芸香科植物佛手（ *Citrus medica* L. var. sarcodactylis Swingle ）的果实。在中国主产于广东和四川,长江以南各地有栽培。

二、植物形态

灌木或小乔木。茎枝多刺,刺长达 4cm。单叶,稀单身复叶,则有关节,但无翼叶。叶柄短,叶片椭圆形或卵状椭圆形,长 6 ~ 12cm,宽 3 ~ 6cm,叶缘有浅钝裂齿。果实手指状肉条形,果皮淡黄色,粗糙,果皮甚厚,难剥离,内皮白色或略淡黄色,棉质,松软,瓢囊 10 ~ 15瓣,果肉无色,近于透明或淡乳黄色,爽脆,有香气;种子小。常无种子。花期 4-5 月,果期10-11 月。

三、药材简明特征

皮鲜黄色,皱缩有光泽,顶端分歧,常张开如手指状。饮片为长圆形纵切片,形如手状,大小厚薄不一,厚约 1 ~ 2mm,或呈指状分枝,常皱缩或卷曲,外表黄绿至橙黄色,密布众多油点。果肉灰棕色或淡灰白色,维管束散在,条状或点状,顶端 3 ~ 5 指裂。裂片披针形,气香浓郁,辛微辣,先甘后苦。

四、化学成分

1. 主要有效成分
挥发油、香豆素、琥珀酸、柠檬油素二聚体、小量香叶木苷及橙皮苷。
2. 主要成分
（1）挥发油:枸橼醛、牻牛儿醇、芳樟醇、邻氨基苯甲酸甲酯等。
（2）黄酮类:柚皮苷、新橙皮苷。
（3）香豆素成分:柠檬油素、莨菪亭、伞形花内酯、香豆酸、柠檬苦素等。

五、现代药理作用

1. 调节糖脂代谢紊乱作用:可调节高脂血症、糖尿病、胰岛素抵抗,改善糖脂代谢紊乱。
2. 抗氧化作用:可清除自由基和提高超氧化物歧化酶（SOD）的活力。
3. 抗肿瘤作用:抑制细胞增殖,诱导细胞凋亡及坏死。

4. 其他：可提高机体免疫力、止咳平喘祛痰、抑菌、抗炎镇痛、抗抑郁等。

六、功效

性温，味辛、苦、酸。归肝、脾、肺经；疏肝理气，和胃止痛。用于肝胃气滞、胸胁胀痛、胃脘痞满、食少呕吐等症。

七、代表性中药制剂与方剂

1. 冠脉康片：由三七 30g、赤芍 500g、佛手和泽泻各 300g、甘草 50g 组成，可用于冠心病所引起的胸闷和心绞痛。

2. 胃益胶囊：由佛手和黄柏各 60g，砂仁 30g，川楝子、延胡索和山楂各 120g 组成，可疏肝理气，和胃止痛，健脾消食。

3. 其他：如佛手增乳口服制液、复方金佛手口服液、佛手活络酊剂等。

八、食品应用

1. 药膳

如佛手保健粥、佛手猪肝汤等。

2. 代表性保健食品

（1）佛手露口服液：由佛手、黄芪、白术、酸枣仁、首乌藤、低聚果糖、蜂蜜组成，可辅助改善胃肠道功能(润肠通便)、改善睡眠。

（2）疏糖粉：由佛手、香橼、马齿苋、山药、枸杞子、桑椹、荷叶、薏苡仁、红花组成，可辅助调节血糖。

3. 其他

佛手茶、佛手酒、佛手片、佛手膏等小吃。

九、其他应用

佛手果汁、佛手提取物可作为化妆品原料,如佛手柑精油。

参考文献

[1] 秦枫. 川佛手化学成分的研究 [D]. 西南交通大学,2008.

[2] 何海音,凌罗庆,史国萍,张宁,毛泉明. 中药广佛手的化学成分研究 [J]. 中药通报,1988（06）: 32-34.

茯苓 FULING

一、来源及产地

为多孔菌科真菌茯苓（*Wolfiporia extensa*（Peck）Ginns）的干燥菌核,在中国产于甘肃（南部）和长江流域以南各省区,直到台湾、海南和云南。

二、植物形态

多寄生于马尾松或赤松根部,有3种不同形态,即菌丝体、菌核和子实体。常见为菌核,多呈不规则块状,球形等,大小不一。表皮呈瘤状皱缩,内部白色稍带粉红,由无数菌丝组成。子实体伞形,直径0.5～2mm,有性世代难见,常附菌核外皮而生,初白色,后逐渐转变为淡棕色,担子棒状,担孢子椭圆形至圆柱形,一端尖,平滑,无色。有特殊臭气。

三、药材简明特征

完整茯苓形态和大小不一。外皮薄,棕褐色或黑棕色,具皱纹和缩缩,粗糙,有时部分剥落。质坚实,破碎面颗粒状,近边缘淡红色,有细小蜂窝状孔洞,内部白色,少数淡红色。有的中间抱有松根,习称"茯神块"。气微,味淡,嚼之粘牙。以体重坚实、皮纹细、无裂隙、外皮色棕褐、断面白色细腻、粘牙力强者为佳。

四、化学成分

1. 主要有效成分
多糖、三萜及其化合物。
2. 主要成分
（1）三萜类:乙酰茯苓酸、茯苓酸、3β-羟基羊毛甾三烯酸等。

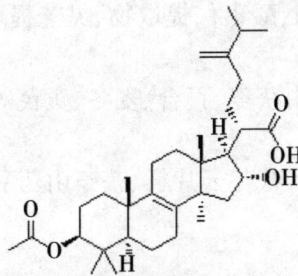

图20　茯苓酸

（2）多糖:β-茯苓聚糖、羧甲基茯苓多糖、茯苓多糖。
（3）挥发油:月桂酸、戊基呋喃、羟基吡啶、丹皮酚、苯甲醛丙二醛。

（4）氨基酸：天门冬氨酸盐、苏氨酸、丝氨酸、谷氨酸。

（5）其他类：辛酸、月桂酸等脂肪酸；钾、钙、镁、铜、铁等金属离子。

五、现代药理作用

1. 利尿作用：可拮抗醛固酮受体活性，对水盐代谢起到促进作用。

2. 抗炎作用：可减少白细胞到达炎症部位引起过度炎症反应。

3. 保肝作用：可使肝的再生速度增加，提高肝脏质量，改善肝功能。

4. 其他：可降血脂，抗氧化，增强免疫力，镇静兴奋神经和抗惊厥等作用。

六、功效

性平，味甘、淡。归心、肺、脾、肾经；利水渗湿，健脾宁心。用于水肿尿少、痰饮眩悸、脾虚食少、便溏泄泻、心神不安、惊悸失眠等症。

七、代表性中药制剂与方剂

1. 茯苓丸：由茯苓、白术和花椒目各 30g，木防己、葶苈和泽泻各 38g，甘遂 80g，赤小豆、前胡、芫花和桂心各 15g，芒硝 50g（另研）组成，可治水肿胀满。

2. 三白草肝炎糖浆：由三白草 450g、地耳草 300g、黄芩和茯苓各 150g 组成，清热利湿，舒肝解郁，祛瘀退黄，利胆降酶。

3. 其他：如桂枝茯苓丸（片、胶囊）、山楂茯苓颗粒、茯苓多糖口服液、五苓散、健脾安神合剂。

八、食品应用

1. 药膳

如茯苓龟肉煲（茯苓 150g，乌龟 1 只和棒子骨汤 2500mL），按照传统方法熬汤，放入佐料即可食用；茯苓白术炖羊肚（羊肚 25g，茯苓、白术各 10g，蜜枣 2 枚，生姜 3 片）等。

2. 代表性保健食品

（1）清雅胶囊：由茯苓提取物、酸枣仁提取物、灵芝提取物、百合组成，可辅助改善睡眠作用。

（2）保健饮料，如御莲白酒：由茯苓、百合、麦冬、黄芪等组成，缓解疲劳。

3. 其他

传统小吃如茯苓饼、茯苓夹饼、茯苓云片糕、茯苓山药酵母饼干、赤小豆薏米茯苓饼等。

九、其他应用

茯苓提取物用于护肤品，如茯苓面膜。

参考文献

[1] 梁志培 . 茯苓化学成分、药理作用及临床应用研究进展 [J]. 中国城乡企业卫生，2018, 33（8）: 51-53.

[2] 崔鹤蓉, 王睿林, 郭文博 . 茯苓的化学成分、药理作用及临床应用研究进展 [J]. 西北药学杂志, 2019, 34（5）: 694-700.

[3] 胡斌, 杨益平, 叶阳 . 茯苓化学成分研究 [J]. 中草药, 2006（5）: 655-658.

蝮蛇 FUSHE

一、来源及产地

为蝰科动物蝮蛇(蕲蛇)(*Agkistrodon halys*(Pallas))除去内脏的全体。在中国大部分地区均有分布。

二、动物形态

体长 60 ~ 70cm,头略呈三角形,颈细,具颊窝,头颈区分明显,背面浅褐色到红褐色,头背有一深色"Λ"形斑,正脊有两行深棕色圆斑,彼此交错排列,背鳞外侧及腹鳞间有 1 行黑褐色不规则粗点,腹面灰白,密布棕褐色或黑褐色细点。头背具对称的大鳞片,眼前有颊窝,体背有两纵行圆斑。体色变化大。

三、药材简明特征

卷圆盘状,盘经 17 ~ 34cm,体长可至 2m。头三角形且扁平,具翘鼻头。背部两侧各有黑褐色与浅棕色组成的"V"形斑纹 17 ~ 25 个,其"V"形的两个上端在背中线上相接,习称"方胜纹",有的左右呈交错排列。腹部鳞片较大,有黑色类圆形的斑点,习称"连珠斑"。尾部渐细,末端有三角形深灰色的角质鳞片 1 枚。气腥,味微咸。

四、化学成分

1. 主要有效成分
胆固醇、牛磺酸、不饱和脂肪酸。
2. 主要成分
(1)蛋白质及氨基酸:蕲蛇酶、牛磺酸等。
(2)甾体类及有机酸类:胆甾醇、棕榈酸、十八烷酸、9-十八烯酸等。
(3)磷脂类:磷脂。

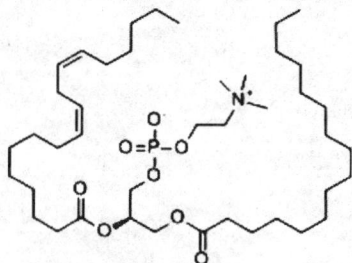

图 21 磷脂

(4)核苷类:尿嘧啶、黄嘌呤、次黄嘌呤。

五、现代药理作用

1. 抗凝血作用：可抑制血小板的聚集。

2. 抗炎作用：可抑制前列腺素、从而起到镇痛解热的作用。

3. 其他：抗应激、增强机体免疫力、改善微循环、健胃、降血脂、抗自由基、抗肿瘤、抑菌等作用。

六、功效

性温，味甘。归脾、肝经。祛风通络、止痛解毒。用于风湿痹痛、麻风、瘰疬、疮疖、疥癣、痔疾、肿瘤等症。

七、代表性中药制剂与方剂

1. 蕲蛇药酒：由蕲蛇（去头）120g，防风 30g，红花 90g，当归、羌活、秦艽和香加皮各 60g 组成，可活血通络，祛风除湿；

2. 复方夏天无片：由夏天无、制草乌、人工麝香、乳香（制）、蕲蛇、独活、豨莶草、安痛藤、威灵仙、丹参、鸡矢藤、鸡血藤、山楂叶、牛膝等组成，可祛风逐湿，舒筋活络，行血止痛。

3. 其他：如蝮蛇玉竹胶囊、蝮蛇木瓜片、再造丸、大活络丸等。

八、食品应用

1. 普通食品
蝮蛇酒（配制酒）、蝮蛇鹿皮胶粉固体饮料、白果蝮蛇颗粒、沙棘牡蛎蝮蛇膏等。

2. 代表性保健食品
（1）鲜克胶囊：由蝮蛇、蜂王浆、西洋参组成，辅助缓解机体疲劳。
（2）纯蛇粉胶囊：由蝮蛇、乌梢蛇组成，辅助调节免疫。

九、其他应用

蝮蛇抗栓酶用于治疗脑梗死。

参考文献

[1] 林秀玉，李可强. 商品药材蕲蛇中总磷脂含量的比较研究 [J]. 辽宁中医杂志，2009，36（11）：1959–1961.

[2] 丁兴红. HPLC 法测定蕲蛇中核苷类成分的研究 [J]. 浙江中医药大学学报，2011，35（6）：906–908.

覆盆子 FUPENZI

一、来源及产地

为蔷薇科植物华东覆盆子（*Rubus chingii* Hu）的干燥果实。在中国主要分布于东北、西北、华南、华中、华东和西南等地区。

二、植物形态

灌木,枝褐色或红褐色,幼时被绒毛状短柔毛,疏生皮刺。小叶 3 ~ 7 枚,下面密被灰白色绒毛,边缘有不规则粗锯齿或重锯齿。叶柄、总花梗、花梗和花萼均被绒毛状短柔毛和稀疏小刺,托叶线形,苞片具短柔毛,花瓣匙形,花柱基部和子房密被灰白色绒毛。果实近球形,多汁,红色或橙黄色,密被短绒毛,核具明显洼孔。花期 5-6 月,果期 8-9 月。

三、药材简明特征

未成熟的干燥聚合果,由多数小果集合形成,全体呈扁圆形、圆锥形或球形,长 0.4 ~ 0.9cm,表面灰绿色带有灰白色毛茸,显娟样光泽。总苞 5 裂,棕褐色,被棕色毛,腹面常带果柄,脆而易脱落。小果具三棱,呈半月形,背部密生灰白色毛茸,两侧具明显的网状纹,含棕色种子 1 枚。气清香,味甘微酸。

四、化学成分

1. 主要有效成分
花青素及多种氨基酸。
2. 主要成分
（1）甾体：β – 谷甾醇、胡萝卜苷、豆甾 –4– 烯 –3β ,6a– 二醇等。
（2）香豆素类：七叶内酯、七叶内酯苷、欧前胡内酯等。
（3）酚酸类和有机酸类：酚酸类有莽草酸、对羟基间甲氧基苯甲酸、对羟基苯甲酸、鞣花酸、没食子酸；有机酸类包括硬脂酸、棕榈酸、棕榈油酸等。

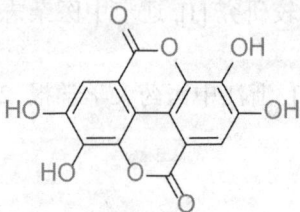

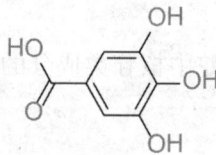

图 22　鞣花酸　　　　图 23　没食子酸　　　　图 24　七叶内酯

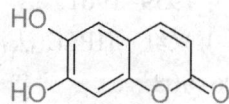

（4）生物碱：喹啉、异喹啉、吲哚类生物碱。
（5）黄酮类：椴树苷、山奈酚。

五、现代药理作用

1. 抗肿瘤作用：可抑制癌细胞的增殖。
2. 抗氧化作用：可清除自由基和提高超氧化物歧化酶（SOD）的活力。
3. 降血压作用：可舒张血管、减少心输出量，有效降低血压。
4. 其他：具有降血糖血脂、对肝脏和细胞进行保护、延缓衰老、改善记忆、抗焦虑、抗骨质疏松活性、抗炎等作用。

六、功效

性温，味甘、酸。归肾、膀胱经；益肾固精，缩尿。用于肾虚遗尿、小便频数、阳痿早泄、遗精滑精等症。

七、代表性中药制剂与方剂

1. 五子衍宗丸：由枸杞子和炒菟丝子各400g、覆盆子200g、五味子（蒸）50g、盐车前子100g组成，可补肾益精。
2. 强阳保肾丸：由炙淫羊藿、制远志、沙苑子和酒肉苁蓉各36g，盐补骨脂和覆盆子各48g，麸炒芡实60g，盐小茴香30g组成，可补肾助阳。
3. 其他：如益肾丸、益肾灵颗粒、二地十子丸等。

八、食品应用

1. 药膳
如党参覆盆子红枣粥（党参和覆盆子各10g、大枣20枚粳米100g、白糖适量）、覆盆子粥、三子核桃肉益发汤（瘦猪肉、女贞子、菟丝子、干覆盆子、核桃及姜等）、固精益肾猪肚（猪肚、干覆盆子、干山药、猪脬）。
2. 代表性保健食品
（1）膏：覆盆子红参膏、覆盆子黄精膏、人参覆盆子膏等。
（2）黄精覆益胶囊：含黄精、桑椹、覆盆子、益智仁、芡实，辅助改善记忆。
（3）覆参片：由覆盆子、西洋参、乳糖等组成，辅助增强免疫力。
3. 其他
（1）以大豆、牛乳、覆盆子为主要原料研制凝固型酸豆奶。
（2）蜜饯、果脯、饮料、饼干类：覆盆子可以制成饮料，也可以和多种饮料复合制成复合果汁饮料，如覆盆子果汁、覆盆子酒、覆盆子液体酵素；覆盆子蛋糕、雪糕、曲奇饼点心等。

九、其他应用

覆盆子汁液、提取物等可用于化妆品原料、如覆盆子果漾润唇膏、覆盆子爽肤水等。

参考文献

[1] 刘文琴,龚嘉华,王燕霞,等.覆盆子活性部位化学成分的分离与鉴定 [J]. 中国现代中药,2014,16（05）: 372–373+379.

[2] 程丹,李洁,周斌,等.覆盆子化学成分与药理作用研究进展 [J]. 中药材,2012,35（11）: 1873–1876.

甘草 GANCAO

一、来源及产地

为豆科植物甘草（*Glycyrrhiza uralensis* Fisch.）、胀果甘草（*G. inflata* Bat.）或光果甘草（*G. glabra* L.）的干燥根和根茎。在中国分布于东北、华北、陕西、甘肃、青海、新疆、山东等地。

二、植物形态

甘草为多年生草本，根与根状茎粗壮，具甜味。茎直立，密被鳞片状腺点、刺毛状腺体及白色或褐色的绒毛。托叶两面密被白色短柔毛。叶片两面和叶柄、总花梗均密被褐色腺点和短柔毛，小叶 5 ~ 17 枚。总状花序，苞片及钟状花萼外面均被黄色腺点和短柔毛。萼齿5，子房密被刺毛状腺体。荚果弯曲，密集成球，密生瘤状突起和刺毛状腺体。种子 3 ~ 11。花期 6-8 月，果期 7-10 月；胀果甘草的特点为荚果被褐色腺点和刺毛状腺体，疏被长柔毛。光果甘草的特点为荚果无毛或疏被毛，有时被或疏或密的刺毛状腺体。

三、药材简明特征

（1）甘草：根呈圆柱形，长 25 ~ 100cm，直径 0.6 ~ 3.5cm。外皮松紧不一，表面红棕色或灰棕色，根中心无髓，横切面有菊花心。根茎呈圆柱形，表面有芽痕，断面中部有髓。气微，味特殊甜味。

（2）胀果甘草：粗壮，木纤维多，粉性小。

（3）光果甘草：外皮不粗糙，皮孔细小不明显。

四、化学成分

1. 主要有效成分
甘草甜素（甘草酸）、乌拉尔甘草皂苷 A、B，甘草皂苷。

2. 主要成分
（1）三萜皂苷类：甘草酸、乌拉尔甘草皂苷甲、乙；甘草皂苷 A_3、B_2、C_2、D_3、E_2、F_3、G_2、H_2、J_2、K_2、甘草萜醇、去氧甘草内酯、光甘草酸等。

（2）黄酮类：甘草素、异甘草素、光甘草定等。

（3）其他类：生物碱、微量元素、甘草多糖等。

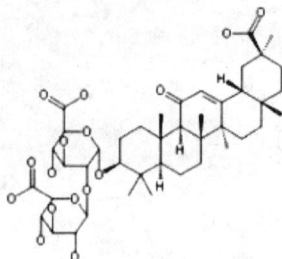

图 25　甘草甜素

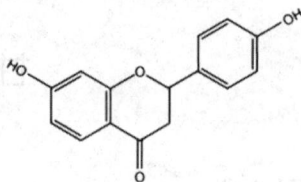

图 26　甘草素

五、现代药理作用

1. 抗炎杀菌作用：可减少炎症介质生成与释放,抑制花生四烯酸代谢途径合成关键酶,从而发挥抗炎杀菌作用。

2. 抗肿瘤作用：可抑制细胞增殖,诱导细胞凋亡。

3. 保肝作用：可从多方面保护肝细胞的正常生长,提高肝细胞存活率。

4. 其他：抗心肌缺血、抗病毒、抗氧化、抗抑郁、抗纤维化、抗动脉粥样硬化、抗心脑再灌注损伤等作用。

六、功效

性平,味甘。归心、肺、脾、胃经；补脾益气,清热解毒,祛痰止咳,缓急止痛,调和诸药。用于脾胃虚弱、倦怠乏力、心悸气短、咳嗽痰多、脘腹、四肢挛急疼痛、痈肿疮毒等症,缓解药物毒性、烈性。

七、代表性中药制剂与方剂

1. 三拗片：含麻黄、苦杏仁和甘草各 833g,生姜 500g,适用湿热所致痹病。

2. 五味沙棘散：由沙棘膏 180g、木香 150g、白葡萄干 120g、甘草 90g、栀子 60g 组成,可清热祛痰,止咳定喘。

3. 其他：如复方甘草片(溶液)、新肤螨灵霜等。

八、食品应用

1. 药膳

如甘草大枣米糊(生甘草、大枣各 30g,米粉 60g,蜂蜜适量)、甘草蒸三黄鸡(甘草 20g、三黄鸡 1 只、草菇 50g)等。

2. 代表性保健食品

(1)甘草片：由甘草浸膏、淀粉、八角茴香油等组成,增强免疫力。

(2)甘草罗汉果乌梅青果含片：由甘草浸膏、乌梅、青果、罗汉果、薄荷脑、薄荷油、白砂糖、液体葡萄糖组成,可清咽。

3.其他

（1）休闲食品：如甘草话梅干、甘草橄榄等。

（2）代茶剂：如茯苓甘草代用茶、木耳薏仁甘草代用茶、乌梅甘草茶等。

（3）颗粒剂：甘草枇杷颗粒、生姜甘草颗粒、葛根甘草颗粒等。

（4）固体饮料：甘草牛蒡固体饮料、甘草桔梗罗汉果固体饮料等。

（5）粉剂：葛根甘草粉、葡萄籽甘草粉、燕麦麸皮甘草粉等。

（6）压片糖果：甘草罗汉果片、地龙蛋白甘草片、甘草桔梗百合片。

九、其他应用

制作甘草面膜、甘草甜素可作为糕点、糖果、口香糖、饮料的甜味剂。甘草酸多用于啤酒生产，能增加泡沫、色泽、稠度、香味，可用于白酒和饮料生产。在化妆品行业中多用作抗炎和抗过敏剂应用。甘草渣的提取液还可作为石油钻井液的稳定剂、灭火器的稳定辅料。甘草还是香烟的添加剂。甘草渣含大量纤维，能用于造纸等。

参考文献

[1] 包芳.甘肃栽培甘草的化学成分研究[D].兰州大学,2019.

[2] 方诗琦.甘草药渣中黄酮类活性成分研究[D].南京中医药大学,2016.

[3] 刘育辰,陈有根,王丹,等.甘草化学成分研究[J].药物分析杂志,2011,31（07）:1251-1255.

高良姜 GAOLIANGJIANG

一、来源及产地

为姜科植物高良姜（*Alpinia officinarum* Hance）的干燥根茎。在中国云南、广东、广西、海南及台湾等地区均有栽种。

二、植物形态

多年生草本，具根状茎。叶片线形，两面均无毛，无柄。叶舌薄膜质，披针形。总状花序顶生，花序轴被绒毛；小苞片极小。花萼管被小柔毛，唇瓣卵形，长约2cm，白色，有时有红色条纹，花丝长约1cm，花药长6mm。子房密被绒毛。果球形，直径约1cm，熟时红色。花期4–9月，果期5–11月。

三、药材简明特征

圆柱形，多弯曲，有分枝，长5～9cm，直径0.5～5cm。表面棕红色至暗褐色，有细密纵皱纹和灰棕色波状环节。质坚韧，不易折断，断面灰棕色或红棕色，具纤维性，中柱约占1/3。气香，味辛辣。

四、化学成分

1. 主要有效成分
高良姜素、大黄素、槲皮素、山奈素、挥发油。

2. 主要成分
（1）黄酮类化合物：山奈素、槲皮素、高良姜素、山奈酚、异鼠李素、槲皮素–5–甲醚、高良姜素–3–甲醚等。

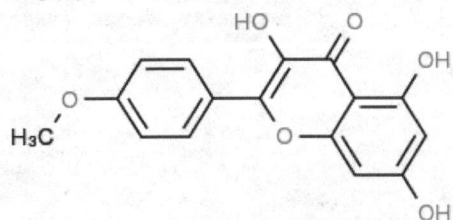 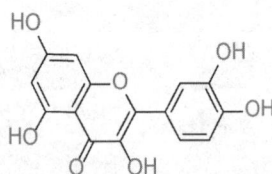 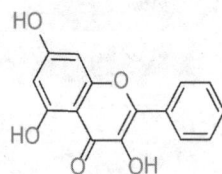

图 27　山奈素　　　　　　图 28　槲皮素　　　　　　图 29　高良姜素

（2）二苯基庚烷类化合物：姜黄素、八氢姜黄素、5–羟基–1,7–双苯–3–庚酮、5–甲氧基–1,7–双苯–3–庚酮、1,7–双苯庚基–4–烯–3–酮等。

（3）挥发油类化合物：高良姜酚、1.8–桉叶素、反式–石竹烯、α–香柠檬烯、β–杜松烯、α–啤酒花烯和β–芹子烯。

（4）微量元素类：Zn、Mn、Fe、Mg、Ca 等人体必需的微量元素。

五、现代药理作用

1. 抗氧化作用：可抑制活性氧自由基。

2. 抗肿瘤作用：可抑制肿瘤细胞增殖，促进其凋亡。

3. 抗菌作用：可抑制多种细菌和真菌。

4. 其他：调节胃肠运动、降血糖、降脂减肥、抗胃溃疡、抗炎镇痛、抑制血小板凝聚、改善记忆、促渗透、止呕等作用。

六、功效

性热，味辛。归脾、胃经；温胃散寒，消食止痛。用于脘腹冷痛，胃寒呕吐，嗳气吞酸等症。

七、代表性中药制剂与方剂

1. 良附丸：由高良姜和醋香附各 500g 组成，可温胃理气。

2. 九气心痛丸：由醋炒五灵脂和石菖蒲各 200g，高良姜、青皮和醋延胡索各 40g，木香和丁香各 20g 组成，可理气，散寒，止痛。

3. 其他：如牙痛药水、宽胸气雾剂等。

八、食品应用

1. 药膳

高良姜暖胃粥（高良姜和粳米 1∶2 配伍），用于胃寒性胃疼；陈皮高良姜乌鸡汤（陈皮15g、高良姜 12g、乌鸡半只、大枣），可理气健脾，养颜消滞；良姜香附茶（高良姜和香附按照1∶2 配伍），烘干研末，每滤纸包 10g 粉末。每次取 1 包按茶方法冲泡，放入红糖适量，可温胃止痛；高良姜猪脊骨粥（高良姜、杜仲、桑寄生、薏苡仁按照 1∶1∶2∶3 配伍，另加生姜10 片），煎煮留汁，再加入猪脊骨 250g，粳米 120g 煮粥，可用于寒湿型腰肌劳损。

2. 代表性保健食品

（1）太白乐胶囊：由高良姜、葛根、甘草、白芍、决明子、砂仁、薄荷组成，辅助保护化学性肝损伤。

（2）鹿三宝酒：由马鹿茸、马鹿血、马鹿尾、枸杞子、灵芝、红花、甘草、高良姜、八角茴香、干姜等组成，可辅助免疫调节。

3. 其他

高良姜粉、人参高良姜固体饮料、高良姜速溶茶等。

九、其他应用

1. 天然调味香料：高良姜常用于食品调味料、咖喱粉等。

2. 驱风油：高良姜油可用于制造驱风油、万金油等。

3. 保鲜剂：高良姜多糖能显著降低马铃薯匀浆的褐变、降低酪氨酸酶 – 邻苯二酚反应体系的颜色，用于果汁护色、鲜切果蔬保鲜。

4. 化妆品：根茎提取物已作为化妆品原料。

参考文献

[1] 翟红莉,李倩,王辉,等.不同产地高良姜的有效成分分析 [J].热带生物学报,2014,5（02）：188-193.

[2] 黄莉娟.高良姜的营养成分及保健功能研究进展 [J].中国食物与营养,2012,18（08）：73-76.

[3] 高则睿,阴耕云,芦燕玲,等.高良姜的挥发性成分研究 [J].安徽农业科学,2012,40（24）：12247-12249.

葛根 GEGEN

一、来源及产地

为豆科植物野葛(*Pueraria lobata*(Willd.)Ohwi)的干燥根。在中国除新疆、西藏外,其余省区均有分布。

二、植物形态

灌木状缠线藤本。枝纤细。叶大,偏斜。顶生小叶倒卵形,总状花序常簇生或呈圆锥花序。花萼长约 4mm,近无毛,膜质。花冠淡红色,旗瓣倒卵形,长 2cm,基部渐狭成短瓣柄,翼瓣较稍弯曲的龙骨瓣为短,龙骨瓣与旗瓣相等。荚果直,无毛,果瓣近骨质。花期 9～10 月。

三、药材简明特征

饮片呈斜切、纵切薄片或小方块,长 5～35cm,厚 0.5～1cm。外皮白色或淡棕色,有时可见残存的棕色栓皮,有纵皱纹,粗糙不平。横切面可见纤维所形成的同心性环层,纵切面可见纤维性粉质相间,形成纵纹。质韧,富粉性,纤维性强。气微,味微甜。

四、化学成分

1. 主要有效成分
葛根素、葛根素木糖苷、大豆黄酮等。
2. 主要成分
(1)异黄酮类:葛根素、3'-甲氧基葛根素、3'-羟基葛根素、大豆素(4,7-二羟基异黄酮、大豆苷、3'-甲氧基大豆素等。

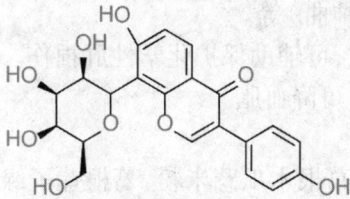
图30 葛根素

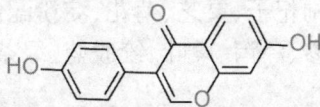
图31 大豆素

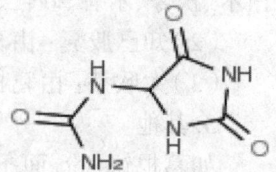
图32 尿囊素

(2)葛根苷与香豆素类:6,7-二甲氧基香豆素、香豆雌酚和葛根酚。
(3)生物碱类:生物检卡赛因、尿囊素、5-加塞海因等。
(4)脂肪酸:烷酸、花生酸等。
(5)挥发油:肉豆蔻醚、桉油精、亚油酸、苯乙醛、樟脑等。

五、现代药理作用

1. 抗糖尿病作用：可对多个信号通路进行调节，抑制糖尿病及其并发症的发展。
2. 改善心脑血管疾病作用：可降血压、降血脂和保护心肌，抗氧化等。
3. 治疗预防骨质疏松作用：可促进骨细胞增殖和形成，有雌激素样作用，防治绝经后骨质疏松。
4. 其他：解酒保肝、防治阿尔兹海默症、提高记忆力、抗肿瘤等作用。

六、功效

性凉，味甘、辛。归脾、胃经；解肌退热，生津，透疹，升阳止泻。用于外感发热头痛、口渴、消渴、麻疹不透、热痢、高血压颈项强痛等症。

七、代表性中药制剂与方剂

1. 丹灯通脑胶囊：由丹参、灯盏细辛和川芎各 555g，葛根 835g 等组成，可活血化瘀，祛风通络。用于瘀血阻络所致的中风，中经络证等症。
2. 儿泻止颗粒：由葛根、炒白术和茯苓各 66g，黄芩、厚朴和姜半夏各 33g，木香和炙甘草各 19.8g，焦山楂 52.8g，泽泻 39.6g，广藿香油等组成，可用于小儿急、慢性腹泻，肠炎及痢疾恢复期。
3. 其他：如咳感康口服液、复方鲜石斛颗粒等。

八、食品应用

1. 药膳
桂花葛粉羹、葛根粉粥、葛粉饭、葛根汤（葛根与排骨、母鸡、鸭子等）一起炖汤、葛根炖牛肉等。
2. 代表性保健食品
（1）解酒保健饮料：由葛根、桑葚和蜂蜜为主要原料组成或如葛花醒酒汤（葛根、人参、白术、茯苓、木香、砂仁、陈皮、青皮、猪苓、泽泻、白豆蔻、干姜、神曲）等。
（2）知己胶囊：由葛根、枸杞子、灵芝、菊花、淀粉配伍组成，可辅助保护化学性肝损伤。
（3）太欣茶：由葛根、丹参、泽泻、桑叶、绞股蓝、绿茶组成，可降血脂。
3. 其他
如葛根饼（粉、面条、粉条、酒、代用茶）、葛根菊苣栀子茶、葛根木瓜薏米粉、葛根莲子绿豆百合粉等。

九、其他应用

葛根提取物和葛根素作为化妆品原料，如野葛根美乳霜。

参考文献

[1] 孙华,李春燕,薛金涛.葛根的化学成分及药理作用研究进展[J].新乡医学院学报,2019,36（11）:1097-1101.

[2] 李昕,潘俊娴,陈士国,等.葛根化学成分及药理作用研究进展[J].中国食品学报,2017,17（09）:189-195.

枸杞子 GOUQIZI

一、来源及产地

为茄科植物宁夏枸杞(*Lycium barbarum* Linn.)的成熟果实。在中国主要分布在宁夏、内蒙古、新疆等地,以宁夏为主要产区。

二、植物形态

蔓生灌木,高达 1m。枝条细长,叶腋常具短棘。叶互生或数片丛生;叶片卵状菱形至卵状披针形,长 2 ~ 6cm,宽 0.6 ~ 2.5cm,先端尖或钝,基部狭楔形,全缘,两面均无毛。花腋生,花萼钟状,先端 3 ~ 5 裂;花冠漏斗状,先端 5 裂,紫色,雄蕊 5,雌蕊 1。浆果卵形或长圆形,长 0.5 ~ 2cm,直径 4 ~ 8mm,深红色或橘红色。种子多数,肾形而扁,棕黄色。花期 6-9 月。果期 7-10 月。

三、药材简明特征

长圆形或椭圆形,长 1.5 ~ 2cm,直径 4 ~ 8mm。表面鲜红色或暗红色,储藏者极易吸潮呈紫红色,表面具不规则皱纹,略有光泽,尖处大多有小白点。一端有白色果柄痕,另一端有花柱痕迹。质柔软而滋润,内藏多数种子,黄色,扁平似肾脏形。气微,味甜,味酸苦,嚼之略有苦味,唾液呈红黄色。以粒大、肉厚、色红、籽小、质软、味甜者为佳。

四、化学成分

1. 主要有效成分
枸杞多糖、甜菜碱等。
2. 主要成分
(1)糖类:枸杞多糖。
(2)生物碱:甜菜碱、阿托品、天仙子胺等。
(3)维生素:维生素 C、核黄素、维生素 B、烟酸、牛磺酸等。
(4)脂肪酸类:棕榈酸、硬脂酸、油酸、亚油酸和 γ - 亚麻酸等。
(5)其他类:类胡萝卜素包括玉米黄素、叶黄素、β - 隐黄素、堇菜黄素等;莨菪亭、β - 谷甾醇、香豆酸、胡萝卜苷、天冬氨酸、脯氨酸、丙氨酸、亮氨酸。

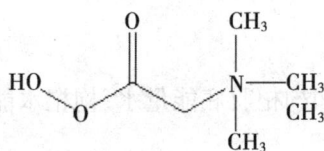

图33 甜菜碱

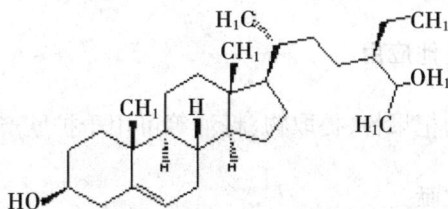

图34 β-谷甾醇

五、现代药理作用

1. 保肝作用：可保护肝细胞膜，有效抵御外来物对肝脏的损伤。
2. 抗氧化作用：可对人体内源性因子进行，提高抗氧化酶活力。
3. 调节免疫功能作用：可提高机体免疫力，增强细胞免疫功能。
4. 其他：延缓衰老、保护神经、抗阿尔茨海默病、保护视网膜、降糖、退热、降压、增强机体造血功能、抗辐射、抗肿瘤和抗疲劳等作用。

六、功效

性平，味甘。归肝、肾经；滋补肝肾，益精明目。用于虚劳精亏、腰膝酸痛、眩晕耳鸣、内热消渴、血虚萎黄、目昏不明等症。

七、代表性中药制剂与方剂

1. 健脾益肾冲剂：由党参、枸杞子和女贞子各150g，白术90g，菟丝子50g，补骨脂（盐炙）30g组成，可健脾益肾。
2. 华佗延寿酒：由枸杞子和松叶各100g、制黄精和漂苍术各80g、天冬和狗脊各60g组成。可益脾肺，养肝肾，强筋骨，补虚损。
3. 其他：如复方归芪颗粒、复方枸杞子胶囊（颗粒、膏）、五子衍宗丸等。

八、食品应用

1. 药膳
如红枣枸杞粥、砂锅枸杞乌鸡、羊肉枸杞汤等。
2. 代表性保健食品
（1）枸杞胶囊：由宁夏枸杞、淀粉，可延缓衰老。
（2）玉容胶囊：由葡萄籽、宁夏枸杞、大枣、菊花、淀粉组成，祛黄褐斑。
3. 其他
枸杞酒、人参枸杞片（压片糖果）、桂圆枸杞茶、枸杞饮品、枸杞红枣固体饮料、红枣枸杞阿胶粉、山药枸杞复合颗粒、人参枸杞调制蜜、枸杞桑椹膏、枸杞黑豆、人参枸杞黑豆黑米糊、人参枸杞白醋饮料等。

九、其他应用

宁夏枸杞果粉、提取物、籽油等可用于护肤产品,如枸杞肌底能量水、枸杞水能量喷雾。

参考文献

[1] 滕俊,袁佳,叶莎莎.枸杞子化学成分及药理作用相关性概述 [J].海峡药学,2014(6):36-37.

[2] 江旭锋.枸杞子化学成分及其药理学研究概况 [J].江西中医学院学报,2013(03):98-100.

荷叶 HEYE

一、来源及产地

为睡莲科植物莲(*Nelumbo nucifera* Gaertn.)的干燥叶。在中国分布于华南大部、华东沿海、华中、东北等地区。

二、植物形态

多年生水生草本,根状茎横生,节间膨大,具鳞叶和须状不定根。叶圆形,盾状,具白粉,下面叶脉从中央射出,有 1 ~ 2 次叉状分枝。叶柄和花梗外面均散生小刺。花大美丽,芳香,花瓣红色、粉红色或白色。莲房直径 5 ~ 10cm。果皮革质,坚硬,熟时黑褐色;莲子卵形。花期 6-8 月,果期 8-10 月。

三、药材简明特征

叶展开后为类圆盾形,直径 20 ~ 50cm,全缘稍成波状。背面深绿色或黄绿色,较粗糙,腹面淡灰棕色,较光滑,具 21 ~ 22 条粗脉,自中心向四周发射出,中心有突起的叶柄残基。质脆,易破碎。微有清香气,味微苦。

四、化学成分

1. 主要有效成分
荷叶碱、槲皮素、有机酸。
2. 主要成分
(1)生物碱:荷叶碱、莲碱、去氢莲碱、O- 去甲基荷叶碱、衡州乌药碱等。

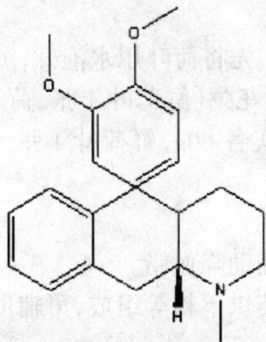

图 35　荷叶碱

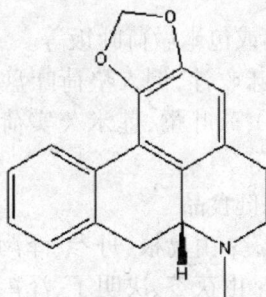

图 36　莲碱

(2)挥发油:反式异柠檬烯、白菖油萜、1- 荽醇,4- 甲基 – 环辛烯、1- 异丙基 –3- 环己烯 –1- 醇、α – 莕草烯、樟脑、2- 炔 –1- 醇。

（3）有机酸类：酒石酸、苹果酸、没食子酸、苯甲酸、正十八烷酸、邻羟基苯甲酸等有机酸和非挥发性有机酸。

（4）黄酮类：槲皮素、金丝桃苷、异槲皮素、紫云英苷、山柰酚、槲皮素 –3– 丙酯、异鼠李素等。

（5）其他类：β – 谷甾醇、胡萝卜苷、维生素 C。

五、现代药理作用

1. 抗菌作用：对真菌、细菌多种微生物有明显的抑制其生长的作用。

2. 抗氧化作用：对自由基有很强的清除能力。

3. 降脂减肥作用：可增加脂酶活性、抑制脂质的合成与氧化。

4. 其他：抑制脂肪肝、抗衰老、抗肿瘤、抗凝血、抗过敏、抗病毒、抗动脉粥样硬化等作用。

六、功效

性平，味苦。归肝、脾、胃经；清热解暑、升发清阳、凉血止血。用于暑热烦渴、暑湿泄泻、脾虚泄泻、血热吐衄、便血崩漏等症。

七、代表性中药制剂与方剂

1. 山庄降脂片：由决明子 1240g、山楂 620g、荷叶 420g 组成。用于高血压、高脂血症及预防动脉粥样硬化。

2. 枳术颗粒：由炒枳实、炒白术和荷叶组成，可用于脾胃虚弱，食少不化。

3. 荷丹片：由荷叶、丹参、山楂、番泻叶、补骨脂组成。可用于高脂血症。

4. 其他：如清络饮，解肝煎，暑热感冒冲剂等。

八、食品应用

1. 药膳

如荷叶蒸鸡或包米做荷叶饭等。又如荷香东坡鱼，先将荷叶用水泡开，煎鱼时加入其他调料，待鱼肉入味收汁，倒入垫荷叶盘中即可；荷叶二花粥（鲜荷叶 1 张、荷花 1 朵、扁豆花 5 朵、大米 100g）、荷叶粥、莲米芡实荷叶粥（莲米、芡实各 60g，鲜荷叶 1 张，糯米 30g，猪肉 50g，红糖适量）等。

2. 代表性保健食品

（1）莱克胶囊：由葛根、丹参、泽泻、荷叶组成，可辅助降血脂。

（2）维珍茶：由茯苓、决明子、泽泻、荷叶、全叶芦荟烘干粉等组成，可辅助减肥。

3. 其他

如薏仁荷叶茶，系由薏苡仁、山楂和荷叶一起碾末，开水冲泡。

九、其他应用

可作为化妆品原料，如水分润唇膏，可防晒。

参考文献

[1] 周健鹏 . 荷叶化学成分和药理作用研究进展 [J]. 天津药学, 2014（02）: 65-68.

黑胡椒 HEIHUJIAO

一、来源及产地

为胡椒科植物胡椒(*Piper nigrum* L.)的干燥近成熟或成熟果实。在中国产于广西、广东、云南、海南、台湾等地都有栽培,以海南为主产地。

二、植物形态

攀缘藤本,茎、枝无毛,节显著膨大,常生小根。叶厚,近革质,基部圆,常稍偏斜,两面均无毛;叶脉 5 ~ 7 条,最上 1 对互生,离基 3.5 ~ 5cm 从中脉发出,余者均自基出,叶鞘延长,花杂性,常雌雄同株;花序与叶对生,总花梗与叶柄近等长,无毛;雄蕊 2 枚,子房球形,柱头 3 ~ 4。浆果球形,无柄,直径 3 ~ 4mm,成熟时红色,未成熟时干后变黑色。

三、药材简明特征

球形,直径 5mm,表面黑色或黑褐色,具隆起网状皱纹,顶端有花柱残迹,基部有疤痕。质硬外果皮可剥离,内果皮常灰白色。气芳香,味辛辣。

四、化学成分

1. 主要有效成分
胡椒碱、胡椒酰胺。
2. 主要成分
(1)生物碱:胡椒碱、佳味碱、哌啶、胡椒亭、胡椒酰胺、次胡椒酰胺、胡椒油碱等。

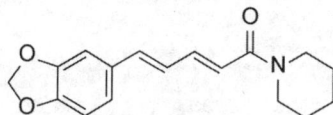

图 37　胡椒碱

图 38　哌啶

(2)挥发油:胡椒醛、二氢香芹醇等。
(3)其他成分:葵酸、月桂酸、肉豆蔻酸、棕榈酸等。

五、现代药理作用

1. 抗肿瘤作用:可抑制肿瘤细胞增殖,诱导肿瘤细胞凋亡。
2. 抗氧化作用:可对自由基有很强的清除能力。
3. 抗菌作用:可影响菌株的正常生理代谢过程中能量供给和关键物质合成。
4. 其他:降血糖、血脂、抗惊厥、抗炎、杀虫、免疫调节等作用。

六、功效

性热,味辛。归胃、大肠经;温中止痛、下气、消痰。用于胃寒呕吐、腹痛泄泻、食欲不振、癫痫痰多等症。

七、代表性中药制剂与方剂

1. 小儿敷脐止泻散:由黑胡椒300g制成,可用于小儿中寒、腹痛、腹泻。

2. 丹绿补肾胶囊:由白花丹和干姜各300g、绿包藤和射干各1000g、胡椒200g组成。可用于阴阳两虚所致阳痿遗精,腰膝酸软,身体乏力。

3. 其他:如十五味铁粉散、复方蛤青片、安神丸等。

八、食品应用

1. 药膳
胡椒牛肉汤(胡椒15g、牛肉750g、八角茴香10g)、胡椒良椒猪肚汤(胡椒和高良姜各10g、猪肚1个)、胡椒粥(白胡椒粉3g、姜5片、甘松6g)。

2. 代表性保健食品
黑胡椒可开发出针对抗胃病、胃溃疡、动脉粥样硬化、癫痫、惊厥、肿瘤、慢性鼻窦炎、抑郁症、睡眠不足的功能食品。如舒睡软胶囊由酸枣仁、丁香、肉豆蔻、黑胡椒、肉桂、大豆油组成,可改善睡眠。

3. 其他
(1)调料:西式肉制品加工中常用的原料,如黑辣牛双肱、黑辣陈皮鸭、黑辣金钱肚、黑胡椒鸭胸肉调理产品、黑胡椒牛排等多种产品。
(2)小吃:胡椒糖果(酱、饼、豆腐、蛋黄酱、冰激凌)等。
(3)其他食品:盐水胡椒、醋浸青胡椒、脱水青胡椒、干燥冷冻青胡椒、速冻青胡椒、青胡椒面、贡布胡椒茶等。

九、其他应用

黑胡椒可作为化妆品原料,如黑胡椒精油能净化肌肤、缓解肌肉疲劳;玫瑰胡椒油可提拉紧致和塑身;胡椒碱可防晒等。市场上常见的还有胡椒薄荷精油、黑胡椒精油皂等;食品添加剂如胡椒碱、白胡椒油、黑胡椒油、白胡椒油树脂、黑胡椒油树脂及黑胡椒提取物等。

参考文献

[1] 刘红,宗迎,尹桂豪,等.不同月份黑胡椒精油化学成分的研究[J].热带作物学报,2013,34(08):1570-1575.

[2] 陈晓龙,陈光静,柳中,等.海南黑、白胡椒有效成分的检测及其分析[J].中国调味品,2017,42(11):98-102.

黑芝麻 HEIZHIMA

一、来源及产地

为胡麻科芝麻(*Sesamum indicum* Linn.)的黑色种子。在中国,黑芝麻资源主要分布在江淮和华南地区。

二、植物形态

一年生草本植物。茎直立,四棱形,具短柔毛。叶常对生;叶柄长 1～7cm;叶片卵形、长圆形或披针形,两面无毛或稍被白以柔毛。花单生,或 2～3 朵生于叶腋,直径 1～5cm;花萼 5 裂,具柔毛;花冠筒状,唇形,外侧被柔毛;雄蕊 4;雌蕊 1,心皮 2,子房初期呈假 4 室,成熟后为 2 室。蒴果椭圆形,种子多数,黑色、白色或淡黄色。花期 5–9 月,果期 7–9 月。

三、药材简明特征

扁卵圆形,长约 3mm,宽 2mm。表面黑色,平滑或有网纹。尖端有棕色点状种脐。种皮薄,断面白色,富油性。气微,味甘甜,有芝麻油香气。

四、化学成分

1. 主要有效成分
油酸、亚油酸、芝麻素。
2. 主要成分
(1)矿物质:Na、Ca、Cu、K、Mg、Zn、Fe、Mn。
(2)黑色素:芝黑素是以芳环和醌(或部分芳杂环)相互连接而成的共轭体系,在芳环上有脂肪烃基、羧基、酚羟基、氨基等取代基团。
(3)木脂素类化合物:芝麻素、芝麻林素、芝麻酚、表芝麻素、芝麻素酚、芝麻林素酚等,其中芝麻素和芝麻林素含量较多。
(4)油脂:油酸、亚油酸、棕榈酸、硬脂酸、花生酸。

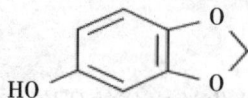

图 39 芝麻酚

图 40 亚油酸

五、现代药理作用

1. 保护肝肾作用：可调节脂质代谢，防治脂肪肝。
2. 抗氧化作用：可有效清除自由基。
3. 抗肿瘤作用：可抑制肿瘤细胞增殖，促进其凋亡。
4. 其他：调节血压和血脂、防治动脉粥样硬化、抗衰老等作用。

六、功效

性平，味甘。归肝、肾、大肠经；补肝肾，益精血，润燥肠。用于头晕眼花、耳鸣耳聋、须发早白、病后脱发、肠燥便秘等症。

七、代表性中药制剂与方剂

1. 乌发丸：由地黄和制首乌各 100g，墨旱莲、黑豆、酒蒸女贞子和黑芝麻各 50g 组成，可滋阴健脑，凉血乌发，用于青少年白发症。
2. 炙甘草合剂：由蜜炙甘草和大枣各 118g，生姜、麦冬、黑芝麻和桂枝各 88.5g，人参和阿胶各 59g，地黄 295g 组成，可益气滋阴，通阴复脉。
3. 其他：如滋补生发片、肝肾安糖浆等。

八、食品应用

1. 药膳
黑芝麻饴糖羹（黑芝麻粉和饴糖各 150g，生甘草 30g）、黑木耳蒸鸡、芝麻兔、黑芝麻粥等。
2. 代表性保健食品
（1）首乌胶囊：由制首乌、茯苓、枸杞、黑芝麻、核桃组成，增强免疫力。
（2）首乌当仁胶囊：由何首乌、当归、火麻仁、黑芝麻等组成，可改善中老年人便秘。
3. 其他
如芝麻蜜糕、黑芝麻糊、黑芝麻糖等小吃。另外还有芝麻膨化食品。

九、其他应用

黑芝麻提取物可用于化妆品原料，如黑芝麻生姜洗发露、黑芝麻清洁润泽面膜等，另外还可榨油。

参考文献

[1] 李林燕,李昌,聂少平 . 黑芝麻的化学成分与功能及其应用 [J]. 农产品加工(学刊),

2013（21）：58-62+66.

[2]汪学德,崔英德,刘兵戈,等.芝麻各成分相关性分析[J].中国油脂,2015,40（11）：99-103.

花椒 HUAJIAO

一、来源及产地

为芸香科植物花椒（*Zanthoxylum bungeanum* Maxim.）或青椒（*Z. schinifolium* Sieb. et Zucc.）的干燥成熟果皮。在中国，前者主产河北、山西、陕西、甘肃等地，后者主产辽宁、吉林、黑龙江、河北、江苏等地。

二、植物形态

花椒为落叶小乔木，枝有短刺，当年生枝被短柔毛。叶有小叶 5 ~ 13 片，叶轴常有叶翼；小叶对生，无柄，叶缘有细裂齿，齿缝有油点。叶背基部中脉两侧有丛毛或小叶两面均被柔毛。花序顶生，花被片 6 ~ 8 片，雄花雄蕊常 5 枚；退化雌蕊顶端叉状浅裂，雌花心皮 3 或 2 个。蓇葖果紫红色，单个分果瓣径 4 ~ 5mm，散生微凸起的油点。花期 4-5 月，果期 8-10 月；青椒的特点是其蓇葖果顶端具短小喙尖。外果皮表面呈灰绿色、黄绿色至棕绿色，有网纹及多数凹下的小点状油腺。

三、药材简明特征

1. 青椒：蓇葖果常 2 ~ 3 个聚生，球形，外表面灰绿色或暗绿色，有多数油点及细密网状隆起皱纹；里面类白色，光滑。内果皮常由基部与外果皮分离。种子卵形，表面黑色，有光泽。气香，味微甜而辛。
2. 花椒：蓇葖果多单生，外表面紫红色或棕红色，散有多数疣状突起油点，直径 0.5 ~ 1mm，对光观察半透明；内表面淡黄色。香气浓，味麻辣而持久。

四、化学成分

1. 主要有效成分
芳樟醇、月桂烯等挥发油成分。
2. 主要成分
（1）挥发油：柠檬烯、1,8- 桉叶素、月桂烯、α- 和 β- 蒎烯、香桧烯、β- 水芹烯、对 - 聚伞花素、α- 松油烯、紫苏烯、芳樟醇、4- 松油烯酸、爱草脑、α- 松油醇、反式丁香烯、乙酸松油醇酯、荜草烯、β- 荜澄茄烯等。
（2）生物碱：香草木宁碱、茵芋碱、单叶芸香品碱、青椒碱等。

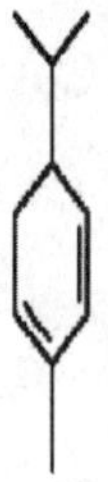

图 41　β-水芹烯 　　　　图 42　柠檬烯

五、现代药理作用

1. 改善肠功能：可抑制肠道有害菌生长，促进有益菌生长。

2. 抗氧化作用：可清除羟基自由基，还原具有氧化性的自由基。

3. 抗炎镇痛：可降低血清中的炎症因子表达，提高痛阈。

4. 其他：抗癌、抗血小板凝结、抗衰老、降血糖和血脂、抗病毒、杀虫等。

六、功效

性温，味辛。归脾、胃、肾经；温中止痛，杀虫止痒。用于脘腹冷痛、呕吐泄泻、虫积腹痛、蛔虫症等症；外治湿疹瘙痒。

七、代表性中药制剂与方剂

1. 复方牙痛宁搽剂：由松花粉 120g，花椒 90g，冰片 22g，丁香 15g，薄荷脑 13g，荆芥、荜茇、茵陈、甘草和八角茴香各 10g 组成，可消肿止痛。

2. 康妇软膏：由白芷、蛇床子和花椒各 145g，青木香和冰片各 30g，可祛风燥湿，止痒杀虫，防腐生肌。

3. 其他：如野花椒痔疮膏、复方双金痔疮膏等。

八、食品应用

1. 药膳：如花椒粥、花椒红糖汤、花椒鸡、花椒炖梨等。

2. 代表性保健食品：鹿王酒由鹿血、桂圆肉、枸杞子、肉豆蔻、茯苓、酸枣仁、菊花、花椒、甘草等组成，可耐缺氧、抗疲劳。

3. 其他：花椒油、花椒粉、花椒调味油等。

九、其他应用

花椒提取物可用于化妆品原料，如花椒温和去屑洗发露；油饼可用作肥料或饲料，作表皮麻醉剂等。

参考文献

[1] 王峰,王海平.萃取方法对花椒精油的化学成分、生物活性研究 [J].食品研究与开发,2017（21）: 65-68.

[2] 孙晓萍,吉永知代,李学成.花椒中萜烯类化合物的 GC/MS 分析 [J]. 中国调味品,2007（5）: 61-63.

槐花（米）HUAIHUA（MI）

一、来源及产地

为豆科植物槐（*Sophora japonica* L.）的开放花朵和花蕾,分别称为槐花和槐米。在中国以黄土高原及东北、华北平原最为常见。

二、植物形态

落叶乔木,树皮灰棕色,内皮鲜黄色,有臭味,嫩枝皮孔明显。奇数羽状复叶,互生,小叶7 ~ 15。托叶镰刀状,早落。小叶片背面密生白色短毛。圆锥花序顶生,萼5浅裂,花冠蝶形。雄蕊10,分离,不等长。子房筒状。荚果肉质串珠状,种子间极细缩。种子肾形。花期4-5月,果期10-11月。

三、药材简明特征

（1）槐米：花蕾椭圆形或呈卵形,长2 ~ 6 mm,直径约2mm。花萼下部有数条纵纹,上方为黄白色未开放的花瓣。花梗细小,手捏易碎,体轻。放入水中,可将水染成金黄色。气微,味微苦涩。

（2）槐花：花呈飞鸟状,花瓣多散落,多皱缩卷曲。完整者花萼钟状,黄绿色。先端5浅裂,花瓣5枚,黄色或黄白色,其中1片较大,近圆形,先端微凹,其余4片同形。雄蕊10枚,其中9枚基部连合,花丝细长。雌蕊1枚,圆柱形,弯曲。体轻,气微,味微苦。

四、化学成分

1. 主要有效成分
槐米为芸香苷、芦丁、槐花米甲素、槐花米乙素,槐花为三萜皂苷、芦丁、槲皮素等。

2. 主要成分
（1）黄酮类：芦丁、槲皮素、山奈酚、异黄酮苷元染料木素、异鼠李素、异鼠李素 –3– 芸香糖苷。

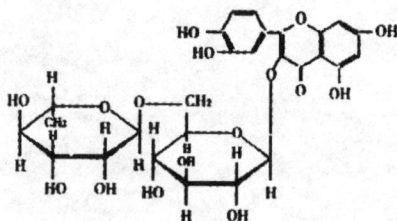

图43 芦丁

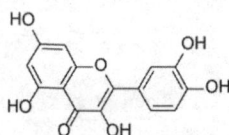

图44 槲皮素

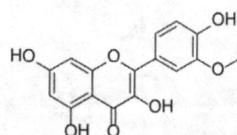

图45 异鼠李素

（2）三萜皂苷类：赤豆皂苷 Ⅰ、Ⅱ、Ⅴ，大豆皂苷 Ⅰ、Ⅲ，槐花皂苷 Ⅰ、Ⅱ、Ⅲ。

（3）脂肪酸类：棕榈酸、二丁基邻苯二甲酸、硬脂酸、亚油酸、亚麻酸。

（4）其他类：多糖类以及微量矿物质。

五、现代药理作用

1. 止血作用：可凝集红细胞，缩短凝血时间。

2. 抗氧化作用：可清除自由基和提高超氧化物歧化酶（SOD）的活力。

3. 抗肿瘤作用：可抑制肿瘤细胞生长。

4. 其他：保护胃肠道、抗菌、增强机体免疫力、抗病毒、降血糖和血压等。

六、功效

性微寒，味苦。归肝、大肠经；凉血止血，清肝泻火。用于便血、痔血、血痢、崩漏、吐血、衄血、肝热目赤、头痛眩晕等症。

七、代表性中药制剂与方剂

1. 止血宁片：由三七 111g，紫珠草和马齿苋各 370g，炒槐花 148g，血余炭 37g，花蕊石 74g 组成，可止血，消肿化瘀。

2. 化痔片：由槐米、茜草、枳壳和三棱各 250g，三七 20g 组成，可清热，凉血止血，行气散瘀。

3. 心宁片：由丹参 300g，槐花、川芎、红花、降香和赤芍各 150g，三七 54g 组成，可理气止痛，活血化瘀。

4. 其他：如心脉通片，脂脉康胶囊，血栓心脉宁片等。

八、食品应用

1. 药膳

如槐花熘肉片、槐花沙拉、槐花炸大虾、槐花鱼圆、槐花马齿苋粥（槐米 30g、鲜马齿苋 50g、粳米 100g、红糖 20g）等。

2. 代表性保健食品

（1）醒元宁胶囊：由丹参、决明子、槐花、三七等组成，可辅助降血脂。

（2）普莱雪茶：由青钱柳叶、槐花、菊花、绿茶等组成，可调节血压等。

（3）肠清爽茶：来源于槐米，可改善胃肠道功能（润肠通便）。

3. 其他

如槐花醋（保健饮料、酒、膏、茶、破壁颗粒）、槐花等。

九、其他应用

槐花提取物可用于化妆品原料，如槐花蜜特润滋养日霜、玫瑰槐花蜜沐浴乳等。

参考文献

[1] 康文艺,武小红.槐花、槐米和槐叶脂肪酸成分的 GC-MS 分析 [J].河南大学学报(医学版),2009,28(01):17-20.

[2] 刘琳,程伟.槐花化学成分及现代药理研究新进展 [J].中医药信息,2019,36(04):125-128.

黄芥子 HUANGJIEZI

一、来源及产地

为十字花科植物芥（*Brassica juncea*（L.）Czern. et Coss.）的干燥成熟种子。常分布于中国长江以南各省。

二、植物形态

一年生草本,常无毛,有辣味;茎直立,有分枝。基生叶顶端圆钝,基部楔形,大头羽裂,具 2 ～ 3 对裂片;茎下部叶较小,不抱茎;茎上部叶窄披针形,边缘具不明显疏齿或全缘。总状花序顶生,花黄色。萼片淡黄色;花瓣倒卵形,长角果线形。种子紫褐色。花期 3-5 月,果期 5-6 月。

三、药材简明特征

种子类圆形,较小,直径 1 ～ 2mm,表面鲜黄色至黄棕色,少数为暗红棕色。气微,味极辛辣。碾碎后加水浸湿,有辛烈特异臭气。

四、化学成分

1. 主要有效成分

芥子油苷、芥酸等。

2. 主要成分

（1）苷类化合物:芥子油苷（硫代葡萄糖苷）。

（2）生物碱类:芥子碱硫氰酸盐、芥子碱等。

（3）黄酮类:4,2″ –O– α –L– 阿拉伯糖异荭草苷。

（4）其他类:芥酸、多糖类、蛋白质、氨基酸等。

五、现代药理作用

1. 抗氧化作用:有较强清除 DPPH · 和 · OH 自由基的能力。

2. 抑菌作用:可抑制金黄色葡萄球菌、枯草芽孢杆菌和大肠杆菌。

3. 其他:可增强机体免疫力、降血脂、抗肿瘤等作用。

六、功效

性温,味辛。归肺经;温肺祛痰,利气散结,通络止痛。用于寒痰咳喘、胸胁胀满、阴疽流注、肢体麻木疼痛等症。

七、代表性中药制剂与方剂

益肝散：由青黛 4g、甜瓜蒂 2g、冰片 1g、黄芥子干粉 16g、陈醋适量组成，用于慢性乙型肝炎。

八、食品应用

1. 药膳

如黄芥子萝卜粥（黄芥子 10g、白萝卜 150g、大米 200g）。

2. 代表性保健食品

（1）金枣粉：由金丝小枣、莱菔子、五味子、黄芥子、炒山药、苦杏仁、茯苓、川贝母等组成，可调节免疫。

（2）爽清口服液：由茅根、芦根、生甘草、茯苓、芦笋、百合、薄荷、菊花、黄芥子、梨汁组成，可抗突变、耐缺氧。

3. 其他食品

如芥子粉、黄芥末酱、肉桂黄芥子片（压片糖果）。

九、其他应用

可榨油用于与其他成分配成调和油。另作为香料广泛应用。

参考文献

[1] 刘琳,李珊珊,袁仁文,等.芥菜主要化学成分及生物活性研究进展 [J].北方园艺,2018,（15）：180-185.

[2] 王荣荣,宋宁,刘晓秋.芥菜中黄酮类成分的积累变化研究 [J].中国民族民间医药,2013,22（09）：14-15.

黄精 HUANGJING

一、来源及产地

为百合科植物滇黄精（*Polygonatum kingianum* Coll.et Hemsl.）、黄精（*p. sibiricum* Red.）或多花黄精（*P. cyrtonema* Hua）的干燥根茎。按形状不同，习称"大黄精""鸡头黄精"和"姜形黄精"。在中国产于东北、华北、西北、华东地区。

二、植物形态

草本植物，根状茎结节膨大。叶轮生，每轮 4 ～ 6 枚，先端拳卷或弯曲成钩。

花序通常具 2 ～ 4 朵花，似呈伞形状，总花梗长 1 ～ 2cm，花梗俯垂。苞片具 1 脉，花被乳白色至淡黄色。花丝长 0.5 ～ 1mm，花药长 2 ～ 3mm。子房长约 3mm，花柱长 5 ～ 7mm，浆果黑色，具 4 ～ 7 颗种子。花期 5-6 月，果期 8-9 月。

三、药材简明特征

1. 大黄精：结节块状，肥厚肉质，表面淡黄色至黄棕色，具环节，有皱纹及须根痕，结节上具圆盘马蹄状侧茎痕。质硬而韧，不易折断，断面角质，淡黄色至黄棕色，具颗粒状，有许多黄棕色维管束小点。气微，味甜，嚼之有黏性。

2. 鸡头黄精：结节状弯柱形似鸡头。圆锥形结节常有分枝；表面黄白色或灰黄色，半透明，有纵皱纹，茎痕圆形。

3. 姜形黄精：长条结节块状似姜形，常数个块状结节相连。表面灰黄色或黄褐色，粗糙，结节上侧有突出的圆盘状茎痕。

四、化学成分

1. 主要有效成分
黄精多糖、多种氨基酸。

2. 主要成分
（1）多糖：黄精多糖 A、B、C；黄精低聚糖 A、B、C 等。
（2）皂苷类：三萜皂苷和甾体皂苷。其中，甾体皂苷以螺旋甾烷为苷元。
（3）黄酮类：二氢黄酮、查耳酮、高异黄酮等多种结构类型。
（4）挥发油：主要为烃类、萜类和醛酮类，如 1,2- 邻苯二甲酸二异辛酯等。

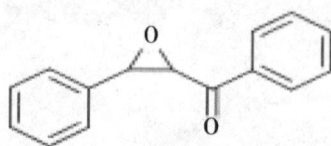

图 46 查耳酮

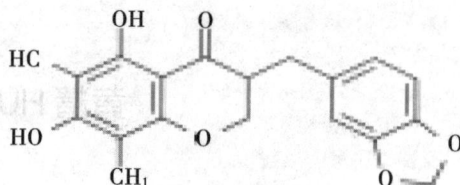

图 47 麦冬高异黄酮 A

五、现代药理作用

1. 降血糖作用：可改善胰岛素的抵抗，降低血糖水平。
2. 抗氧化作用：有较强清除自由基和还原能力。
3. 调节免疫力：可增强吞噬细胞、T 细胞、B 细胞的功能，提高免疫功能。
4. 其他：调节血脂、改善学习记忆功能、保护心血管系统、抗疲劳、延缓衰老、抗炎、抗病毒等作用。

六、功效

性平，味甘。归脾、肺、肾经；补气养阴，健脾，润肺，益肾。用于脾胃虚弱、体倦乏力、口干食少、肺虚燥咳、精血不足、内热消渴等症。

七、代表性中药制剂与方剂

1. 当归黄精膏：由当归和蒸黄精等份组成，可养阴血，益肝脾。
2. 二精丸：由黄精和枸杞子等份组成，可助气固精，保镇丹田，活血驻颜。
3. 其他：如健脑安神片、十一味黄精颗粒、脑灵片等。

八、食品应用

1. 药膳
如黄精猪肘煲、黄精炒香菇、黄精炒鳝丝、黄精紫菜汤、黄精蒸茄子等。
2. 代表性保健食品
（1）恒诺胶囊：由黄精、知母、桑叶、人参、五味子组成，可辅助降血糖。
（2）立鼎胶囊：由沙苑子、菟丝子、淫羊藿、黄精、西洋参组成，可缓解疲劳。
3. 其他
发酵型黄精米酒主要以黄精浸提液、糯米液化和糖化处理产物为原料，经发酵即得，可增强免疫力、降血糖、降血脂等；黄精山楂酸由奶白糖、奶粉、黄精药液、山楂药液、酸奶调和即得。黄精风味饮品是将黄精根部水提物，喷雾干燥法得到黄精水提物干粉，制成冲泡用风味饮料。另外还有如黄精菊花茶、黄精山药粉、人参黄精固体饮料等。

九、其他应用

黄精提取物可用于化妆品原料,如桑黄精华润肤乳、桑黄精华紧肤营养霜等。黄精干粉还可作为食品添加剂。

参考文献

[1] 李亚霖,周芳,曾婷,等.药用黄精化学成分与活性研究进展 [J].中医药导报,2019,25（05）:86-89.

[2] 宁火华,袁铭铭,邬秋萍,等.多花黄精化学成分分离鉴定 [J].中国实验方剂学杂志,2018,24（22）:77-82.

[3] 张娇,王元忠,杨维泽,等.黄精属植物化学成分及药理活性研究进展 [J].中国中药杂志,2019,44（10）:1989-2008.

黄芪 HUANGQI

一、来源及产地

为豆科植物蒙古黄芪(*Astragalus membranaceus*(Fisch)Bge. var. *mongholicus*(Bge.)Hsiao)或膜荚黄芪(*A. membranaceus*(Fisch.)Bge.)的干燥根。在中国产于东北、华北及西北地区。

二、植物形态

膜荚黄芪为多年生草本,根圆柱形,根头部淡棕黄色至深棕色。茎被长柔毛。单数羽状复叶互生,叶柄基部有披针形托叶,叶轴被毛;小叶 13 ~ 31 片,两面被白色长柔毛,无小叶柄。总状花序,花萼 5 浅裂,筒状;蝶形花冠,旗瓣三角状倒卵形,翼瓣和龙骨瓣均有柄状长爪。荚果膜质,膨胀,先端有喙,被黑色短柔毛。种子 5 ~ 6 粒,肾形,棕褐色。花期 6-8 月,果期 7-9 月。蒙古黄芪的特点是其托叶呈三角状卵形,小叶 25 ~ 37 片,椭圆形小叶片短小而宽。花冠黄色,荚果无毛,有显著网纹。

三、药材简明特征

圆柱形,可见分枝,上端较粗。表面淡棕黄色或淡棕褐色。质硬而韧,不易折断,断面纤维性强,具粉性,皮部黄白色,木部则淡黄色,有放射状纹理和裂隙,老根中心偶见黑褐色枯朽状或空洞。气微,味微甜,嚼之微有豆腥味。

四、化学成分

1. 主要有效成分
黄芪多糖和黄芪皂苷。
2. 主要成分
(1)三萜皂苷类:黄芪皂苷 Ⅰ ~ Ⅳ(黄芪甲苷)、荚膜黄芪苷 Ⅰ,Ⅱ等。
(2)黄酮类:毛蕊异黄酮葡萄糖苷、芒柄花素、3- 羟基 -9,10- 二甲氧基紫檀烷。
(3)多糖类:葡聚糖、杂多糖等。

五、现代药理作用

1. 改善心功能:可强心利尿、增加心脏排血量,促进心脏功能恢复。
2. 抗氧化作用:可清除过剩自由基和抑制自由基产生。
3. 保护肾脏:可减轻肾纤维化和肾小球硬化,减轻肾脏炎症损伤程度。
4. 其他:降低血压、增强机体免疫力、对脑细胞和神经细胞的保护等作用。

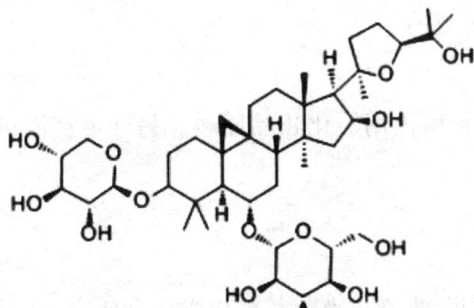

图48　黄芪甲苷

六、功效

性微温，味甘。归脾、肺经；补气固表，利尿托毒，排脓，敛疮生肌。用于气虚乏力、食少便溏、中气下陷、久泻脱肛、便血崩漏、表虚自汗、气虚水肿、痈疽难溃、久溃不敛、血虚萎黄、内热消渴、糖尿病等症。

七、代表性中药制剂与方剂

1. 玉屏风散：由防风 30g，蜜炙黄芪和白术各 60g 等组成，可益气固表止汗，用于过敏性鼻炎、上呼吸道感染等。

2. 黄芪桂枝五物汤：由黄芪、芍药和桂枝各 93g，生姜 186g，大枣十二枚组成。用于血痹，肌肤麻木等。

3. 其他：如防己黄芪汤，补中益气汤等。

八、食品应用

1. 药膳

黄芪归枣饮(黄芪 15g、当归 10g、大枣 10 枚)，可补气虚、血虚与贫血；黄芪人参粥(炙黄芪 18g、人参末 3g、粳米 100g、少量白糖)，可健脾胃、抗衰老；黄芪小麦粥(黄芪 15 ~ 30g、防风 10g、白术 12g、浮小麦 30g、粳米 80g)，可治疗阳虚自汗和预防感冒；黄芪乌鸡煲(乌鸡一只，黄芪和枸杞子各 30g，大枣 10 枚，葱姜适量)，可补脾益气、益肾养血；黄芪羊肉汤(黄芪 30g，当归 15g，羊肉 500 ~ 800g，大枣 10 枚，生姜、葱适量)，用于气血两虚、阳虚怕冷、身体瘦弱和贫血。

2. 代表性保健食品

（1）三七人参黄芪酒：由三七、人参、炙黄芪、蜂蜜等组成，可缓解疲劳。

（2）汝乐胶囊：由葛根、黄芪、阿胶、当归组成，可促进泌乳。

3. 其他

可以制酱油，如传统制曲中添加黄芪后制曲效果更好，所酿制的产品风味和口感也较佳。

九、其他应用

黄芪提取物及黄芪皂苷均被用于化妆品原料。另外黄芪渣可做抑菌物,用于各种天然产物人工培育培养基。

参考文献

[1] 李延勋,栗章鹏,颜世利,等.膜荚黄芪化学成分研究 [J]. 中草药,2017（13）: 2601-2607.

[2] 李利明.不同炮制方法对黄芪化学成分的影响 [J]. 中国医药科学,2014（17）: 85-87.

火麻仁 HUOMAREN

一、来源及产地

为桑科植物大麻(*Cannabis sativa* L.)的干燥成熟种子。中国各地均有栽培,主要产于东北、华北、华东、中南等地。

二、植物形态

一年生直立草本,枝具纵沟槽,密生灰白色贴伏毛。叶掌状全裂,中脉及侧脉在表面微下陷,背面隆起;叶柄长 3 ~ 15cm,密被灰白色贴伏毛;托叶线形。雄花序花被和雄蕊均 5。雌花花被 1,紧包子房,瘦果为宿存黄褐色苞片所包,果皮坚脆,表面具细网纹。花期 5 ~ 6 月,果期为 7 月。

三、药材简明特征

干燥果实呈卵圆形或扁卵圆形,长 4 ~ 5mm,直径 2 ~ 4mm。表面光滑,灰黄色或灰绿色,有微细的棕色、白色或黑色花纹,两边各有 1 条浅色棱线。外果皮菲薄,内果皮坚脆。绿色种皮常黏附在内果皮上,不易分离。胚乳灰白色,外果皮菲薄,子叶肥厚,富油性。气微,味淡。以色黄、无皮壳、饱满者佳。

四、化学成分

1. 主要有效成分
葫芦巴碱、脂肪酸等。
2. 主要成分
(1)生物碱类:葫芦巴碱、异亮氨酸甜菜碱等。
(2)脂肪酸类:前列腺素、类花生酸、γ - 亚麻酸、亚油酸等。
(3)蛋白质类:麻仁球蛋白、麻仁白蛋白、酶等。
(4)酚类:四氢大麻酚。

五、现代药理作用

1. 改善记忆作用:可对中枢胆碱能神经系统功能进行增强。
2. 抗氧化、抗衰老:可清除自由基,提高超氧化物歧化酶(SOD)的活力。
3. 对消化系统作用:可刺激肠黏膜,加快蠕动,润肠通便的功能。
4. 其他:有效降血脂和抗动脉硬化、免疫调节、镇痛、抗炎、抗疲劳等。

六、功效

性平,味甘。归肺、胃、大肠经;润肠通便。用于血虚津亏,肠燥便秘等症。

七、代表性中药制剂与方剂

1. 麻仁软胶囊:由火麻仁、白芍、枳实、厚朴、大黄组成,用于肠燥便秘。

2. 痔炎消胶囊:由白茅根、白芍、山银花、紫珠叶、茵陈、三七、地榆、槐花、火麻仁、枳壳组成,可清热解毒,润肠通便,止血止痛,消肿。

3. 其他:如丹滕颗粒、润肠丸、麻仁润肠丸、火麻仁冲剂等。

八、食品应用

1. 药膳

火麻仁粥(由火麻仁 15g,紫苏 10g 和粳米一起熬粥);火麻仁茶(火麻仁和芝麻),原料炒黄碾末,布包水煮 5min,加入适量糖。

2. 代表性保健食品

(1)通便胶囊:由火麻仁、郁李仁、决明子、生首乌、鸡内金组成,通便。

(2)火麻仁灵芝孢子油天然维 E 软胶囊:由火麻仁油、天然维生素 E、灵芝孢子油、明胶、甘油等组成,可改善睡眠、抗氧化。

3. 其他

火麻仁油(粉、酒、肽粉、食用粕、复合蛋白饮料)、火麻仁乳。

九、其他应用

用火麻仁籽壳制成活性炭用于食品脱色、香味调整、水处理和各种食品制造中催化剂的载体,制备麻塑料复合材料用于高档食品包装材料,安全环保。

参考文献

[1] 国家药典委员会 . 中华人民共和国药典 [S]. 北京:中国医药科技出版社,2015.

[2] 王国强 . 全国中草药汇编 [M]. 北京:人民卫生出版社,2014.

藿香 HUOXIANG

一、来源及产地

为唇形科草本植物广藿香(*Pogostemon cablin*(Blanco)Benth.)的地上部分。在中国主产于广东、台湾、海南等地。

二、植物形态

多年生草本,揉之有香气。茎近圆形。幼枝方形,密被灰黄色柔毛。叶对生,圆形,长2～10cm,宽2.5～7cm,边缘有粗钝齿,两面均被毛,脉上尤多;叶柄长1～6cm,有毛。轮伞花序密集成假穗状花序,密被短柔毛;花萼筒状,5齿;花冠紫色,4裂。雄蕊4,花丝中部具长须毛,花药1室。小坚果近球形。在中国栽培者开花少见。

三、药材简明特征

茎方柱形,多分枝,直径0.2～1cm,四角有棱脊;表面暗绿色,有纵皱纹,节明显。老茎坚硬、质脆易折断,断面髓部中空。叶对生,叶片深绿色,多皱缩,完整者展平为卵形,边缘有钝锯齿,背面深绿色,腹面浅绿色,两面微具毛茸。茎顶端有时可见穗状轮伞花序。气芳香,味淡而微凉。

四、化学成分

1. 主要有效成分
甲基胡椒酚、藿香醛等。
2. 主要成分
(1)挥发性成分:甲基胡椒酚、茴香脑、茴香醛、柠檬烯、对甲氧基桂皮醛、α-和β-蒎烯、3-辛酮、1-辛烯-3-醇、芳樟醇、1-丁香烯、β-榄香烯、β-葎草烯、α-衣兰烯、γ-荜澄茄烯、菖蒲烯等。
(2)黄酮类化合物:刺槐素、蒙花苷、藿香苷、异藿香苷、藿香精等。
(3)三萜类:山楂酸、齐墩果酸等。
(4)其他类:胡萝卜苷、β-谷甾醇、去氢藿香酚等。

五、现代药理作用

1. 抗炎作用:可减少炎症介质表达,抑制炎症细胞因子产生。
2. 抗胃溃疡作用:使胃血流量增加,提高胃黏液的产生。

3. 抗肿瘤作用：可抑制癌症细胞的增长和诱发其凋亡。

4. 其他：保护肝和脑损伤、预防乳腺炎和结肠炎及动脉粥样硬化、抗病毒、抗菌、抗光老化等作用。

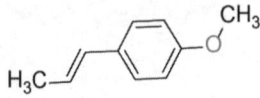

图 49　茴香脑

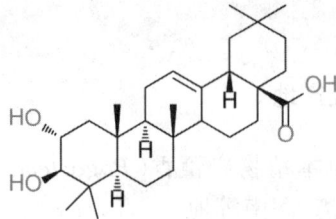

图 50　山楂酸

六、功效

性微温，味辛。归脾、胃、肺经；芳香化浊，开胃止呕，发表解暑。用于湿浊中阻、脘痞呕吐、暑湿倦怠、胸闷不舒、寒湿闭暑、腹痛吐泻、鼻渊头痛等症。

七、代表性中药制剂与方剂

1. 藿朴夏苓汤：由藿香、厚朴、姜半夏、茯苓、苦杏仁、薏苡仁、猪苓、白豆蔻、淡豆豉、泽泻组成，可理气化湿，疏表和中。

2. 复方藿香片：广藿香和鸡儿肠各 400g，紫苏叶、石菖蒲、佩兰和生姜各 250g，陈皮200g 组成，可解表和中，燥湿化浊。

3. 其他：如万应甘和茶，甘露消毒丹，藿香正气丸等。

八、食品应用

1. 药膳

如藿香砂仁煲猪肚（藿香 20g、砂仁 10g、猪肚 1 个、生姜 5 片）、藿香马齿苋煲瘦肉（藿香20g、马齿苋和瘦肉各 250g）、藿香粥等。

2. 代表性保健食品

（1）颖珂胶囊：由蒲公英、野菊花、桑白皮、熟大黄、桃仁、广藿香、淀粉、硬脂酸镁组成，可祛痤疮。

（2）丹草颗粒：含地黄、牡丹皮、当归、栀子、广藿香、甘草等，升免疫力。

3. 其他

（1）藿香淡竹叶饮：藿香、淡竹叶和金银花三者按 1∶2∶2 配比，再加以适量的蜂蜜、牛磺酸、赤藓糖醇、甜菊糖苷。该饮料整体感官品质较高。

（2）藿香果酱：藿香粉碎后，以 1∶3∶1 质量比将藿香、优质白砂糖和蜂蜜混合均匀，按照常规方法制酱。

（3）其他：藿香汁、藿香佩兰茶、藿香粉等。

九、其他应用

广藿香提取物和广藿香油均可作为化妆品原料,如广藿香香水、广藿香蔷薇香水等。

参考文献

[1] 刘立云 . 山藿香化学成分及生物活性研究 [D]. 北京工业大学,2018.

[2] 吴卓娜,吴卫刚,张彤,等 . 不同产地广藿香化学成分及药理作用研究进展 [J]. 世界科学技术 – 中医药现代化,2019,21（06）: 1227–1231.

鸡内金 JINEIJIN

一、来源及产地

为雉科动物家鸡（*Gallusgallus domesticus* Brisson）的干燥砂囊内壁。在中国常见养殖。

二、动物形态

公鸡头和颈的羽毛狭长而尖,前面的为深红色,向后转为金黄色。尾羽和尾上覆羽均黑,并具金属绿色反光,羽基白色;母鸡体形较雄性小,尾亦较短。头和颈项黑褐缀红;颈羽特长,轴部黑褐,具金黄色羽缘。砂囊内壁常是不规则的长椭圆形囊状或轧制片,厚度约2mm,表面有明显的、清晰的垂直和水平条纹,且条纹不规则。

三、药材简明特征

呈不规则皱缩的囊片状,完整者长约 3.5cm,宽约 3cm,厚 0.55 ~ 1mm。表面黄色、黄褐色或黄绿色,有数条棱状皱纹,呈波浪形。质脆、易碎,断面角质样,有光泽。

四、化学成分

1. 主要有效成分
胃蛋白酶、淀粉酶、角蛋白、多糖。
2. 主要成分
（1）蛋白质：胃蛋白酶、淀粉酶、角蛋白。
（2）氨基酸：酪氨酸、精氨酸、苯丙氨酸、中性蛋白酶、木瓜蛋白酶。
（3）糖类：鼠李糖、葡萄糖、岩藻糖、甘露糖和半乳糖。
（4）金属元素：Fe、K、Mg、Ca、Cu、Zn 和 Mn。

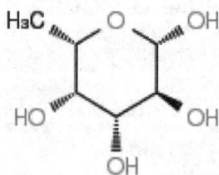

图 51　L（－）岩藻糖

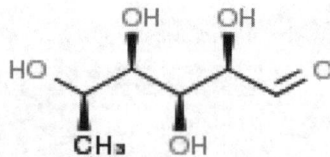

图 5 2　L－鼠李糖

五、现代药理作用

1. 调节消化液分泌作用：可使胃液胃蛋白酶的活性发生显著提高。
2. 调节血糖血脂：可维持血糖血脂在体内的稳态。

3. 改善乳腺增生:可缓解乳房形态,对乳腺增生有改善作用。

4. 其他:调节血液流变学、抑制子宫肌瘤生长、活血通经等作用。

六、功效

性平,味甘。归脾、胃、小肠、膀胱经;消食健胃,涩精止遗。用于食积不消、呕吐泻痢、小儿疳积、遗精、遗尿等症。

七、代表性中药制剂与方剂

1. 复方鸡内金片:由鸡内金 170g,六神曲 330g 组成,健脾开胃,消食化积。

2. 小儿消食片:由炒鸡内金 4.7g,山楂 93.3g,炒六神曲和炒麦芽各 85.5g,槟榔 23.3g,陈皮 7.8g 组成,可消食化滞,健脾和胃。

3. 草香胃康胶囊:由鸡内金、决明子、海螵蛸、牡蛎、木香、阿魏组成,可泄肝和胃,行气止痛。

4. 其他:如健胃片、健脾生血片、儿童清热导滞丸等。

八、食品应用

1. 药膳

鸡内金羊肉煲汤或鸡内金与茯苓、山楂、陈皮同煮。

2. 代表性保健食品

(1)芦枫胶囊:由芦荟全叶烘干粉、火麻仁和鸡内金提取物组成,可通便。

(2)山楂麦芽口服液:由山楂、炒麦芽、鸡内金、茯苓、山药、甜菊糖甙等组成,可促进消化。

(3)九正减肥胶囊:含荷叶、茯苓、鸡内金、郁李仁、山药等,可减肥。

3. 其他

梨果仙人掌鸡内金压片糖果、蚕蛹鸡内金固体饮料、山楂鸡内金复合粉(固体饮料)、人参鸡内金酒、鸡内金颗粒(固体饮料)等。

九、其他应用

鸡内金可用于化妆品原料。

参考文献

[1] 王会,金平,梁新合,等. 鸡内金化学成分和药理作用研究 [J]. 吉林中医药,2018,38 (09):1071-1073.

[2] 蔡真真,程再兴,林丽虹,等. 白羽鸡与家养鸡鸡内金不同炮制品中化学成分测定 [J]. 海峡药学,2015,27(05):50-52.

姜 JIANG

一、来源及产地

为姜科植物姜（*Zingiber officinale* Rosc）的新鲜或干燥根茎，分称为生姜和干姜，在中国华中、东南部至西南部各省区广为栽培。

二、植物形态

草本，根茎肥厚，多分枝，有芳香及辛辣味。叶片披针形或线状披针形，无毛，无柄；叶舌膜质。总花梗长，穗状花序；花萼管长约1cm。花冠黄绿色，管长2~2.5cm，裂片披针形，长不及2cm。唇瓣有紫色条纹及淡黄色斑点，雄蕊暗紫色，药隔附属体钻状。

三、药材简明特征

1. 生姜：不规则块状，具指状分枝，长4~18cm，厚1~3cm。表面黄褐色或灰棕色，有环节，分枝顶端有茎痕或芽。质脆，易折断，断面浅黄色，掰开可见里面的白亮丝状物。内皮层环纹明显，维管束散在。有香味，辛辣味强。

2. 干姜：不规则块状，具指状分枝。表面浅黄棕色或灰棕色，粗糙，具纵皱纹及明显环节。分枝处常有鳞叶残存，分枝顶端有芽或茎痕。质坚实，断面灰白色或黄白色，具粉性和颗粒性，可见圆环和筋脉点及散在黄色油点。气香特异，味辛辣。以质坚实、粉性足、断面色黄白、气味浓者为佳。

四、化学成分

1. 主要有效成分

姜辣素、α-姜烯等成分。

2. 主要成分

（1）挥发油：α-姜烯、反-β-金合欢烯、α-金合欢烯、β-红没苟烯、姜醇、莰烯、水茴香烯、龙脑、枸橼醛和按油精。

（2）姜辣素类：姜酚类、姜烯酚类、姜酮类、姜二酮类、姜二醇类。

（3）苯基庚烷类：线性二苯基烷类和环状二苯基庚烷类化合物。

五、现代药理作用

1. 治疗肥胖作用：可增加产热和脂肪分解，抑制肠吸收脂肪和控制食欲。

2. 抗肿瘤作用：可抑制癌细胞增殖，诱导癌细胞凋亡。

3. 对心血管作用：可抗血栓、抑制血小板聚集、改善血循环、保护心功能。

4. 其他：保护肝脏、解热、镇痛及抗炎、杀菌解毒、降血脂、抗氧化等。

六、功效

1. 干姜：性热味辛，归脾、胃、肾、心、肺经；温中散寒、回阳通脉、燥湿消痰。用于脘腹冷痛、呕吐泄泻、肢冷脉微、痰饮咳喘等症。

2. 生姜：性微温味辛，归肺、脾、胃经；解表散寒、温中止呕、化痰止咳。用于风寒感冒、胃寒呕吐、寒痰咳嗽等症。

七、代表性中药制剂与方剂

1. 麻姜颗粒（冲剂）：由麻黄和生姜各1200g，制五味子150g，炙甘草45g等组成，可宣肺平喘。

2. 蛇胆姜粒：由蛇胆汁100g，干姜粒600g组成，可温肺止咳，降逆止呕。

3. 十滴水软胶囊：由樟脑和干姜各62.5g，大黄50g，小茴香和肉桂各25g，辣椒12.5g，桉油31.25mL组成，可健胃，祛暑。

4. 其他：如参桂理中丸、丁蔻理中丸、丹绿补肾胶囊等。

八、食品应用

1. 药膳

如当归生姜羊肉汤、生（干）姜粥、干姜羊肉汤等。

2. 代表性保健食品

（1）即食雪蛤饮品：由雪蛤、冰糖、小枣、生姜组成，可缓解体力疲劳。

（2）合胃胶囊：由生姜、陈皮、丁香、党参组成，辅助保护胃黏膜。

（3）蜂肠乐胶囊：由蜂胶粉、白扁豆、干姜、莲子等组成，增强免疫力。

（4）金杞口服液：含枸杞、金针菇、大枣、茯苓、干姜等，可辅助改善记忆。

3. 其他

（1）调味品：如调味姜乳系为生姜中的调味精华部分浓缩而成，外观似蛋黄色奶油膏状；生姜淀粉与姜蓉辣酱系姜副产物综合利用所得，可为调料品。

（2）饮料及其他食品：如生姜原汁饮料，可舒筋活血，促进血液循环，使毛孔充分张开，迅速解除疲劳，酒后饮用，使人轻松，并保持头脑清醒。特别适合于高温地区和野外作业人员饮用。另外还有姜片、甜姜、生姜淀粉、干姜葡萄粉、肉桂干姜茶、干姜大枣蜜膏、白果干姜代用茶、茯苓干姜压片糖果、人参生姜饮料、速溶人参生姜茶颗粒、生姜配制酒等。

九、其他应用

主要为洗发原料，如生姜防脱育发洗发水、生姜强根健发护发素等。

参考文献

[1] 孙凤娇,李振麟,钱士辉,等 . 干姜化学成分和药理作用研究进展 [J]. 中国野生植物资源,2015（3）: 34-37.

[2] 卢传坚,欧明,王宁生 . 姜的化学成分分析研究概述 [J]. 中药新药与临床药理,2003（3）: 215-217.

姜黄 JIANGHUANG

一、来源及产地

为姜科植物姜黄（*Curcuma longa* L.）干燥根茎，在中国产于华南和西南等地区。

二、植物形态

草本，根茎很发达，分枝多，橙黄色，极香；根粗壮，末端膨大呈块根。叶片长圆形长 30 ~ 45cm，宽 15 ~ 18cm，两面均无毛，叶柄长 20 ~ 45cm。花葶由叶鞘内抽出，穗状花序。苞片白色，花萼白色，具 3 齿，花冠淡黄色。侧生退化雄蕊比唇瓣短，与花丝及唇瓣的基部相连成管状。唇瓣倒卵形，药室基部具距，子房被微毛。花期 8 月。

三、药材简明特征

常不规则卵圆形，常弯曲，直径 1 ~ 3cm。表面深黄色，粗糙，有皱纹、明显环节和圆形须根痕。质坚实不易折断，断面棕黄色至金黄色，角质样，有蜡样光泽，内皮层环纹明显，维管束点状散在排列。气香特异，味苦、辛。

四、化学成分

1. 主要有效成分
姜黄素。
2. 主要成分
（1）挥发油：姜黄酮、莪术醇、倍半萜烯醇。
（2）酚类：姜黄素、脱甲氧基姜黄素、环去甲氧基姜黄素等。
（3）黄酮类：黄体素、芹菜素、槲皮素、山奈酚、杨梅素。

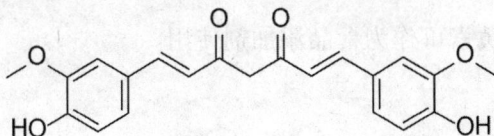

图 53 姜黄素

五、现代药理作用

1. 抑制关节炎症作用，可抑制炎症因子产生，进而分解软骨基质。
2. 抑制氧化作用，可清除自由基和提高超氧化物歧化酶（SOD）的活力。
3. 抗肿瘤作用，可抑制癌细胞增殖，诱导癌细胞凋亡。

4. 其他：治疗糖尿病、有效抗炎、抗阿尔茨海默病等作用。

六、功效

性温,味辛、苦,归肝、脾经；活血行气,通经止痛。用于胸胁刺痛、闭经、癥瘕、风湿肩臂疼痛、跌扑肿痛等症。

七、代表性中药制剂与方剂

1. 伤痛克酊：由姜黄 180g、马蹄金 80g、地柏枝 60g 组成,可消肿止痛,收敛止血,解毒生肌。

2. 五黄养阴颗粒：由黄连 277g,红岑、地黄和姜黄各 833g,黄芩 555g 组成,可燥湿化痰、益气养阴。

3. 胰胆舒颗粒：由姜黄 600g、赤芍 400g、蒲公英 350g、牡蛎 500g、延胡索 300g、大黄 250g、柴胡 150g 等组成,可散瘀行气,活血止痛。

4. 其他：如意金黄散、冰黄肤乐软膏、姜黄清脂片等。

八、食品应用

1. 药膳

姜黄茶系用姜黄配制,可补充脂肪和钙,抗炎；姜黄肉汤,通过在肉汤中溶于一茶匙或两茶匙姜黄膏,非常美味可口；蒸饭时在大米中添加姜黄可增添米饭香味和颜色。

2. 代表性保健食品

（1）益普胶囊：蝙蝠蛾拟青霉菌粉、西洋参和姜黄提取物等组成,提升免疫力。

（2）维益胶囊：由葛根提取物、丹参提取物、姜黄提取物、五味子提取物等组成,辅助保护化学性肝损伤。

（3）山水胶囊：银杏叶、丹参、姜黄、决明子、红曲粉组成,辅助降血脂。

3. 其他

（1）调味品和小吃：沙拉配加姜黄膏可增添美味和颜色；用姜黄膏制作咖喱,再混合肉桂和孜然,其风味独特。

（2）食品添加剂：姜黄素可作为食品添加剂使用。

九、其他应用

1. 香皂：在肥皂配方中加入适量姜黄膏,有助于舒缓皮肤。

2. 面膜：作为化妆品原料,在面膜配方加入适量不加糖的酸奶、一茶匙蜂蜜和半茶匙姜黄膏,混合均匀后涂抹,可有助于舒缓面部皮肤。

参考文献

[1] 孙林林,乔利,田振华,等.姜黄化学成分及药理作用研究进展 [J].山东中医药大学

学报,2019,43（2）:207-212.

　　[2] 崔语涵,安潇,王海峰,等.姜黄化学成分研究[J].中草药,2016（7）:1074-1078.

金银花 JINYINHUA

一、来源及产地

为忍冬科植物忍冬（ *Lonicera japonica* Thunb. ）的干燥花蕾或带初开的花。中国各省均有分布。其栽培区域主要在山东。

二、植物形态

半常绿藤本,幼枝洁红褐色,密被黄褐色、开展的硬直糙毛、腺毛和短柔毛,下部常无毛。叶纸质,基部圆或近心形,有糙缘毛,叶柄密被短柔毛。苞片叶状,小苞片有短糙毛和腺毛。萼齿有密毛。花冠白色,后变黄色,外被多少倒生开展或半开展糙毛和长腺毛,上唇裂片顶端钝形,下唇带状而反曲。雄蕊和花柱均高出花冠。果实蓝黑色;种子褐色,花期 4 ~ 6 月,果熟期 10 ~ 11 月。

三、药材简明特征

花或花蕾干燥呈棒状,上粗下细,略弯曲,长 2 ~ 3cm。花表面黄白色或绿白色,贮久者色渐变深,密被短柔毛。花萼绿色,先端 5 裂,裂片被毛。开放者花冠筒状,先端二唇形;雄蕊 5 个,附于筒壁,黄色;雌蕊 1 个,子房无毛。气清香,味甘微苦。

四、化学成分

1. 主要有效成分
绿原酸、木犀草苷。
2. 主要成分
（1）挥发油类：醇类、醛类、酮类、脂类、酸类和烷烃类。
（2）黄酮类：木犀草苷、金丝桃苷、芦丁、槲皮素、忍冬苷、木犀草素、木犀草素 –7–O–β –D 葡糖糖苷等。
（3）苯丙素类：绿原酸、异绿原酸 A、B、C；咖啡酸、5–O– 咖啡酰基奎尼酸、4–O– 咖啡酰基奎尼酸、1– O– 咖啡酰基奎尼酸、3,4–O– 二咖啡酰基奎尼酸、隐绿原酸、原儿茶酸、4– 羟基桂皮酸、咖啡酸乙酯、十二烷酸乙酯、咖啡酸甲酯、对羟基苯酚、1,2,4– 苯三酚、邻苯二甲酸双 –（2– 甲基丙基）酯、隐绿原酸甲酯。
（4）环烯醚萜苷类：马钱酸、马钱苷、莫诺苷、断氧化马钱苷、8– 表马钱酸、8– 表马钱苷、当药苷等。
（5）皂苷类：灰毡毛忍冬皂苷甲及灰毡毛忍冬皂苷乙。

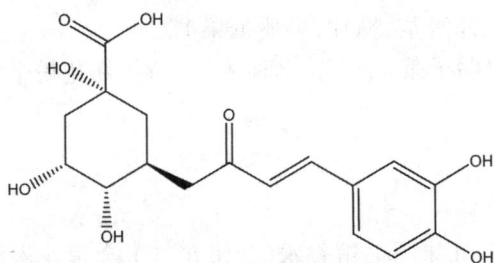

图 54 绿原酸

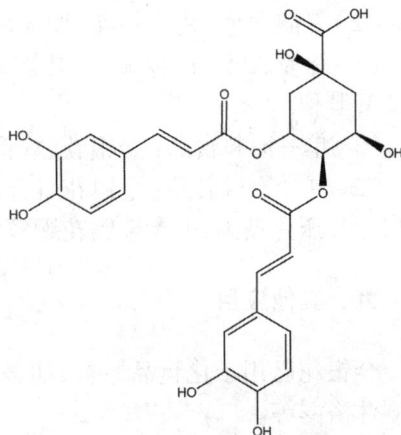

图 55 异绿原酸 A

五、现代药理作用

1. 抗感染作用：可对抗真菌、有效杀死多种病毒。
2. 抑制氧化作用：可清除自由基和提高超氧化物歧化酶（SOD）的活力。
3. 抗肿瘤作用：可抑制癌细胞增殖，诱导癌细胞凋亡。
4. 其他：抗炎、抗过敏性、抑菌等作用。

六、功效

性寒，味甘。归肺、心、胃经；清热解毒，凉散风热。用于痈肿疔疮、喉痹、丹毒、热毒血痢、风热感冒、温病发热等症。

七、代表性中药制剂与方剂

1. 金银花露：由金银花 62.5g 制成，可清热解毒。
2. 仙方活命片：由金银花 240g，穿山甲 135g，防风 75g，陈皮和白芷各 110g，天花粉和当归尾各 160g，浙贝母 150g，皂角刺 64g，乳香和没药各 20g，赤芍 80g，甘草 60g 组成，可清热解毒，散瘀消肿，化脓生肌。
3. 复方双花口服液：含金银花、连翘、穿心莲和板蓝根，可清热利咽消肿。
4. 其他：如复方金银花颗粒、复方金黄连颗粒、健脑补肾丸等。

八、食品应用

1. 药膳
如金银花莲子羹、金银花肉片汤、双花鲤鱼煲（金银花 6g，鲜菊花 60g，鲤鱼 1 条）。
2. 代表性保健食品
（1）一杯清颗粒：由金银花、当归、淡竹叶、决明子、制大黄、栀子、川芎、桑叶等组成，可美容（祛痤疮）、改善胃肠道功能（润肠通便）等。

（2）菁韵含片：由金银花、罗汉果、白茅根、薄荷、葡萄糖等组成，可清咽。

（3）绿原胶囊：由金银花、灵芝、绿茶等组成，可抗氧化。

3. 其他

（1）单一原料食品：金银花露（代用茶、凉茶、速溶茶、糖片、硬质糖果）。

（2）复合原料食品：金银花百合茶、金银花决明子茶、金银花乌梅固体饮料、蜂花粉金银花口含片压片糖果、人参金银花颗粒等。

九、其他应用

金银花已用于化妆品原料，如金银花护手霜、气味图书馆香水（金银花味）、金银花滋润保湿沐浴露等。

参考文献

[1] 谭政委，夏伟，余永亮. 金银花化学成分及其药理学研究进展 [J]. 安徽农业科学，2018，46（9）：26-28.

[2] 王玲娜，邹廷伟，陈燕文. "华金 6 号" 金银花新品种挥发油成分的 GC-MS 分析 [J]. 中药材，2016（7）：1571-1573.

桔梗 JIEGENG

一、来源及产地

为桔梗科植物桔梗（*Platycodon grandiflorus*（Jacq.）A. DC.）的干燥根。在中国产于东北、华北、华东、华中各省以及广东、广西、贵州、云南、四川、陕西。

二、植物形态

多年生草本植物，茎常无毛。叶轮生，部分轮生至全部互生，叶片卵形、卵状椭圆形至披针形，背面常具白粉。花单朵顶生，或数朵集成假总状花序，或有花序分枝而集成圆锥花序；花萼钟状五裂，被白粉，裂片三角形；花冠大，蓝色、紫色或白色。蒴果球状，长 1 ~ 2.5cm，直径约 1cm。花期 7 ~ 9 月。

三、药材简明特征

圆柱形或纺锤形，下端渐细，有的分枝，表面淡黄白色，皱缩，有扭曲的纵沟，有横向皮孔玟痕及支根痕，有时还见未刮净的黄棕色或灰棕色栓皮；上端根茎（芦头）长 0.5 ~ 4cm，直径约 1cm，有半月形盘节状茎痕。质硬脆，易折断，折断面略不平坦，可见放射状裂隙，皮部类白色，形成层环棕色，木部淡黄色。气微，味微甜、苦。以根肥大、质充实、白色、味苦者为佳。

四、化学成分

1. 主要有效成分

桔梗酸、皂苷。

2. 主要成分

（1）三萜皂苷类：齐墩果酸型、桔梗皂苷型、桔梗二酸型、桔梗皂苷内酯型、远志皂苷型、其他非典型三萜皂苷，如桔梗皂苷 A、D_1、D_2、D_3，3-O-乙酰基桔梗皂苷 D_2，远志皂苷 D_1、D_2，2-O-乙酰基远志皂苷 D_1、D_2，3-O-乙酰基远志皂苷 D_1、D_2 等。

（2）黄酮类：花色素。

（3）脂肪酸及脂类：棕榈酸、油酸、油酸松柏酯、棕榈酸松柏酯等。

（4）甾醇类：α-菠菜甾醇、β-谷甾醇等。

（5）微量元素：Fe、Cu、Mn、Co、Cr、Mg 等。

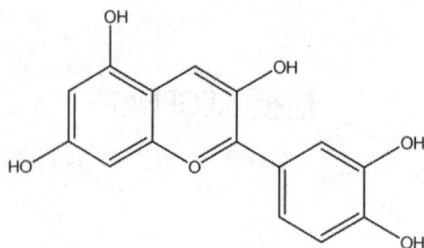

图 56 花色素

五、现代药理作用

1. 抗炎止咳平喘作用：可祛痰,抑制促炎症介质的分泌。
2. 抑制氧化作用：可清除自由基和提高超氧化物歧化酶（SOD）的活力。
3. 抗肿瘤作用：可抑制癌细胞增殖,诱导癌细胞凋亡。
4. 其他：镇痛、提高机体免疫力、降血糖和血脂、保护肝脏、抗肥胖等。

六、功效

性平,味苦、辛。归肺经；宣肺,利咽,祛痰,排脓。用于咳嗽痰多、胸闷不畅、音哑、肺痈吐脓、疮疡脓成不溃等症。

七、代表性中药制剂与方剂

1. 桔梗冬花片：含桔梗 300g,款冬花 37g,远制志 63g,甘草 20g,可镇咳祛痰。
2. 复方桔梗止咳片：由桔梗 146g,蜜炙远志 38g,款蜜炙冬花 22.5g,甘草 14g 组成,可镇咳祛痰。
3. 其他：如复方桔梗枇杷糖浆,复方桔梗麻黄碱糖浆,四季感冒胶囊等。

八、食品应用

1. 药膳
桔梗冬瓜汤（冬瓜 150g、杏仁 10g、桔梗 9g、甘草 6g 等）、桔梗地骨皮炖白肺（桔梗 18g、地骨皮半块、花旗参和紫菀各 12g、杏仁适量、猪肺 1 个、姜 2 片）、桔梗蒸雪梨（桔梗 5g、糯米 25g、雪梨 1 个、蜜饯冬瓜 50g 等）、桔梗粥（桔梗 10g、大米 100g）、桔梗汤（桔梗 10g、甘草 3g）等。
2. 代表性保健食品
（1）清咽糖浆：由余甘子、桔梗、甘草、橘红、玄参、麦冬、蔗糖、柠檬酸组成,可清咽。
（2）地黄茶：由地黄、灵芝、枸杞子、山药、制首乌、桔梗、山萸肉、黄精组成,可增强免疫力。
3. 其他
（1）小吃：桔梗泡菜、桔梗拌菜等。

（2）其他：桔梗膏（固体饮料、大麦茶）、牡蛎桔梗片、乌梅桔梗固体饮料。

九、其他应用

桔梗提取物被用于化妆品原料。

参考文献

[1] 谢雄雄,张迟,曾金祥,等 . 中药桔梗的化学成分和药理活性研究进展 [J]. 中医药通报,2018,17（5）: 66-72.

桔红 JUHONG

一、来源及产地

为芸香科植物橘（*Citrus reticulata* Blanco）及其栽培变种的干燥外层果皮，又名橘红。在中国产于福建、浙江、广东、广西、江西、湖南、贵州、云南、四川等地。

二、植物形态

常绿小乔木或灌木，枝常有刺。叶互生；叶柄有窄翼，顶端有关节；叶片披针形或椭圆形，长 4 ~ 11cm，宽 1.5. ~ 4cm，全缘或为波状，具不明显的钝锯齿，有半透明油点。花单生或数朵丛生，花萼杯状，5 裂，花瓣 5，雄蕊 15 ~ 30，长短不一，花丝常 3 ~ 5 个连合成组；雌蕊 1，柑果近圆形或扁圆形，囊瓣 7 ~ 12，汁胞柔软多汁。种子卵圆形，白色。花期 3 ~ 4 月，果期 10 ~ 12 月。

三、药材简明特征

长条形或不规则薄片状，边缘皱缩向内卷曲。外表面橙红色或黄棕色，储存后呈棕褐色，密布黄白色油室。内表面黄白色，密布凹下透光小圆点。质脆易碎。气芳香，味微苦、麻。

四、化学成分

1. 主要有效成分
柠檬烯、柠檬醛等挥发油。
2. 主要成分
（1）挥发油：柠檬烯、β–月桂烯、芳樟醇、桧烯、柠檬醛、牻牛儿醇、邻氨基本甲酸甲酯、α–蒎烯、丁香烯氧化物、顺式 –3– 己烯醇、荜澄茄烯、二戊烯等。

图 57 柠檬烯

（2）黄酮类：黄柚皮苷、野漆树苷、新橙皮苷、柚皮苷、枳属苷、福橘素、川陈皮素、5,7,4'– 三甲氧基黄酮、5,6,7,3',4'– 五甲氧基黄酮、5,7,8,3,4'– 五甲氧基黄酮、5,7,8,4'– 四甲氧基黄酮等。

（3）香豆素类：6-异丙氧基-7-甲氧基香豆素、紫花前胡苷、佛手酚、异欧前胡素、6',7'-二羟基香柠檬素、马尔敏、橙皮内酯和异橙皮内酯等。

（4）其他类：蛋白质、脂肪、糖类、甘氨酸、β-谷甾醇葡萄糖苷、胡萝卜素、维生素 B_1、B_2、C、烟酸、钙、磷等。

五、现代药理作用

1. 抗肿瘤作用：可抑制癌细胞增殖，诱导癌细胞凋亡。
2. 抗炎作用：可降低促炎症介质释放，缓解炎症。
3. 抑制肥胖作用：可抑制脂肪细胞的生成及其生长
4. 其他：治疗哮喘、防治阿尔茨海默病和帕金森病、防治神经炎性疾病、降血糖、抑制肝、肾损伤等作用。

六、功效

性温，味辛、苦。归肺、脾经；散寒、燥湿、利气、消痰。用于风寒咳嗽、喉痒痰多、食积伤酒、呕恶痞闷等症。

七、代表性中药制剂与方剂

1. 乙肝养阴活血颗粒：由地黄、北沙参、麦冬、酒女贞子、五味子、黄芪、当归、制首乌、白芍、阿胶珠、泽兰、牡蛎、橘红等组成，用于乙肝治疗。
2. 宁嗽丸：由川贝母、桔梗、茯苓、姜半夏、紫苏子和石斛各 60g，橘红和谷芽各 30g，苦杏仁、桑白皮和薄荷各 45g，甘草 15g 组成，用于咳嗽气喘。
3. 加味桔梗汤：由橘红、桔梗、薏苡仁、甘草、浙贝母、金银花、白及、炒葶苈子组成，可清肺排脓解毒。
4. 其他：如贝母瓜蒌散、导痰汤、小儿抗痫胶囊等。

八、食品应用

1. 药膳
橘红乌梅饮（橘红 5g、乌梅 20g、冰糖适量）、橘红漱口水（15g 橘红、白茅根 20g）、化州橘红煲汤（化橘红、南杏和北杏各 10g、猪瘦肉 50g、鹧鸪 1～2 只、生姜 3 片、盐适量）、甘橘炖川贝（甘草 3g，化橘红、半夏和川贝各 10g，瘦肉 50g）、橘红糕等。
2. 代表性保健食品
（1）玄麦蜂胶口含片：由蜂胶、罗汉果、橘红、麦冬、玄参、甘露醇、白砂糖、柠檬酸、薄荷脑组成，可清咽润喉。
（2）金菊川贝橘红膏：由橘红、川贝母、茯苓、苦杏仁、薄荷、胖大海、菊花、金银花、麦芽糖饴、白糖、蜂蜜、苯甲酸组成，可清咽。

3. 其他

橘红口服液、橘红酒、橘红普洱茶、橘红生姜颗粒、橘红膏（饮品）、肉豆蔻橘红膏、金银花胖大海桔红糖、化橘红人参露、橘红宝润喉糖等。

九、其他应用

化妆品如化橘红乌发洗发露等。

参考文献

[1] 王艳慧. 化橘红的研究进展 [J]. 世界科学技术 – 中医药现代化 2017，19（6）：1076–1082.

[2], 邓云. 化橘红中黄酮类化合物提取及测定方法的研究进展 [J]. 价值工程，2016（20）：191–192.

橘皮（陈皮）JUPI（CHENPI）

一、来源及产地

为芸香科植物橘（*Citrus reticulata* Blanco）及其栽培变种的干燥成熟果皮。在中国主产于广东、福建、四川、江苏等省。

二、植物形态

植物形态同桔红（橘红）原植物橘。

三、药材简明特征

完整的果皮多剖成 3 或 4 瓣，每瓣多为椭圆形，底部果柄处连在一起。常碎片状。片厚 1 ~ 2mm，常向内卷曲，外面鲜橙红色、黄棕色至棕褐色，密布细密凹入的油室，内面淡黄白色，海绵状，并有短线状维管束（橘络）痕。质柔软，干燥后质脆，易折断，断面不平。气清香，味苦。以皮薄、片大、油润、色红、香气浓者为佳。

四、化学成分

1. 主要有效成分
柠檬烯、橙皮苷等。
2. 主要成分
（1）黄酮类：黄酮、黄烷酮、黄酮醇、黄烷酮醇、查尔酮、花色素苷等类型，如川陈皮素、橘皮素、陈皮苷等。
（2）生物碱类：辛弗林和 N– 甲基酪胺。
（3）酯类：吴茱萸内酯（柠檬苦素）。
（4）挥发油：D– 柠檬烯，γ – 松油烯、β – 月桂烯、α – 蒎烯、β – 蒎烯、异松油烯等；吉玛烯 D、α – 金合欢烯、γ – 榄香烯；芳樟醇、α – 萜品醇、百里香酚等。

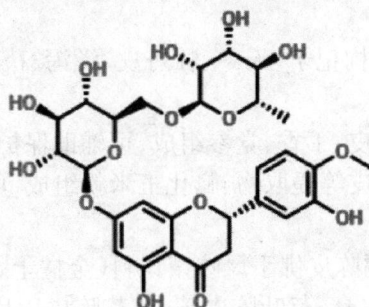

图 58 橙皮苷

五、现代药理作用

1. 促消化作用：可促进胃液、胃蛋白酶的排出，增强肠蠕动。
2. 抗氧化作用：可清除自由基和提高超氧化物歧化酶（SOD）的活力。
3. 抗肿瘤作用：可抑制癌细胞增殖，诱导癌细胞凋亡。
4. 其他：祛痰、抗炎、抑菌等作用。

六、功效

1. 陈皮：性温，味辛、苦。归脾、肺经；理气健脾，燥湿化痰。用于胸脘胀满、食少吐泻、咳嗽痰多等症。
2. 橘皮：性温，味辛而微苦。归脾、肺经；理气健脾，燥湿化痰。用于湿阻中焦、脘腹痞胀、便溏泄泻以及痰多咳嗽等症。

七、代表性中药制剂与方剂

1. 健胃消食片：含太子参 228.6g，陈皮 22.9g，山药和炒麦芽各 171.4g，山楂 114.3g 组成，可健胃消食。
2. 麻仁润肠丸：由火麻仁、大黄和陈皮各 120g，炒苦杏仁、木香和白芍各 60g 组成，可润肠通便。
3. 复方陈香胃片：由陈皮 84g，木香和大黄各 20g，石菖蒲 11g 等组成，可行气和胃，制酸止痛。
4. 其他：如川贝陈皮龟苓膏、心速宁胶囊、仁丹、归芍润肠丸等。

八、食品应用

1. 药膳

姜陈鲫鱼羹（陈皮 10g、姜 30g、鲫鱼 2 条、调料适量）、陈皮醒酒汤（陈皮 500g、檀香 200g、葛花和绿豆花各 250g、人参和白豆蔻仁各 100g、盐适量）、陈皮玉米粥（陈皮 10g、玉米粉 150g）、陈皮蒸牛肉、陈皮瘦肉羹（陈皮 10g、猪瘦肉 50g、生姜 3 片、调味品适量）、陈皮鸭、陈皮油烫鸡、鸡橘粉粥等。

2. 代表性保健食品

（1）中研康胶囊：由陈皮、枸杞子、天冬、牡丹皮、泽泻、茯苓等组成，可辅助保护化学性肝损伤。

（2）合胃胶囊：由生姜、陈皮、丁香、党参组成，可辅助保护胃黏膜。

（3）调脂早餐：由山楂、陈皮等提取物、膨化玉米粉组成，可调节血脂。

3. 其他

陈皮糖（青梅与陈皮）、金橘陈皮佛手风味茶饮料（金橘干 5g、糖渍陈皮 10g、佛手风味红茶 1 包）、陈皮枸杞润喉茶、陈皮膏、荷叶陈皮茶、茯苓陈皮压片糖果、陈皮砂仁固体饮料、玉米须陈皮粉等。

九、其他应用

橘皮挥发油可做精油、香水添加剂；橘皮可提取色素和作为香辛料。

参考文献

[1] 李皓翔,梅全喜,赵志敏,等.陈皮广陈皮及新会陈皮的化学成分药理作用和综合利用研究概况 [J]. 时珍国医国药,2019,30（06）:1460–1463.

[2] 段庆.不同年份、产地的陈皮化学成分与生物活性研究 [D]. 五邑大学,2018.

菊花 JUHUA

一、来源及产地

为菊科植物菊花(*Chrysanthemum morifolium* Ramat.)干燥头状花序,分布于中国各地。

二、植物形态

多年生草本,茎直立,被柔毛。叶互生,有短柄,叶片卵形至披针形背面被白色短柔毛,边缘有粗大锯齿或深裂。头状花序单生或数个集生于茎枝顶端。总苞片多层,边缘膜质,外面被柔毛。舌状花多种颜色。花色多样,中间为管状花,常全部特化成各式舌状花。雄蕊、雌蕊和果实多不发育。花期 9 ~ 11 月。

三、药材简明特征

头状花序直径 2 ~ 2.5cm,顶生或腋生;总苞半球形,总苞片数层,外层草质,被柔毛,边缘膜质。舌状花常白色或黄色,雌性;管状花黄色,两性,基部有膜质鳞片。瘦果无冠毛。体轻,质柔润,干时松脆。气清香,味甘、微苦。

四、化学成分

1. 主要有效成分
绿原酸、木犀草苷、胆碱、水苏糖等。

2. 主要化学成分

（1）黄酮类:槲皮素、木犀草苷、木犀草素、香叶木素、橙皮素、芹菜素和金合欢素 –7–O–β –D 葡萄糖苷等。

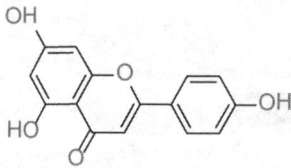

图 59　芹菜素

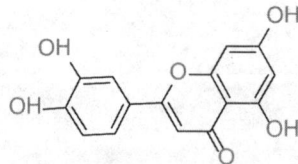

图 60　木犀草素

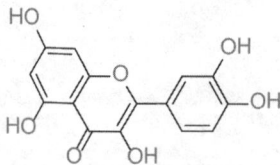

图 61　槲皮素

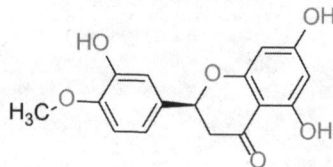

图 62　橙皮素

（2）挥发油类：单萜（樟脑、桉叶素、龙脑、芳樟醇）、倍半萜类及其含氧衍生物和脂肪族类化合物。

（3）甾醇类：棕榈酸 16β,22α-二羟基假蒲公英甾醇酯、棕榈酸 16β,28-二羟基羽扇醇酯、棕榈酸 16β-羟基假蒲公英甾醇酯、假蒲公英甾醇,蒲公英甾醇。棕榈酸酯、肉豆蔻酸酯、月桂酸酯和硬脂酸酯。

（4）酚酸类：菊花中含有绿原酸、4,5-二咖啡酰基奎宁酸、3,5-二咖啡酰基奎宁酸、3,4,5-三咖啡酰基奎宁酸、咖啡酸等。

（5）其他类：蒽醌类成分、微量元素和重金属等。

五、现代药理作用

1.降血糖作用：可恢复受损胰岛 B 细胞,促进糖原合成和肝脏对血中葡萄糖的摄取。
2.抗氧化作用：可清除自由基和提高还原能力。
3.抗肿瘤作用：可抑制癌细胞增殖。
4.其他：抗炎、抑菌抗病毒、调节机体免疫力、调节肠道菌群的平衡,保护肝及神经、增加心肌收缩力和扩张血管等作用。

六、功效

性微寒,味甘、苦。归肺、肝经；疏散风热,平肝明目。用于风热感冒、头痛眩晕、目赤肿痛、眼目昏花等症。

七、代表性中药制剂与方剂

1.复方野菊花降压颗粒：复方野菊花由野菊花和黄芪等中药组成,能补气升阳、益卫固表等。
2.夏桑菊颗粒：由夏枯草 500g,野菊花 80g,桑叶 175g 组成,可清肝明目、疏风散热、除湿痹、解疮毒。
3.明目滋肾片：由地黄、菊花和决明子各 100g,女贞子 150g,枸杞子 200g,牛膝 50g 等组成,用于肝肾阴虚所致目暗,头晕耳鸣,腰膝酸软等症。
4.其他：如复方鼻炎胶囊,上清丸,保济丸等。

八、食品应用

1.药膳
菊花酒（粥、糕、肴、羹、膏）、蜂蜜菊花露酒等。
2.代表性保健食品
（1）菊皇茶：含菊花、甘草、胖大海、枸杞子、橘皮、莲子心、冰糖,有清咽作用。
（2）金银花菊花绿茶提取物胶囊：由菊花提取物、绿茶提取物、金银花提取物、微晶纤维素、糊精组成,可增强免疫力。

（3）缓解视疲劳片：由菊花、决明子、枸杞子等组成，可缓解视疲劳。

3. 其他

（1）茶饮：常见如荷叶菊花茶、黄精菊花茶、玉米须菊花代用茶、决明菊花茶、菊花茶味饮料、菊花桑椹代用茶、人参菊花茶饮料、菊花凉茶(薄荷、淡豆豉、桑叶、菊花、葛根)等。

（2）其他食品：香橼菊花复合颗粒、菊花糖片、金银花菊花粉、菊花桑椹颗粒、金银花菊花调制蜜、松子菊花汤、罗汉果百合菊花压片糖果。

九、其他应用

1. 调味粉：菊花干制后研粉，可加工成调味作用食品添加剂。
2. 化妆品：如菊花柔肤洁面乳液、甘菊花卸妆洁肤露、菊花清爽面膜等。

参考文献

[1] 李智勤,李秀芹 . 药用菊花中化学成分的含量测定及主成分分析 [J]. 临床医药文献电子杂志,2019,6（72）：141–142.

[2] 张璐,戴群芳 . 野菊花中活性成分的含量测定 [J]. 广东化工,2019,46（19）：195–196+184.

[3] 廖铁松,黄璐琦,张卫东,等 . 巴西甘菊花化学成分及其生物活性研究进展 [J]. 江西中医药大学学报,2019,31（05）：105–108.

菊苣 JUJU

一、来源及产地

为菊科植物毛菊苣（ *Cichorium glandulosum* Boiss.et Huet ）或菊苣（ *C.intybus* L. ）的干燥地上部分或根。产于北京、黑龙江、辽宁、山西、陕西、新疆、江西等地。

二、植物形态

菊苣为多年生草本，茎直立，有条棱，几无毛。基生叶莲座状，花期生存，大头状倒向羽状深裂或羽状深裂或不分裂而边缘有稀疏的尖锯齿，侧裂片 3 ~ 6 对。茎生叶少数，较小，无柄，基部圆形或戟形扩大半抱茎。叶脉及边缘的毛较多。头状花序多数，或 2 ~ 8 个排列成穗状花序。总苞片 2 层，外层边缘有长缘毛，内层下部稍坚硬。舌状小花蓝色。瘦果冠毛极短，花果期 5 ~ 10 月；毛菊苣的特点是其全株被糙毛。

三、药材简明特征

茎近光滑，茎生叶少，长圆状披针形。头状花序少数，簇生，苞片无毛或先端稀被毛，瘦果鳞片状，冠毛较短，长 0.2 ~ 0.3mm。果实顶端中央处有一小的圆形突起种脐，基部较狭，切断面皮部浅棕色，内部灰白色。气微，味略苦。

四、化学成分

1. 主要有效成分
秦皮乙素、山莴苣苦素，山莴苣素。
2. 主要成分
（1）糖类：葡萄糖、果糖、蔗糖、菊粉、糊精和淀粉等多糖。
（2）萜类：三萜类（乙酸降香萜烯醇酯、α-香树脂醇、蒲公英萜酮、伪蒲公英甾醇等），倍半萜类（山莴苣苦素，山莴苣素）。
（3）酚酸类：绿原酸、菊苣酸、咖啡酸、单咖啡酰酒石酸、3,5-二咖啡酰奎宁酸、4,5-二咖啡酰奎宁酸等。
（4）香豆素类：香豆素、伞形花内酯、秦皮乙素、秦皮甲素、野莴苣苷、东莨菪内酯等。
（5）黄酮类：山奈酚等。

五、现代药理作用

1. 保肝活性：可保护损伤的肝细胞，并有恢复已经损伤肝细胞的能力。
2. 抗菌活性：可抑制多种对人体有害的细菌及真菌。

3. 降糖活性：可增加肌细胞对葡萄糖的吸收和刺激胰岛素的分泌。

4. 其他：杀虫、镇痛镇静、抗氧化、抗炎、促进伤口愈合、提高机体免疫功能、调血脂和抗高尿酸血症等作用。

六、功效

性凉，味微苦、咸。归脾、肝、膀胱经；清肝利胆、健胃消食、利尿消肿。用于湿热黄疸、胃痛食少、水肿尿少等症。

七、代表性中药制剂与方剂

1. 炎消迪娜儿糖浆：由菊苣根 120g，大黄 40g，菟丝子 9g，菊苣子和玫瑰花各 60g，睡莲花和牛舌草各 30g 组成，可用于各种肝炎，胆囊炎，尿路感染等。

2. 清热卡森颗粒：由菊苣制成，可清肝利胆，健胃消食，利尿消肿。

3. 护肝布祖热颗粒：由芹菜籽、菊苣根和小茴香各 106g，菊苣、芹菜根和茴香根皮各 212g，菟丝子 53g 组成，可补益肝胃，散气止痛，利胆利水。

4. 其他：如菊苣枳实片、复方木尼孜其颗粒等。

八、食品应用

1. 普通食品

菊苣凉菜、菊苣菊粉、菊苣茶（菊苣、栀子、葛根、桑叶、百合）、楤荞菊苣片、蚕蛹菊苣固体饮料等。

2. 代表性保健食品

（1）口福胶囊：由桑叶、鲜苦瓜、菊苣根等组成，可调节血糖。

（2）朴元软胶囊：由西洋参提取物、菊苣粉、银杏叶提取物、黄精粉等组成，可增强免疫力。

（3）伊之悠奶粉：含鼠李糖乳杆菌菌粉、菊苣菊粉等，可调节肠道菌群。

九、其他应用

菊苣提取物可用于化妆品原料。

参考文献

[1] 凡杭，陈剑，梁呈元，等.菊苣化学成分及其药理作用研究进展[J].中草药，2016，47（04）：680-688.

[2] 龙婷，高颖，牛亚军，等.菊苣属植物化学成分和药理作用研究进展[J].海峡药学，2014，26（06）：1-6.

[3] 周静媛，徐世涛，姚响，等.不同产地菊苣浸膏挥发性成分对比分析及其在卷烟中的应用[J].湖北农业科学，2018，57（05）：103-106+145.

决明子 JUEMINGZI

一、来源及产地

为豆科植物决明（*Cassia obtusifolia* L.）或小决明（*C. tora* L.）的干燥成熟种子，长江以南地区都有栽培，主产于安徽、广西、四川、浙江、广东等地。

二、植物形态

决明为半灌木状草本，羽状复叶互生，叶柄长 2 ~ 5cm，小叶 3 对。花成对腋生，最上部者聚生；总花梗极短；萼片和花瓣均 5，雄蕊 10；子房细长，花柱弯曲。荚果细长，近四棱形，种子多数，菱柱形或菱形略扁，淡褐色，光亮，两侧各有 1 条线形斜凹纹。花期 6 ~ 8 月，果期 8 ~ 10 月；小决明的特点是其荚果纤细，近扁，弓形弯曲，被疏柔毛。种子菱形灰绿色，有光泽。

三、药材简明特征

1. 决明：稍呈短圆柱形或四方形，两端近平行，稍倾斜，长 3 ~ 7mm，宽 2 ~ 4mm，绿棕色，平滑有光泽，背腹部各有 1 条突起棱线，棱线两侧各有 1 条淡黄色线形凹纹。质坚硬，不易破碎。横切面可见薄种皮及 2 片折曲黄色子叶。气微，味微苦。以颗粒饱满、色绿棕者为佳。

2. 小决明：呈短圆柱形，较小。表面棱线两侧各有 1 片宽广的浅黄棕色带。

四、化学成分

1. 主要有效成分

大黄素、大黄酚等蒽醌类衍生物。

2. 主要成分

（1）蒽醌、蒽酮及其苷类化合物：大黄素甲醚、芦荟大黄素、钝叶素、决明素、黄决明素、橙黄决明素大黄酚 –9– 蒽酮等。

（2）萘并吡喃衍生物：红镰霉素、去甲基红镰霉素。

（3）其他化合物：红镰霉素 –6–O– β – 龙胆二糖苷、决明内酯、决明酮、维生素 A、黏液、蛋白质、谷甾醇、氨基酸及脂肪油等。

五、现代药理作用

1. 降血脂作用：可降低血液中的脂肪含量。

2. 降血压作用：可使收缩压、舒张压均降低。

3. 减肥作用：可抑制脂类代谢。

4. 其他：治疗便秘、抑菌、预防近视、抗衰老、增强记忆力等作用。

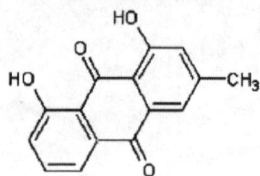

图 63　大黄酚

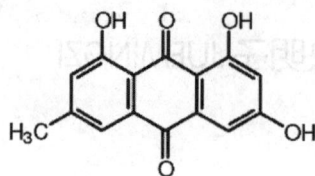

图 64　大黄素

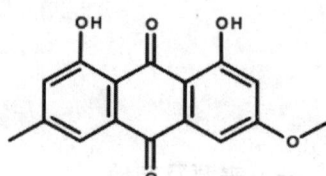

图 64　大黄素甲醚

六、功效

性微寒，味甘、苦、咸。归肝、肾、大肠经；清热明目、润肠通便。用于目赤涩痛、羞明多泪、头痛眩晕、目暗不明、大便秘结等症。

七、代表性中药制剂与方剂

1. 决明平脂胶囊：由决明子 850g，滑石粉 25g 等组成，可清肝润肠。

2. 决明降脂片：由决明子和茵陈各 437.5g，何首乌和桑寄生各 262.5g 等组成，降血脂，降血清胆固醇。

3. 明藿降脂颗粒：由决明子和淫羊藿各 576g，陕青茶 144g，泽泻和川芎各 288g，山楂 360g 等组成，可降脂通络。

4. 其他：如复方决明片、山庄降脂片、清热明目茶等。

八、食品应用

1. 药膳

决明子粥、粳米决明子粥（决明子 15g，粳米 60g，冰糖少许）、菊花决明子粥（菊花 10g，决明子 10 ～ 15g，粳米 50g，冰糖适量）、柴胡决明子药粥（柴胡、菊花和冰糖各 15g，决明子 20g，大米 100g）等。

2. 代表性保健食品

（1）亮轻松胶囊：由决明子、菊花、枸杞子、越桔等组成，可缓解视疲劳。

（2）清青胶囊：由芦荟、决明子、低聚果糖组成，可通便。

（3）红曲山楂决明子胶囊：由红曲、山楂、决明子组成，可辅助降血脂。

（4）玉禾胶囊：由决明子、薏苡仁、泽泻、茯苓、荷叶、葛根组成，可减肥。

3. 其他

金银花决明子茶、红参菊花决明子袋泡茶、山楂决明子膏（颗粒）、金银花决明子复合粉（固体饮料）、决明子调制蜜等。

九、其他应用

决明子还可用做枕头的充填物,可清热安神、明目助眠。用生决明子 3 ~ 4kg,用布袋装好做成枕头。

参考文献

[1] 杨昌国,彭飞,陈秀娟,等 . 决明子的研究综述 [J]. 中国中医药现代远程教育,2016,14（23）: 147–150.

[2] 卢金清,黎强,李肖爽,等 . 决明子研究进展 [J]. 湖北中医药大学学报,2014,16（04）: 124–126.

昆布 KUNBU

一、来源及产地

为海带科植物海带(*Laminaria japonica* Aresch.)或翅藻科植物昆布(*Ecklonia kurome* Okam.)的干燥叶状体。海带分布于山东,辽宁沿海地区;昆布多分布于浙江、福建等沿海地区。

二、植物形态

海带为大型褐藻,植物体成熟时成带状。根状固着器由数轮叉状分歧的假根组成,假根末端有吸着盘。其上为圆柱状的短柄,柄上部的叶状体幼时呈长卵状,后渐伸长成带状,扁平,长 2 ~ 6m,宽 20 ~ 50cm,坚厚,革质状,有波状皱褶。生殖期在叶状体两面产生孢子囊,孢子成熟期秋季。

昆布为大型褐藻。根状固着器由叉状假根组成,柄部圆柱状或略扁圆形,中实,黏液腔道呈不规则的环状,散生在皮层中。叶状体扁平,革质,微皱缩,暗褐色,厚 2 ~ 3mm,1 ~ 2 回羽状深裂,两侧裂片长舌状,基部楔形,叶缘一般有粗锯齿。孢子囊群在叶状体表面形成,9 ~ 11 月产生游孢子。

三、药材简明特征

1. 海带:细长带状全缘,常皱缩或卷曲,多碎断,薄如纸,表面棕绿色至棕色,上有类白色盐霜。质脆,断面有细毛样纤维。臭微弱;味咸。

2. 昆布:卷曲皱缩呈不规则团状。全体呈黑色,较薄。用水浸泡膨胀为扁平叶状,两侧羽状深裂,裂片长舌状,边缘有小齿或全缘。质柔滑,气腥,味咸。

四、化学成分

1. 主要有效成分
多糖、氨基酸。

2. 主要成分
(1)多糖:褐藻胶、褐藻糖胶、褐藻淀粉、褐藻酸盐、褐藻淀、海带聚糖、藻胶素、甘露醇、半乳聚糖。

(2)氨基酸:谷氨酸、天冬氨酸、脯氨酸、蛋氨酸、组氨酸和半胱氨酸等。

(3)脂肪酸类:棕榈酸、油酸、亚油酸、十八碳四烯酸等。

(4)其他成分:酸性聚糖类物质、岩藻半乳多糖硫酸酯、大叶藻素、半乳糖醛酸、昆布氨酸、海带氨酸、抗坏血酸、胡萝卜素、硫酸素、核黄素、牛磺酸、双歧因子、维生素 B_1、维生素

C、维生素 P、碘和钾等。

五、现代药理作用

1. 降血压作用：可有效降低高血压患者的收缩压和舒张压。
2. 降血糖作用：可降低对葡萄糖的吸收，保护胰岛细胞。
3. 抗肿瘤作用：可抑制癌细胞增殖，诱导癌细胞凋亡。
4. 其他：降低血脂、抗凝血、抗血栓、防止血管粥样硬化、抗疲劳和耐缺氧、免疫调节、防衰老和抗氧化、抑菌和抗病毒等作用。

六、功效

性寒，味咸。归肝、胃、肾经；软坚散结、消痰、利水。用于瘿瘤、瘰疬、睾丸肿痛、痰饮水肿等症。

七、代表性中药制剂与方剂

1. 五海丸：由海带和海藻 400g，昆布、陈皮、桔梗和槟榔各 200g，浙贝母、蛤壳和夏枯草各 100g 组成，可软坚散结，理气。
2. 消瘿丸：由昆布 300g，海藻 200g，蛤壳、浙贝母和夏枯草各 50g，桔梗、陈皮和槟榔各 100g 组成，可散结消瘿。
3. 其他：如乳癖消颗粒、海丹胶囊、骨刺片、丁香昆布胶囊等。

八、食品应用

1. 药膳

牛蒡山药昆布汤、昆布蛋花汤、海带三丝（干海带 30g、黄花菜 15g、笋丝 20g）、海带生麦汤（干海带 40g、生小麦 1000g）加水同煮、白糖拌海带、海带醋、海带木耳羹、昆布炒猪肉（昆布和猪瘦肉各 50g 炒食）、昆布粥（昆布 15g、粳米 100g、猪瘦肉 50g）、昆布薏苡冬瓜汤（昆布 30g、冬瓜 100g、苡仁 20g）、昆布绿豆汤（昆布、绿豆和红糖各 50g）等。

2. 代表性保健食品

（1）舒尔酣美眠口服液：由茯苓、海带、酸枣仁组成，可改善睡眠。

（2）舒通诺口服液：由海带、阿斯巴甜组成，可调节血脂。

（3）金海康胶囊：由海带多糖、海龙等组成，可调节免疫、抗突变。

（4）雅特冲剂：由海带组成，可调节血压。

3. 其他

香辣海带丝、麻辣海带丝、卤制海带、昆布冲调方便食品、海藻昆布凝胶糖果、桑叶昆布片、金银花昆布固体饮料、昆布菊苣饮品等。

九、其他应用

奶粉中加入昆布粉起到催乳的作用,另外可用于化妆品原料,如昆布马油洗发水、昆布面膜、昆布舒缓洗面奶等。

参考文献

[1] 黄晓林,郑优,单琰婷,等.海带化学成分和药理活性研究进展 [J].浙江农业科学,2015,56(02):246-250.

[2] 张怡评,陈伟珠,洪专,等.海带化学成分及药理活性研究进展 [J].中医药导报,2014,20(13):61-64.

[3] 朱立俏,何伟,袁万瑞.昆布化学成分与药理作用研究进展 [J].食品与药品,2006(03):9-12.

莱菔子 LAIFUZI

一、来源及产地

为十字花科植物萝卜（*Raphanus sativus* L.）的干燥成熟种子。全国各地均有栽培。

二、植物形态

直立草本，根肥厚，肉质。茎具纵纹及沟，有分枝。根生叶丛生，琴形羽状分裂，疏生粗毛；茎下部叶琴形羽状分裂，边缘常钝齿状；茎上部叶渐小，边缘常有浅锯齿；总状花序，萼片和花瓣均4，雄蕊4强。雌蕊1，子房细圆柱形。长角果，种子卵圆形而微扁，直径约3mm，红褐色。花期3～6月，果期5～8月。

三、药材简明特征

类卵圆形或椭圆形，稍扁，长2.5～4mm，宽2～3mm。表面黄棕色、灰棕色或红棕色，一端有深棕色圆形种脐，另一侧有具数条纵沟。种皮薄而脆，子叶2，黄白色，有油性。味淡、微苦、辛。

四、化学成分

1. 主要有效成分
挥发油、有机酸、芥子碱、莱菔素等。
2. 主要成分
（1）挥发油：甲硫醇。
（2）脂肪酸类：α－亚麻酸、油酸、亚麻酸、芥酸、棕榈酸等。
（3）生物碱：芥子碱。
（4）其他类：异硫氰酸盐莱菔子素、香豆酸、咖啡酸、阿魏酸、苯丙酮酸、龙胆酸、葡萄糖、蔗糖和、果糖和多种氨基酸等。

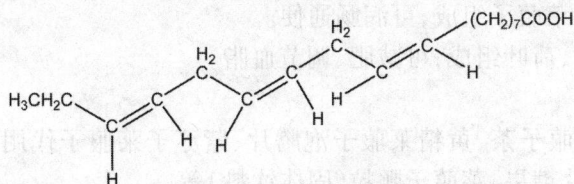

图66　α－亚麻酸

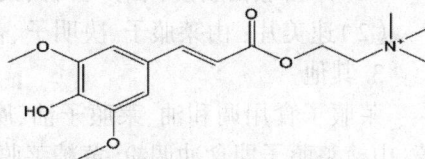

图67　芥子碱

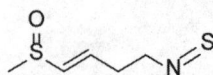

图68　异硫氰酸盐莱菔子素

五、现代药理作用

1. 降血压、降血脂作用：可扩张血管,提高高密度脂蛋白的含量。

2. 抗氧化作用：可清除自由基和提高超氧化物歧化酶（SOD）的活力。

3. 对呼吸系统的作用：可有效平喘、镇咳、祛痰。

4. 其他：通便、改善泌尿、抗基因突变、抗癌、抗菌等作用。

六、功效

性平,味辛、甘。归脾、胃、肺经；消食除胀,降气化痰。用于饮食停滞、脘腹胀痛、大便秘结、积滞泻痢、痰壅喘咳等症。

七、代表性中药制剂与方剂

1. 莱葛颗粒：由莱菔子,山楂,葛根组成,可运脾祛痰,活血化瘀。

2. 降浊健美颗粒：由山楂333.3g,莱菔子、枳实、厚朴、菊花和六神曲各111.1g,麦芽222.2g,陈皮66.7g,火麻仁237.0g,绿茶叶740.7g等组成,可消积导滞,利湿降浊,活血祛瘀。

3. 藤黄健骨胶囊：由莱菔子,鸡血藤,淫羊藿,肉苁蓉,骨碎补,鹿衔草,熟地黄组成,可用于肥大性脊椎炎,颈椎病,跟骨刺,增生性关节炎。

4. 其他：如利膈丸、金砂消食口服液等。

八、食品应用

1. 药膳

莱菔煲鲍鱼(去皮鲜莱菔300g,鲍鱼25g)煮汤、白菜莱菔汤(白菜心碎末500g,白莱菔薄片120g)水煮；五汁饮(甘蔗汁和西瓜汁各60mL,荸荠汁、莱菔汁和梨汁各30mL)隔水共蒸熟,代凉茶饮。

2. 代表性保健食品

（1）芦荟菔仁胶囊：由芦荟粉、火麻仁、莱菔子组成,可润肠通便。

（2）速美片：由莱菔子、决明子、普洱茶、荷叶组成,可减肥、调节血脂。

3. 其他

莱菔子食用调和油、莱菔子油、魔芋莱菔子茶、黄精莱菔子泡腾片、紫苏子莱菔子代用茶、山楂莱菔子即食冲调粉、黄精莱菔子压片糖果、莱菔子颗粒(固体饮料)等。

九、其他应用

提取物作为化妆品原料等。

参考文献

[1] 张茜,周洪雷,朱立俏,等.莱菔子化学成分研究进展[J].辽宁中医药大学学报,2018,20（4）:137-140.

[2] 赵振华,李媛,季冬青,等.莱菔子化学成分与药理作用研究进展[J].食品与药品,2017,19（2）:147-151.

莲子 LIANZI

一、来源及产地

为睡莲科植物莲(*Nelumbo nucifera* Gaertn.)干燥成熟种子,分布同荷叶原植物。

二、植物形态

植物形态同荷叶的原植物来源。

三、药材简明特征

稍呈椭圆形或类球形,长 1.0 ~ 1.8cm,直径 0.8 ~ 1.0cm。表面浅黄棕色至红棕色,有细纵纹和较宽的脉纹。一端的中心呈乳头状突起,深棕色。种皮薄,不易剥离。子叶黄白色,肥厚,具绿色莲子心。质硬。无臭,味甘、微涩。

四、化学成分

1. 主要有效成分
多糖、黄酮。

2. 主要成分
(1)生物碱:莲心碱、异莲心碱、甲基莲心碱、莲心季铵碱、前荷叶碱、荷叶碱、去甲基乌药碱、杏黄罂粟碱、S-N-甲基乌药碱及阿朴啡类、苄基异喹啉类、双苄基异喹啉类生物碱等。
(2)黄酮类:芦丁、木犀草素、金丝桃苷。
(3)其他类:水溶性多糖、β-谷甾醇、棕榈酸及 Cu、Fe、Zn、Ca、Mg、Mn。

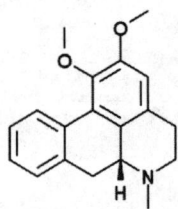
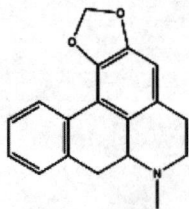
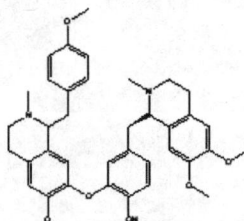
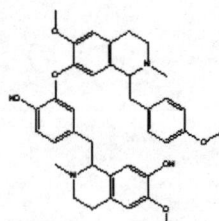

图 69　荷叶碱　　　　图 70　莲碱　　　　图 71　莲心碱　　　　图 72　异莲心碱

五、现代药理作用

1. 降压作用:可抑制心肌收缩力、减慢心率。
2. 抗氧化作用:可清除氧自由基和脂质过氧化。
3. 抑菌作用:可抑制金黄色葡萄球菌、大肠杆菌、沙门氏菌等细菌。

4. 其他：抗纤维化、抗心律失常、降血糖、抗炎等作用。

六、功效

性平，味甘、涩。归脾、肾、心经；补脾止泻、益肾涩精、养心安神。用于脾虚久泻、遗精带下、心悸失眠等症。

七、代表性中药制剂与方剂

1. 下消丸：由莲、山药、何首乌、茯苓和芡实各 120g，地骨皮、煅龙骨、金樱子、莲须、菟丝子、酸枣仁和诃子各 60g，远志 30g，泽泻 45g 组成，可固肾涩精、化浊。

2. 利儿康口服液：由白术、莲子、白芍、牡蛎、龙骨、陈皮、麦芽、谷芽，鸡内金等组成，可健脾消食，开胃。

3. 心脑静片：由莲子心 11g、珍珠母 46g、槐米和黄柏各 64g、木香 7g、黄芩 286g、夏枯草和钩藤各 214g、龙胆 71g、淡竹叶 36g、铁丝威灵仙 179g、制天南星 57g、甘草 14g、人工牛黄和朱砂各 7.1g、冰片 19.3g 组成，可平肝潜阳。

4. 其他：如保真汤、八珍糕等。

八、食品应用

1. 药膳

莲子粥（莲子 20g，红糖 15g，糯米 100g）、莲子炖乌鸡（莲子 20g，白果 15g，乌骨鸡 1 只）、莲子红枣桂圆羹（莲子 50g，红枣和桂圆各 20g，冰糖适量）、莲子枸杞羹（莲子 250g，枸杞 30g 及白糖）、莲子人参汤（莲子 15g，人参 10g 及冰糖）、八宝莲子（莲子 50g，银杏、板栗、桔饼、苹果、香蕉和蜜枣各 25g 及淀粉）、莲子芡实荷叶粥（莲子和芡实 60g，鲜荷叶 1 张，粳米 100g）、莲子百合炖猪肉（莲子 100g，百合 50g 及瘦肉）、莲子猪肚等。

2. 代表性保健食品

（1）安睡胶囊：由酸枣仁、远志、莲子心、珍珠组成，可改善睡眠。

（2）舒压茶：由柿叶、莲子心、栀子、罗布麻叶组成，可调节血压。

（3）其他：如杞髓冲剂，一通茶等可抗衰老，强心降压，护肝，杀菌，抗癌。

3. 其他

清水（糖水）莲子罐头、莲子鸭罐头、莲子蜜饯、糖莲子、大枣莲子红糖、人参莲子茶、红枣黑芝麻莲子粉、红参百合莲子糕、人参赤小豆莲子颗粒、莲子白果固体饮料、人参莲子鹿心糕、莲子芡实即食冲调粉、莲子酸枣仁茶（代用茶）、莲子汁饮料、莲子芝麻糊、莲子奶粉、速溶莲子粉（莲子、燕麦、黑芝麻、大米、花生仁等）。

九、其他应用

化妆品如莲子原液、莲子精华露等。

参考文献

[1] 赵小亮,章军,马小军.莲不同药用部位化学成分研究综述 [J].中国中医药信息杂志,2012,19（1）: 106-109.

[2] 黄秀琼,卿志星,曾建国.莲不同部位化学成分及药理作用研究进展 [J].中草药,2019,50（24）: 6162-6180.

[3] 李希珍.莲子心化学成分及生物活性的研究 [D].吉林大学,2016.

灵芝 LINGZHI

一、来源及产地

为多孔菌科真菌灵芝（*Ganoderma lucidum* Karst）或紫芝（*G. sinense* Zhao，Xu et Zhang）的干燥子实体，在中国广泛分布。

二、植物形态

灵芝的菌盖木栓质，肾形，红褐、红紫或暗紫色，具漆样光泽，有环状棱纹和辐射状皱纹，大小及形态变化很大，下面有无数小孔，管口呈白色或淡褐色。菌柄侧生，紫褐色至黑色，有漆样光泽，坚硬。孢子卵圆形，壁两层，内壁褐色，表面有小疣，外壁透明无色；紫芝的特点是其菌盖表面为黑色。

三、药材简明特征

共同点为伞状，菌盖肾形、近圆形或半圆形，腹面有无数小孔。菌柄侧生，长于菌盖直径，有漆样光泽，孢子卵圆形，表面有小疣，外壁透明无色。质坚硬，味极苦。区别在于灵芝皮壳颜色为红褐色，紫芝为紫黑色。

四、化学成分

1. 主要有效成分
灵芝多糖、灵芝酸、腺苷等。
2. 主要成分
（1）多糖：灵芝多糖。
（2）三萜类化合物：灵芝酸 A、灵芝酸 C_2、灵芝酸 D、灵芝酸 DM、灵芝酸 F、灵芝酸 H、灵芝酸 I。

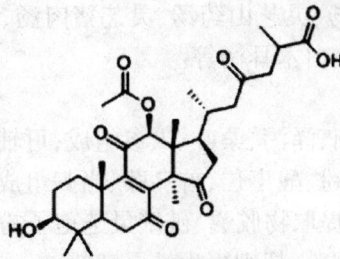

图 73　灵芝酸 H

（3）其他类化合物：氨基酸、蛋白质、多肽、麦角甾醇、香豆精苷、挥发油、硬脂酸、苯甲酸、生物碱、维生素 B_2 及 C 等；孢子还含甘露醇、海藻糖等。

五、现代药理作用

1. 抗糖尿病用：可增加胰岛素水平，降低血糖。
2. 抗氧化作用：可清除自由基和减少 SOD、过氧化氢酶参与酶促反应。
3. 抗肿瘤作用：可提高机体免疫力，抑制癌细胞增殖。
4. 其他：免疫调节，抗菌、抗炎、抗病毒、保肝、镇痛、抗骨质疏松、促进认知功能、抗良性前列腺增生等作用。

六、功效

性平，味甘。归肺、肝、肾经；补气安神，止咳平喘。用于眩晕不眠、心悸气短、虚劳咳喘等症。

七、代表性中药制剂与方剂

1. 安神宁：由刺五加浸膏 20g，灵芝 50g，五味子 25g 组成，可扶正固本，益气健脾，补肾安神。用于神经衰弱，食欲不振，全身无力等。
2. 人参灵芝胶囊：由人参 395g，灵芝 400g 组成，可用于体虚乏力。
3. 灵芝北芪片：由灵芝膏粉 65g、黄芪膏粉 200g 组成，可养心安神，补气益血。用于神经衰弱，失眠健忘，食少体倦，气短多汗等症。
4. 其他：如长白灵咳喘片、康艾扶正胶囊、灵芝糖浆（片、注射液）等。

八、食品应用

1. 药膳

如灵芝炖猪蹄、灵芝鹌鹑蛋汤、灵芝莲心百合瘦肉汤、灵芝杞子南枣乳鸽汤、灵芝清补汤（灵芝和人参须各 15g，红枣、枸杞子和党参各 20g，猪排骨 300g）、灵芝田七瘦肉汤（龙眼肉 15g，灵芝 10g，三七和生姜各 6g，瘦猪肉 50g）、灵芝蹄筋汤（龙眼肉 15g，黄芪 1g，猪蹄筋 100g）、灵芝薄荷饮（龙眼肉、薄荷和谷芽各 2g，白糖适量）、灵芝陈皮老鸭汤、灵芝煲乌龟汤、灵芝大枣汤、灵芝黄芪汤、灵芝米酒、灵芝黄豆粉、灵芝枸杞子牛肉汤、灵芝金菇芽菜肉片汤、灵芝寿星燕窝汤、灵芝银耳汤、灵芝山药汤、灵芝猪肉汤、灵芝河蚌羹、灵芝猪胰汤、灵芝猪蹄汤、灵芝粉葛猪肠汤、灵芝黑白木耳汤等。

2. 代表性保健食品

（1）绿尚胶囊：由灵芝、当归、泽泻、桑叶、人参组成，可辅助降血脂。
（2）盛宁胶囊：由灵芝孢子粉、酸枣仁、首乌藤、当归组成，可改善睡眠。
（3）其他保健食品：如灵芝提取物胶囊、破壁灵芝孢子粉胶囊、灵芝孢子油软胶囊、灵芝康宝胶囊、芝宁胶囊、灵芝提取物粉、超细野生纯灵芝粉。

3. 其他

（1）休闲饮品：如灵芝白咖啡、虫草经典咖啡、有机灵芝黑咖啡、灵芝传统红茶、灵芝有机绿茶、灵芝三七茶等。

（2）面粉制品：如灵芝面、珍灵饼干、发酵型灵芝全麦面包（最佳配方为高筋粉添加量94g，发酵型灵芝粉添加量6g，白砂糖添加量8g，黄油添加量20g，高糖酵母添加量0.2g，食盐添加量0.8g，面包改良剂添加量0.3g）。

九、其他应用

1. 日用品：灵芝牙膏、灵芝香皂等。
2. 调味品：灵芝酱油、灵芝醋。
3. 化妆品：如灵芝祛斑霜、灵芝精华修护防晒霜、灵芝精华盈彩粉底液、灵芝生机焕活隔离修颜乳、灵芝修护霜、灵芝美容珍珠膏、灵芝珍珠晶莹皂、灵芝修护面膜、灵芝修护营养乳霜等。

参考文献

[1] 张晓云,杨春清.灵芝的化学成分和药理作用[J].国外医药.植物园分册,2006,21（4）:152-155.

[2] 李晔,朱忠敏,姚渭溪,等.灵芝三萜类化合物的研究进展[J].中国中药杂志,2012,37（2）:165-171.

龙眼肉 LONGYANROU

一、来源及产地

为无患子科植物龙眼（*Dimocarpus longan* Lour.）的假种皮，在中国主产于福建、台湾、广西、海南等地。

二、植物形态

乔木，枝条密被褐色毛。羽状复叶互生；小叶 4 ~ 12。圆锥花序顶生或腋生，有锈色星状柔毛；花小，花萼和花瓣均 5，花盘明显；雄蕊 7 ~ 9；子房上位，密被毛。果球形，鲜假种皮白色透明，肉质味甜。种子黑色。花期 3 ~ 4 月，果期 7 ~ 8 月。

三、药材简明特征

纵向破裂不规则薄片，常数片黏结，厚约 0.1cm。棕褐色，半透明，一面皱缩不平，另一面光亮，具细纵皱纹。质柔润。气微香，味甜。

四、化学成分

1. 主要有效成分
多糖、磷脂及多种维生素。
2. 主要成分
（1）糖类：葡萄糖、蔗糖。
（2）酸类：酒石酸。
（3）其他类：腺嘌呤、胆碱、蛋白质、脂肪、维生素 B_1、维生素 B_2、维生素 C 等。

五、现代药理作用

1. 抗氧化作用：可清除自由基和提高细胞免疫力。
2. 抗肿瘤作用：可抑制癌细胞增殖，促进正常细胞生长。
3. 其他：降血糖、抗菌、增强机体免疫力和记忆力、助睡眠、抗焦虑等。

六、功效

性温，味甘。归心、脾经；补益心脾，养血安神。用于气血不足、心悸怔忡、健忘失眠、血虚萎黄等症。

七、代表性中药制剂与方剂

1. 乌鸡桂圆补酒：由龙眼肉和乌鸡各 20g、香加皮 4g、黄芪 10g、玉竹 8g、当归 2g 组成，可养阴益心脾，和血通络。

2. 人参归脾丸：由人参、炒酸枣仁和蜜炙黄芪各 80g、麸炒白术、茯苓、当归、远志和龙眼肉各 160g、甘草和木香各 40g 组成，可益气补血，健脾养心；

3. 乳鹿膏：由乳鹿 200g、紫河车 22.5g、黄芪和鹿角胶各 480g、龙眼肉 120g、熟地黄和当归各 240g、升麻 60g、干鹿肉 1200g、党参 720g 组成，可补气养血，益肾填精。

4. 其他：如养心生脉颗粒、参茸卫生丸等。

八、食品应用

1. 药膳

龙眼肉粥（龙眼肉 15g、红枣 15g、粳米 100g）、龙眼肉红枣饮（龙眼肉和黑木耳各 15g、红枣 15 枚）、龙眼肉乌鸡汤（淮山、杞子和丹参各 12g，党参 30g，陈皮 1 片，乌鸡 1 只）、龙眼莲子粥（龙眼肉和莲子肉各 15g，红枣 5 枚，白糖适量）、龙眼肉米粥（龙眼干和芡实各 15g，粳米 60g，莲子 10g）。

2. 代表性保健食品

（1）天宁酒：由龙眼肉、枸杞子、黄精、人参、西洋参、杜仲、玉竹、冰糖等组成，可增强免疫力、缓解体力疲劳。

（2）乐顿胶囊：由龙眼肉、大枣、枸杞子、麦芽、山楂、牛磺酸、乳酸亚铁、葡萄糖酸锌组成，可改善生长发育。

（3）参杞丽源口服液：由党参、龙眼肉、枸杞子、乳酸亚铁、蜂蜜等组成，可改善营养性贫血。

3. 其他

龙眼果羹（酒、膏）、桂圆干、桂圆红枣枸杞茶、龙眼肉桂代用茶、龙眼肉玫瑰茄压片糖果、龙眼肉牡蛎固体饮料、龙眼肉益智仁固体饮料等。

九、其他应用

龙眼肉提取物可作为化妆品原料。

参考文献

[1] 张晓卫. 龙眼抗肿瘤化学成分及其初步药理作用研究 [D]. 第四军医大学,2013.

罗汉果 LUOHANGUO

一、来源及产地

为葫芦科植物罗汉果（*Siraitia grosvenorii*（Swingle）C. Jeffrey ex A. M. Lu et Z. Y. Zhang）的果实，主产于中国广西、广东等省区。

二、植物形态

攀缘草本，茎枝稍粗壮具棱沟，与叶柄、叶背同样均被黄褐色柔毛和黑色疣状腺鳞。叶片膜质，卵形心形，幼时被稀疏柔毛和黑色疣状腺鳞，卷须稍粗壮，2 歧，在分叉点上下同时旋卷。果实球形，长 6 ~ 11cm，径 4 ~ 8cm，初密生黄褐色茸毛和混生黑色腺鳞，老后渐脱落而仅在果梗着生处残存一圈茸毛，果皮薄，干后易脆。种子多数，淡黄色，扁压状。花期 5 ~ 7月，果期 7 ~ 9月。

三、药材简明特征

呈卵球形或椭圆形，长 4.5 ~ 8.5cm，直径 3.5 ~ 6cm。表面褐色、绿褐色或黄褐色，有深色斑块和黄色柔毛，有时具 6 ~ 11 条纵纹。顶端和基部分别有花柱和果梗残痕。体轻，质脆，果皮薄，易破。果瓤海绵状，浅棕色。种子多数，扁圆形，两面中间微凹陷，四周有放射状沟纹，边缘有槽。气微，味甜。

四、化学成分

1. 主要有效成分
罗汉果苷。
2. 主要成分
（1）葫芦烷三萜类：罗汉果苷Ⅳ、罗汉果苷Ⅴ、罗汉果苷Ⅲ、11- 氧化 – 罗汉果苷Ⅴ、罗汉果苷ⅡE、罗汉果苷ⅢE、赛门苷Ⅰ、罗汉果二醇苯甲酸酯、光果木鳖皂苷Ⅰ、罗汉果苷Ⅵ、罗汉果苷 A 和异罗汉果苷Ⅴ。
（2）黄酮类：罗汉果黄素。
（3）多糖类：D- 葡萄糖、D- 半乳糖、L- 阿拉伯糖、L- 鼠李糖、葡萄糖醛酸等。
（4）脂肪酸：亚油酸、油酸、棕榈酸、棕榈油酸、肉豆蔻酸、月桂酸等。
（5）蛋白质、氨基酸：18 种氨基酸，其中 8 种为人体必需氨基酸。
（6）无机元素：有 16 种人体必需的微量和广泛元素，含量较高者有 K、Ca、Mg。
（7）其他成分：维生素 C 和 D- 甘露醇等。

五、现代药理作用

1. 止咳祛痰作用：可减少咳嗽次数,延长咳嗽潜伏期。
2. 抗氧化作用：可清除自由基和对抗细胞外源性的氧化损伤。
3. 抑菌作用：可有效抑制革兰阳性菌。
4. 其他：抗衰老、润肠通便、降糖、降血脂、保护肝脏、抗癌、抗疲劳等。

六、功效

性凉,味甘。归肺、脾经；清热润肺,滑肠通便。用于肺火燥咳,咽痛失音,肠燥便秘等症。

七、代表性中药制剂与方剂

1. 罗汉果止咳糖浆：由罗汉果 46g、枇杷叶 176g、桑白皮和桔梗各 12g、白前 18g、百部 30g、薄荷油 0.2g 组成,可用于感冒咳嗽及支气管炎。
2. 复方罗汉果止咳冲剂：由罗汉果 225g、百部 150g、枇杷叶 880g、白前 90g、桔梗 55g 等组成。可清热泻肺,镇咳祛痰。
3. 止咳平喘糖浆：由麻黄、苦杏仁和陈皮各 45g,石膏 90g,制水半夏 75g,茯苓和鱼腥草各 60g,桑白皮 100g,罗汉果 30g,甘草 20g,薄荷油 0.1mL,可清热宣肺,止咳平喘。用于风热感冒,急性支气管炎等引起的咳喘等。
4. 其他：如罗汉果润喉片、复方罗汉果清肺糖浆、罗汉果玉竹冲剂等。

八、食品应用

1. 药膳
罗汉果猪肺汤(罗汉果 1 个、猪肺适量)煲服；益母草罗汉果汤(益母草 10g、新鲜罗汉果半个、枸杞 8g、冰糖适量)炖煮；山楂罗汉果汤(新鲜山楂 5 个、罗汉果半个、冰糖 100g、蜂蜜适量)炖煮；罗汉果猪肉汤(新鲜罗汉果 1 个、猪肉 350g、腐竹 90g、食盐适量)炖煮。

2. 代表性保健食品
（1）罗汉果冲剂(糖浆、果精、止咳露和浓缩果露)等。
（2）清亦康胶囊：由银杏叶、罗汉果、黄芪、桑叶、葡萄籽提取物组成,可辅助降血脂。
（3）菁韵含片：由金银花、罗汉果、白茅根、薄荷、葡萄糖等组成,可清咽。
（4）明滋粉：由紫芝、罗汉果、党参、黄芪组成,可增强免疫力。

3. 其他
如罗汉果茶、罗汉糖果饮、罗汉果红枣茶、罗汉雪梨饮、罗汉无花果茶、罗汉夏枯茶、罗汉五梅茶、罗汉果薄荷茶、罗汉果百合固体饮料、人参百合罗汉果固体饮料、人参罗汉果饮料、山楂罗汉果固体饮料等茶饮。

九、其他应用

作为调味品用于炖品、清汤及制糕点、糖果、饼干。另外罗汉果提取物可用于化妆品原料。

参考文献

[1] 周欣欣 . 罗汉果的化学成分及其开发应用 [J]. 中医药学刊,2003（09）: 1482-1483.

[2] 林硕,高学玲,岳鹏翔 . 罗汉果有效成分提取的研究进展 [J]. 中国食品添加剂,2007（4）: 77-80.

马齿苋 MACHIXIAN

一、来源及产地

为马齿苋科植物马齿苋(*Portulaca oleracea* Linn.),中国南北各地均产。

二、植物形态

一年生草本,全株无毛。茎平卧或斜倚,伏地铺散,多分枝,淡绿色或带暗红色。茎紫红色,叶互生,有时近对生,叶片扁平,肥厚,倒卵形,似马齿状,长 1 ~ 3cm,宽 0.6 ~ 5.cm,基部楔形,全缘,上面暗绿色,下面淡绿色或带暗红色,中脉微隆起;叶柄粗短。花期 5 ~ 8 月,果期 6 ~ 9 月。

三、药材简明特征

多皱缩卷曲,常结成团。茎圆柱形,长达 30cm,直径 1 ~ 2mm,表面黄褐色,有明显纵沟纹。叶易破碎,完整叶片呈倒卵形,绿褐色,先端钝平,全缘。花小,黄色。有时可见圆锥形蒴果和细小种子。气微,味微酸。

四、化学成分

1. 主要有效成分
去甲肾上腺素、多巴胺、甜菜素等。
2. 主要成分
(1)黄酮类:槲皮素、山奈素、杨梅素、芹菜素和木犀草素等。
(2)三萜醇类:β - 香树脂醇、丁基迷帕醇、环木菠萝烯醇、羽扇豆醇等。
(3)有机酸类:柠檬酸、丙二酸、苹果酸、抗坏血酸、琥珀酸、反丁烯二酸、乙酸、α - 亚麻酸。
(4)儿茶酚胺类:去甲肾上腺素、左旋去甲肾上腺素、多巴胺、多巴等。
(5)其他类:钾盐(硝酸钾、氯化钾、硫酸钾等)、生物碱、多糖等。

五、现代药理作用

1. 神经保护作用:可减少氧化损伤,延缓衰老。
2. 降血糖作用:可提高机体对胰岛素的敏感性,减轻糖尿病的并发症。
3. 抗肿瘤作用:可抑制癌细胞增殖,诱导癌细胞凋亡。
4. 其他:抗血脂、抗动脉粥样硬化、保肝、镇痛、抗菌、抗炎、抗过敏、抗心律失常、增强免疫力、止咳平喘等作用。

六、功效

性寒,味酸。归大肠、肝经;清热解毒,凉血止血。用于热毒血痢、痈肿疔疮、湿疹、丹毒、蛇虫咬伤、便血、下血等症。

七、代表性中药制剂与方剂

1. 三味泻痢颗粒:由石榴皮 208g,马齿苋 417g,车前子 208g,淀粉 167g 组成,可涩肠止泻;用于大肠湿热所致的久痢,急痢。

2. 痢炎宁片:由马齿苋和白头翁各 120g,铁苋菜和苦参 60g,陈皮 48g,肉桂 12g,山楂 90g 组成,可清热解毒,燥湿止痛。用于细菌性痢疾,肠炎。

3. 舒心通脉胶囊:由马齿苋、千年健、川芎和丹参各 180g,降香 200g,冰片 80g 组成,可理气活血,通络止痛。用于气滞血瘀引起的胸痹,症见胸痹,胸闷,心悸等症,冠心病,心绞痛见上述证候者。

4. 其他:如马齿苋,妇可靖胶囊,安宫止血丸,肾炎灵颗粒等。

八、食品应用

1. 药膳

如鲜马齿苋凉拌菜、马齿苋薏米粥、马齿苋枸杞粥、马齿苋田螺粥、马齿苋槟榔粥等。

2. 代表性保健食品

(1)靓丽胶囊:由金银花、丹参、马齿苋、芦荟冻干粉等组成,可祛痤疮。

(2)爽身丸:由金银花、蒲公英、马齿苋组成,可润肠通便。

(3)摩罗菩提子粥:由茯苓、马齿苋、薏苡仁、百合等组成,可调节免疫。

3. 其他

(1)主要食材:马齿苋拔鱼儿、马齿苋蒸腊肉、马齿苋菜肉双酿、马齿苋肉丝、马齿苋肉丝蛋羹汤。

(2)小吃食品:马齿苋面包(挂面、包子、饺子、糖果、糕点、煎饼)等。

(3)其他食品和饮料:马齿苋汁(粉、果冻、茶)、马齿苋沙棘饮品、马齿苋姜枣固体饮料、马齿苋葛根苦瓜复合粉、马齿苋罗汉果饮品、马齿苋金花茶等。

九、其他应用

马齿苋提取物有极好的促进脂肪分解活性,可用于减肥化妆品;提取物尚可用作保湿剂。常见如马齿苋补水润肤面膜、修护舒缓马齿苋滋养霜、马齿苋润肤霜、马齿苋修复霜等。

参考文献

[1] 冯津津 . 马齿苋的化学成分及药理作用研究进展 [J]. 云南中医中药杂志,2013,34（07）: 66-68.

[2] 乔竹稳 . 马齿苋化学成分研究 [D]. 齐齐哈尔大学,2012.

麦芽 MAIYA

一、来源及产地

为禾本科植物大麦（*Hordeum vulgare* L.）的成熟果实经发芽干燥的炮制加工品，全国大部分地区均产。

二、植物形态

一年生草本植物。秆粗壮，光滑无毛，直立，高可达 100cm。叶鞘松弛抱茎，常无毛；两侧有两披针形叶耳。叶舌膜质，叶片扁平。穗状花序，小穗均无柄，颖线状披针形，外被短柔毛，内稃与外稃几等长，颖果。

三、药材简明特征

梭形，表面淡黄色，背面有外稃包围，具 5 脉，先端长芒常断落，腹面有内稃包围。除去内外稃后，腹面有 1 条纵沟；基部胚根处生出幼芽及数条纤细弯曲的须根。质硬，断面白色，粉性。无臭，味微甘。

四、化学成分

1. 主要有效成分
淀粉酶、麦芽糖。
2. 主要成分
（1）B 族维生素：维生素 B_6 等。
（2）糖类：麦芽糖、果糖、葡萄糖、糊精、多糖等。
（3）微量元素：锌、硒等。
（4）酶类：淀粉酶、转化糖酶等。
（5）生物碱：大麦芽碱等。
（6）其他类：豆甾 –5– 烯 –3β– 醇 –7– 酮、5– 羟甲基糠醛、麦黄酮、β – 谷甾醇。

图 74　5– 羟甲基糠醛　　　图 75　麦黄酮

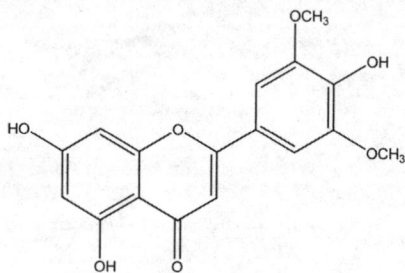

五、现代药理作用

1. 促消化作用：可促进胃蛋白酶分泌、增强肠蠕动。
2. 促性激素分泌：可促进生殖腺轴，影响性激素水平。
3. 调节肠道菌群：可抑制肠道有害菌的生长，提高有益菌的数量。
4. 其他：调节泌乳素、抗血小板凝集、保护肝脏、治疗和预防与色素有关的疾病、抗结肠炎、降血糖等作用。

六、功效

性平，味甘。归脾、胃、肝经；行气消食、健脾开胃、退乳消胀。用于食积不消、脘腹胀痛、脾虚食少、乳汁郁积、乳房胀痛等症。

七、代表性中药制剂与方剂

1. 健脾增力丸：由炒麦芽 320g，陈皮 160g，麸炒六神曲、麸炒芡实、茯苓和山药各 40g，苍术 120g，炒山楂 20g，甘草 12g 组成，可健脾消食。用于脾胃不健，腹胀久泻，面黄肌瘦，消化不良，食欲不振。

2. 小儿康冲剂：太子参、葫芦茶和山楂各 332g，乌梅、蝉蜕、茯苓和白术各 100g，白芍、麦芽、榧子和槟榔各 170g，陈皮 33g 组成，可健脾开胃，消食导滞，驱虫止痛，安神定惊。用于食滞虫病，烦躁不安，脘腹胀满，面色萎黄。

3. 山楂麦曲颗粒：由山楂 400g，麦芽和黔曲各 60g，可开胃消食。用于食欲不振，消化不良，脘腹胀满。

4. 其他：如开胃健脾丸、建曲、小儿消食咀嚼片等。

八、食品应用

1. 药膳
如谷芽麦芽鲫鱼汤、槐花麦芽蜜枣鲫鱼汤等。
2. 代表性保健食品
（1）叶酸铁片：由葡萄糖酸亚铁、叶酸、麦芽糊精、乳糖、微晶纤维素、硬脂酸镁、羟丙甲纤维素组成，可补充铁、叶酸。
（2）钙咀嚼片：由碳酸钙、葡萄糖、三氯蔗糖、柠檬酸、麦芽糊精、甜橙香精、硬脂酸镁等组成，可补充钙。
（3）B 族维生素片：由维生素 B_1（盐酸硫胺素）、维生素 B_2（核黄素）、维生素 B_6（盐酸吡哆醇）、叶酸、泛酸（D- 泛酸钙）、烟酰胺、三氯蔗糖、麦芽糊精等组成，可补充多种 B 族维生素。
3. 其他
麦芽糊精、山楂麦芽饮料、山药麦芽片压片糖果、人参桑叶麦芽片（压片糖果）、麦芽汁碳酸饮料、山楂麦芽粉、山楂麦芽茶(山楂 15g、生麦芽 30g、太子参 15g、淡竹叶 10g)等。

九、其他应用

麦芽糖、麦芽糊精、麦芽提取物等均可用于化妆品原料,如麦芽强力造型发蜡、麦芽精华营养护发素、麦芽保湿护肤液、滋润麦芽面膜等。

参考文献

[1] 辛卫云,白明,苗明三.麦芽的现代研究[J].中医学报,2017,32(04):613-615.

[2] 王雄,吴金虎.大麦芽的研究概述[J].中药材,2010,33(09):1503-1508.

玫瑰花 MEIGUIHUA

一、来源及产地

为蔷薇科植物玫瑰（*Rosa rugosa* Thunb）初放的花，主产于中国华北、西北地区。

二、植物形态

落叶直立丛生灌木，茎枝灰褐色，密生刚毛与倒刺，羽状复叶，小叶 5 ～ 9，被柔毛或刺毛，叶柄及叶轴疏生小皮刺及腺毛。托叶大部与叶柄连合，具细锯齿。花单生或 3 ～ 6 朵集生，花芳香，密被茸毛及刺毛，花瓣紫红或白色，单瓣或重瓣。蔷薇果扁球形，红色，萼片宿存。花期 5 ～ 9 月，果期 9 ～ 10 月。

三、药材简明特征

半球形或近球形，直径 1 ～ 2.5cm，高度 2.4 ～ 2.7cm，花托半球形，与花蕾基部合生。萼片 5，披针形，表面密被短刺，其高出花冠顶端 1/2。花瓣多皱缩，展开后卵圆形，呈覆瓦状排列，红色或紫红色，雄蕊和花柱多数。体轻，质脆。气芳香，味甘微苦。

四、化学成分

1. 主要有效成分
芳樟醇等挥发油。
2. 主要成分
（1）挥发油：玫瑰油、香茅醇、橙花醇、丁香油酚、苯乙醇。
（2）黄酮类成分：山奈酚 –7–O– β –D– 半孔糖皮蒽、山奈酚、槲皮素、黄杉素 –4'– 甲基醚、表儿茶素、二氢染料木素。
（3）酚酸类成分：没食子酸、咖啡酸、阿魏酸。
（4）维生素：维生素 A、B_2、C、E、K，以及单宁酸等。

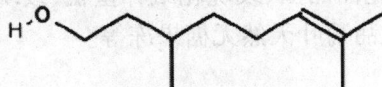

图 76　香茅醇

五、现代药理作用

1. 心脑血管作用：可保护心肌、脑缺血再灌注损伤、降低血小板凝集。
2. 抗氧化作用：可清除自由基和提高还原能力。

3. 抗肿瘤作用：可抑制癌细胞的增长。

4. 其他：抑菌、降血糖、调血脂、抗抑郁、提高认知功能等作用。

六、功效

性温，味甘、微苦。归肝、脾经；行气解郁、和血、止痛。用于肝胃气痛、食少呕恶、月经不调、跌扑伤痛等症。

七、代表性中药制剂与方剂

1. 玫瑰花口服液：由新鲜玫瑰花组成，可用于心慌气短，胃痛呕吐，肢瘫疼痛，神疲乏力。

2. 乳癖散结胶囊：由夏枯草和牡蛎各297g，僵蚕（麸炒）119g，柴胡（醋制）和当归（酒炙）各198g，玫瑰花238g组成，可行气活血，软坚散结。

3. 避瘟散：由檀香156g，零陵香、姜黄和甘松各18g，香排草180g，白芷、玫瑰花和丁香各42g，木香36g，人工麝香1.4g，冰片和薄荷脑各138g，朱砂662g组成，可祛暑避秽，开窍止痛；

4. 其他：如灵莲花颗粒、除障则海甫胶囊等。

八、食品应用

1. 药膳

玫瑰花粥（玫瑰花15g、粳米150g、樱桃30g）、玫瑰花沙拉（鲜玫瑰花、青瓜、番茄、火龙果，橄榄油、沙拉酱、柠檬汁适量）、玫瑰花豆腐、玫瑰花醋、玫瑰花酱、玫瑰花糖膏、冰糖玫瑰花、玫瑰花茶、玫瑰花玻璃肉等。

2. 代表性保健食品

（1）元怡胶囊：由玫瑰花提取物、白芍提取物、当归提取物、葡萄籽提取物、珍珠粉、维生素C（L-抗坏血酸）组成，可祛黄褐斑。

（2）莫茶：由绿茶、番泻叶、雪莲花、玫瑰花、红景天组成，可通便。

（3）玫瑰软胶囊：由玫瑰花油、沙棘籽油、大蒜油组成，可增强免疫力。

3. 其他

普洱茶玫瑰花果糕、玫瑰花甜甜圈、玫瑰花纸杯蛋糕、玫瑰花酒、玫瑰花甜米酒、玫瑰花糯米酒、玫瑰火腿月饼、玫瑰花甜菊叶天然无糖果冻等。

九、其他应用

玫瑰花干制成粉作食用香料；玫瑰色素、玫瑰精油、玫瑰花瓣作为化妆品组分，如玫瑰花香护肤水、玫瑰花瓣爽肤水、玫瑰花水嫩露、玫瑰花水沁肤润泽冻膜、透白保湿玫瑰花瓣面膜等。

参考文献

[1] 李国明,张丽萍,刘小琼,等 . 香槟玫瑰花挥发油化学成分分析 [J]. 安徽农业科学,2018（10）: 159–161.

[2] 陈红艳,廖蓉苏,杨今朝,等 . 玫瑰花挥发性化学成分的分析研究 [J]. 食品科技,2011（11）: 186–190.

牡蛎 MULI

一、来源及产地

为牡蛎科动物长牡蛎（*Ostrea gigas* Thunberg）、大连湾牡蛎 *O. talienwhanensis* Crosse 或近江牡蛎（*O. rivularis* Gould）的贝壳。在中国，长牡蛎、近江牡蛎沿海均有分布，大连湾牡蛎则分布于辽宁、河北、山东等省的沿海。

二、动物形态

长牡蛎贝壳大型，长而厚，常呈长条形。背腹缘几乎平行，长 150 ~ 500mm，高 40 ~ 150mm。壳长常为高 3 倍。左壳附着，右壳稍小。壳表面平坦或有几个大而浅的凹陷。鳞片坚厚，层状环生，放射肋不明显。壳表面淡紫色、灰白色。左壳深凹，鳞片较右壳粗大。壳内面瓷白色，韧带槽细长而尖。闭壳肌痕位于壳的后部背侧；大连湾牡蛎的特点是其贝壳为三角形，背、腹缘成"八"字形，鳞片巨大，起伏成波浪状；近江牡蛎的特点是贝壳常圆形或卵圆形，表面环生薄且平直黄褐色或暗紫色无放射肋的平鳞片，但壳表面常有突起，凹凸不平。

三、药材简明特征

1. 长牡蛎：长片状，背腹缘几平行。右壳较小，鳞片坚厚，层状排列。壳外面平坦或具数个凹陷，淡紫色或灰白色等，内面瓷白色。左壳凹陷，鳞片较右壳粗大，壳顶附着面小。质硬，断面层状，洁白无臭，味微咸。

2. 大连湾牡蛎：类三角形，背腹缘呈八字形。右壳外面淡黄色，具疏松的同心鳞片，鳞片波浪状起伏，内面白色。左壳同心鳞片坚厚，自壳顶部具数个明显的放射肋，内面凹下呈盒状，铰合面小。

3. 近江牡蛎：卵圆形或三角形等。右壳外面稍不平，有灰、紫等多色，环生同心鳞片，幼者鳞片薄而脆，成熟后鳞片相叠，内面白色，边缘有淡紫色。

四、化学成分

1. 主要有效成分
牛磺酸、多种氨基酸。
2. 主要成分
（1）氨基酸：牛磺酸是 1 种含硫氨基酸，及缬氨酸、苏氨酸、亮氨酸、谷氨酸、半胱氨酸、甘氨酸等 10 种必需氨基酸。

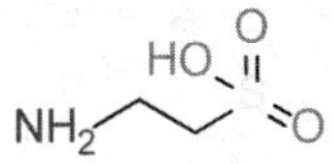

图77 牛磺酸

（2）微量元素：Cu、Fe、Zn、Mu、Sr等20多种。

（3）钙：碳酸钙、磷酸钙、硫酸钙等。

（4）糖类化合物：葡萄糖、阿拉伯糖、岩藻糖等多种单糖。

五、现代药理作用

1. 免疫调节作用：可增加抗体生成细胞、增强免疫器官的功能。

2. 抗氧化作用：可清除自由基和抑制超氧阴离子。

3. 抗肿瘤作用：可抑制癌细胞增殖，诱导癌细胞凋亡。

4. 其他：抗病毒作用、抗衰老、降血糖、血压等作用。

六、功效

性微寒，味咸。归肝、肾经；平肝潜阳、软坚散结、收敛固涩。用于头晕目眩、肝风抽搐、瘰疬、痰核、自汗、盗汗、遗精、崩漏、带下等症。

七、代表性中药制剂与方剂

1. 柴胡加龙骨牡蛎汤：含柴胡12g，龙骨、黄芩、生姜、铅丹、人参、桂枝、牡蛎和去皮茯苓各4.5g，半夏6g和大黄各6g，大枣6枚，可和解清热，镇惊安神。

2. 桂枝甘草龙骨牡蛎汤：由桂枝15g，甘草、龙骨和煅牡蛎各30g组成，可温补心阳，潜阳镇逆，收敛心气心阳受损之烦躁不安。

3. 强龙益肾胶囊：由牡蛎、龙骨和海螵蛸各1500g，黄芪和阳起石各500g，花椒种子150g，丁香50g，鹿茸25g，防风250g组成，可补肾壮阳，安神定志。用于肾阳不足，阳痿早泄，腰腿酸痛，记忆衰退。

4. 其他：如肾骨散，葆宫止血颗粒等。

八、食品应用

1. 药膳

牡蛎菌菇豆腐汤、牡蛎豆腐蘑菇汤、冬瓜牡蛎汤、牡蛎煎蛋等。

2. 代表性保健食品

（1）海参牡蛎胶囊：由海参提取物、牡蛎提取物组成，可增强免疫力。

（2）牡蛎牛磺酸维生素C胶囊：由牡蛎提取物、牛磺酸、维生素C等组成，辅助保护化学性肝损伤。

3. 其他

牡蛎干、冻牡蛎肉、牡蛎粉（固体饮料）、木瓜牡蛎泡腾片、牡蛎桔梗片、牡蛎肽粉（固体饮料）等。

九、其他应用

牡蛎提取物、牡蛎壳粉、水解牡蛎提取物、水解牡蛎糖蛋白均可用于化妆品原料,如海洋牡蛎面膜等。

参考文献

[1] 杨韵,徐波. 牡蛎的化学成分及其生物活性研究进展 [J]. 中国现代中药,2015,17（12）：1345–1349.

[2] 张晗,张磊,刘洋. 龙骨、牡蛎化学成分、药理作用比较研究 [J]. 中国中药杂志,2011,36（13）：1839–1840.

[3] 代春美,廖晓宇,叶祖光. 海洋中药牡蛎的化学成分、药理活性及开发应用 [J]. 天然产物研究与开发,2016,28（03）：471–474+437.

木瓜 MUGUA

一、来源及产地

为蔷薇科灌木贴梗海棠（*Chaenomeles speciosa*（Sweet）Nakai）的干燥近成熟果实。在中国主产于湖北、四川、安徽、浙江等省区。

二、植物形态

灌木或小乔木，高达 5 ~ 10m，树皮成片状脱落；小枝无刺，圆柱形，幼时被柔毛，不久即脱落，紫红色，二年生枝无毛，紫褐色，果实长椭圆形，长 10 ~ 15cm，暗黄色，木质，味芳香，果梗短。花期 4 月，果期 9 ~ 10 月。

三、药材简明特征

长圆形，多纵向剖成两半，长 4 ~ 9cm，宽 2 ~ 5cm，厚 1 ~ 2.5cm。外表面红棕色或紫红色，具不规则的深皱纹。剖面边缘向内卷曲，果肉红棕色，中心部分凹陷，棕黄色。扁长三角形种子质地坚硬。气微清香，味酸。

四、化学成分

1. 主要有效成分
皂苷、黄酮、过氧化酶等。
2. 主要成分
（1）有机酸：棓儿茶素、莽草酸、奎尼酸、苹果酸、枸橼酸、酒石酸等。
（2）其他成分：单宁、黄酮、糖类、挥发油、氨基酸及蛋白酶、维生素等。

五、现代药理作用

1. 镇痛、抗炎作用：可抑制毛细血管通透性、提高痛阈值、提高抗炎活性。
2. 保肝作用：可减轻肝组织损伤、促进肝细胞生长、有效干预脂代谢紊乱。
3. 抗肿瘤作用：可抑制癌细胞增殖，诱导癌细胞凋亡。
4. 其他：抗胃溃疡、肠损伤、抗菌、抗糖尿病等作用。

六、功效

性温，味酸。归肝、脾经；平肝舒筋、和胃化湿。用于湿痹拘挛、腰膝关节酸重疼痛、吐泻转筋、脚气水肿等症。

七、代表性中药制剂与方剂

1. 野安阳精制膏：由生川乌、生草乌、乌药、白蔹、白芷、白及、木鳖子、木通、木瓜、三棱、莪术、当归、赤芍和肉桂各 24g，大黄和连翘各 48g，血竭、阿魏各 10g，乳香、没药和儿茶各 6g，薄荷脑、水杨酸甲酯和冰片各 8g 组成，可消积化癥，逐瘀止痛，舒筋活血，追风散寒。

2. 木瓜丸：由木瓜、川芎、威灵仙、海风藤、当归和白芷各 80g，牛膝 160g，制狗脊、川乌、草乌、鸡血藤和人参各 40g 组成，可祛风散寒，除湿通络。

3. 骨痛丸：由木瓜、牛膝、杜仲炭、甘草、红花、地枫皮、防风和盐制蒺藜各 113g，醋制乳香和没药各 100g，麻黄 85g，桂枝、独活、当归、羌活、千年健、浙贝和川贝各 75g，鹿角胶和三七各 60g 等组成，可追风散寒，活血止痛。

4. 其他：如六合定中丸、木瓜膏、木瓜壮骨丸、舒筋活络酒等。

八、食品应用

1. 药膳
如木瓜花生大枣汤、木瓜粥、木瓜羹等。
2. 代表性保健食品
（1）美罗牌新慧通胶囊：含红曲、木耳和木瓜提取物，可增强免疫力。
（2）斯达町丸：由葛根、党参、当归、川芎、茯苓、木瓜和玉竹组成，有助降血脂。
（3）阳立胶囊：枸杞子、木瓜、淫羊藿、人参、马鹿茸，可抗疲劳。
3. 其他
木瓜酒、木瓜发酵酒、鹿筋木瓜压片糖果、人参木瓜固体饮料、木瓜乌梢蛇泡腾片、核桃木瓜葛根粉等。

九、其他应用

1. 医药工业：木瓜蛋白酶具有消炎止痛、止痒、助消化、利胆，可用于妇科、皮肤、口腔、青光眼等症，如隐形眼镜的清洗液中就含有木瓜蛋白酶。

2. 洗涤剂工业：洗衣粉等洗涤剂中常含有木瓜蛋白酶，能快速地清洗衣物中的血渍和汗渍。

3. 保健品工业：木瓜蛋白酶可辅助消化，可将蚂蚁等昆虫的特殊蛋白源食品分解制成各种营养保健液。

4. 纺织工业：木瓜蛋白酶处理羊毛，抗张强度和毛线手感柔软度要高于常规处理方法。

5. 宠物饲料工业：用木瓜蛋白酶对宠物饲料进行处理，可以减少宠物饲料的黏稠性，增加风味，改善口感。

6. 化妆品原料：如木瓜白肤洗面奶(祛斑配方)、瓜祛斑洁面乳等，还可用于制造沐浴露、洗发液等生活用品。

7. 还可用于嫩肉粉、饼干松化剂、水解动物和植物蛋白系列等。

参考文献

[1] 翟金萍 . 山东产皱皮木瓜籽化学物质组学研究 [D]. 山东大学 , 2013.
[2] 张恒 . 不同品种 (系) 皱皮木瓜成分研究 [D]. 山东农业大学 , 2012.

胖大海 PANGDAHAI

一、来源及产地

为梧桐科植物胖大海（*Sterculia lychnophora* Hance）的干燥成熟种子。产于越南、印度、马来西亚等地。

二、植物形态

乔木，高可达40m，单叶互生，叶片革质，卵形，长10～20cm，宽6～12cm，常3裂，全缘，光滑无毛。圆锥花序，花杂性同株。花萼钟状，深裂。雄花雄蕊10～15，雌花雌蕊1。菁葵果1～5个，船形。种子棱形或倒卵形，深褐色或土黄色。种皮脆而薄，浸水后膨大成海绵状，含丰富黏液质。

三、药材简明特征

呈椭圆形或纺锤形，长2～3cm，直径1～1.5cm。两端钝圆，基部略尖而歪，具浅色的圆形种脐，表面具不规则干缩皱纹。外层种皮极薄，质脆，易脱落。中层种皮较厚，黑褐色，质松易碎，遇水膨胀成海绵状。断面可见散在树脂状小点。内层种皮可从中层种皮剥离，子叶很薄。气微，味淡，嚼之有黏性。

四、化学成分

1. 主要有效成分
胖大海素（苹婆素）、多糖。
2. 主要成分
（1）脂肪酸：亚油酸、软（硬）脂酸、棕榈油酸、10-十九烯酸和8-壬炔酸。
（2）多糖：半乳糖醛酸、阿拉伯糖、鼠李糖、半乳糖乙酸。
（3）挥发性成分：胖大海素（苹婆素）、乙烯基环己烷、草蒿脑、4-萜烯醇、樟脑、大根香叶烯、1-石竹烯等。

五、现代药理作用

1. 抗病毒作用：可对病毒有较强的抑制作用。
2. 增强免疫作用：可增加腺体和脾脏的功能。
3. 其他：抗炎、增强免疫、镇痛、抑菌、润肠通便、降血压等作用。

六、功效

性寒,味甘。归肺、大肠经;清热润肺、利咽解毒、润肠通便。用于肺热声哑、干咳无痰、咽喉干痛、热结便闭、头痛目赤等症。

七、代表性中药制剂与方剂

1. 青果膏:由鲜青果 5kg,胖大海、天花粉、麦冬和诃子肉各 120g,锦灯笼 60g,山豆根 30g 组成,可清咽止渴。

2. 复方青果冲剂:由胖大海 5g,青果 120g,金果榄和甘草各 20g,麦冬、玄参和诃子各 60g 组成,可清热利咽。

3. 金果饮:由地黄 73g,麦冬、南沙参、玄参和太子参各 55g,陈皮 36g,蝉蜕 27g,胖大海和西青果各 18g,薄荷油 0.5mL 组成,养阴生津,清热利咽。

4. 其他:如蓝芩口服液、清喉利咽颗粒、黄氏响声丸等。

八、食品应用

1. 药膳:如胖大海杞子羹、胖大海镇雪梨、大海银耳羹(胖大海 5 个,银耳 60g,蜂蜜适量)。

2. 代表性保健食品:如枇杷菊花桔红胖大海含片由胖大海、枇杷、菊花、桔红、薄荷脑等组成,具有清咽作用;还有如胖大海清咽糖、金银花胖大海冲剂、胖大海野菊花颗粒、胖大海口含片等均有清咽作用。

3. 其他:如金银花胖大海颗粒、破壁胖大海颗粒、胖大海百合固体饮料、胖大海糖(茶、凉茶、梨膏糖、泡腾片)、胖大海菊花茶等。

九、其他应用

暂无。

参考文献

[1] 李娜,高昂,巩江,等.胖大海药学研究概况 [J].安徽农业科学,2011,39(16):9609-9610.

[2] 王翠霞,郑永飞,李丽丽,等.胖大海多糖研究进展 [J].中国民族民间医药,2009(18):5-6.

蒲公英 PUGONGYING

一、来源及产地

为菊科植物蒲公英(*Taraxacum mongolicum* Hand.-Mazz.)碱地蒲公英 *T. sinicum* Kitag 或同属数种植物的干燥全草。在中国大部分省区均有分布。

二、植物形态

多年生草本。根头部被毛茸。叶倒卵状披针形,长 4 ~ 20cm,宽 1 ~ 5cm,边缘有时具波状齿或羽状深裂。裂片常具齿,叶柄及主脉常具红紫色,疏被蛛丝状白色柔毛。花葶密被蛛丝状白色长柔毛,头状花序。总苞钟状,总苞片 2 ~ 3 层,外层总苞片卵状披针形;内层总苞片线状披针形;舌状花黄色,边缘花舌片背面具紫红色条纹。瘦果上部具小刺,下部具小瘤,冠毛白色。花期 4 ~ 9 月,果期 5 ~ 10 月。碱地蒲公英的特点是其叶狭披针形,长约 48cm,宽 2 ~ 5cm,常较规则地倒向羽状深裂,裂片 3 ~ 7 对,几无毛。

三、药材简明特征

倒卵状披针形等形状,长 4 ~ 20cm,宽 1 ~ 5cm,边缘有时有波状齿,顶端裂片较大,常三角形,每侧裂片常具齿,基部渐狭成叶柄,叶柄和主脉常带红紫色,常疏被蛛丝状白色柔毛。头状花序顶生,瘦果表面有纵棱和数个刺突,顶端具喙,着生白色冠毛。果皱缩。根头部有毛茸。气平,味甘微苦。

四、化学成分

1. 主要有效成分
蒲公英甾醇、咖啡酸、胆碱等。
2. 主要成分
(1) 黄酮类:木屑草素、槲皮素、香叶木素、青蒿亭。

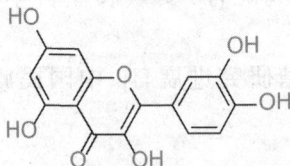

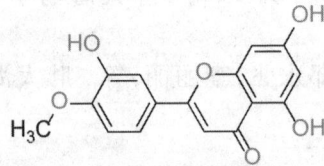

图 78 槲皮素　　　　图 79 香叶木素

(2) 酚酸类:绿原酸、咖啡酸、原儿茶酸、对羟基苯甲酸、阿魏酸、香荚兰酸、对香豆酸、对羟基苯乙酸、丁香酸、莴苣酸、酒石酸等。

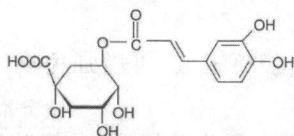
图 80 绿原酸

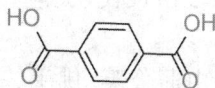
图 81 咖啡酸

（3）甾醇类：谷甾醇、豆甾醇、环木菠萝醇等。

（4）萜类：倍半萜有莴苣素 A、蒲公英酸 –1–O– β –D– 吡喃葡糖苷、蒙古蒲公英素 B、Isodonsesquitin A 等，三萜类有伪蒲公英甾醇棕榈酸酯和伪蒲公英甾醇乙酸酯、蒲公英甾醇、山金车烯二醇、羽扇豆醇等。

（5）香豆素类：七叶内酯、东莨菪内酯、伞形花内酯、香豆雌酚、野莴苣苷、七叶灵、瑞香内酯等。

（6）其他成分：生物碱、糖蛋白、氨基酸、脂肪酸、挥发油、木质素等。

五、现代药理作用

1. 抗菌作用：可抑制金黄色葡萄球菌、枯草芽孢杆菌等细菌的生成。
2. 抗氧化作用：可清除自由基和提供氢离子促进还原。
3. 抗肿瘤作用：可抑制癌细胞增殖，诱导癌细胞凋亡。
4. 其他：治疗感染性疾病、清热解毒、保肝、降脂、抗炎等作用。

六、功效

性寒，味甘、苦。归肝、胃经；清热解毒、消肿散结、利尿通淋。用于疗疮肿毒、乳痈、目赤咽痛、肺痈、肠痈、湿热黄疸、热淋涩痛等症。

七、代表性中药制剂与方剂

1. 复方金黄连颗粒：由连翘、蒲公英、黄芩、金银花、板蓝根组成，可清热疏风，解毒利咽。
2. 复方公英片：由含蒲公英和板蓝根各 320g 组成，可清热解毒。
3. 复方蒲公英注射液：由蒲公英、鱼腥草和野菊花各 1000g 组成，可清热解毒，疏风止咳。
4. 其他：如二丁颗粒、众生胶囊、和胃片、复方降脂片等。

八、食品应用

1. 药膳

如蒲公英野菜汤、蒲公英粥、蒲公英玉米汤、蒲公英炒肉丝、蒲公英炖猪肚、公英银花清解粥（蒲公英 60g、金银花 30g、粳米适量）等。

2.代表性保健食品

（1）芪灵蜂胶囊：由黄芪、灵芝、蜂胶、蒲公英组成，可增强免疫力、辅助保护化学性肝损伤。

（2）宜中胶囊：由蒲公英、佛手、三七、砂仁、猴头菌提取物、蜂胶提取物等组成，可辅助保护胃黏膜。

（3）花英胶囊：由金银花、蒲公英、葛根、川芎、桔梗和玄参组成，祛痤疮。

3.其他

蒲公英叶茶（植物饮料、根粉）、蒲公英夏枯草茶（蒲公英和玄参各15g，夏枯草和忍冬藤各30g）、蒲公英山葡萄酒、公英蜂蜜通便茶等。

九、其他应用

蒲公英花黄色素可用于食品添加剂；蒲公英提取物可用于化妆品原料，如蒲公英美白祛斑霜，蒲公英祛斑美白洗面奶等。

参考文献

[1] 许先猛,董文宾,卢军,等.蒲公英的化学成分和功能特性的研究进展[J].食品安全质量检测学报,2018,9（07）:1623-1627.

[2] 王亚茹,李雅萌,杨娜,等.蒲公英属植物的化学成分和药理作用研究进展[J].特产研究,2017,39（04）:67-75.

芡实 QIANSHI

一、来源及产地

为睡莲科植物芡（*Euryale ferox* Salisb.）的干燥成熟种仁。在中国从黑龙江至云南、广东、海南等地广泛分布。

二、植物形态

一年生大型水生草本。沉水叶箭形或椭圆肾形，长 4 ~ 10cm，叶和叶柄均无刺。浮水叶椭圆肾形，直径 10 ~ 130cm，盾状全缘，下面带紫色，被短柔毛，在叶脉分枝处有锐刺，叶柄及花梗粗壮，均具硬刺。花萼披针形，外面密生稍弯硬刺；花瓣紫红色，成数轮排列，向内渐变成雄蕊；无花柱，柱头成凹入柱头盘。球形浆果外面密生硬刺。种子球形，黑色。花期7 ~ 8月，果期8 ~ 9月。

三、药材简明特征

类圆球形，直径 5 ~ 8mm，有的破碎成块，完整者表面有暗紫色或红棕色的内种皮，一端约1/3为黄白色。质地较硬，断面白色，粉性。气无，味淡。以饱满、粉性足、断面白色、无碎末者为佳。

四、化学成分

1. 主要有效成分
多糖、豆甾醇。
2. 主要成分
（1）多酚类：没食子酸、焦性没食子酸、绿原酸、芦丁等。
（2）新木脂素：芡实素 A、B、C 等。
（3）其他类：生育酚、脑苷脂、环二肽、淀粉、蛋白质、脂肪、胡萝卜素、维生素 B_1、维生素 B_2、维生素 C；β–谷甾醇、胡萝卜苷、5,7–二羟基色原酮等。

五、现代药理作用

1. 降血糖作用：可通过提高血清中的胰岛素，从而减低血糖。
2. 抗氧化作用：可清除自由基和提高 SOD 和 CAT 的活力。
3. 抗疲劳作用：可改善机体的代谢功能，促进肝糖原的分解，增加所需能力的供给。
4. 其他抗疲劳、延缓衰老、抗心肌缺血、保护肾功能、抑菌、抑制黑色素生成、抗神经细胞毒性等作用。

六、功效

性平,味甘、涩。归脾、肾经;益肾固精、健脾止泻、除湿止带。用于梦遗滑精、遗尿尿频、脾虚久泻、白浊、带下等症。

七、代表性中药制剂与方剂

1. 金锁固精丸:由炒沙苑子、蒸芡实和莲须各60g,煅龙骨和牡蛎各30g,莲子120g组成,可固精涩精。

2. 水陆二味丸:由芡实和金樱子各500g组成,可涩精止带。

3. 其他:如秋水健脾散、除湿白带丸、降糖舒丸等。

八、食品应用

1. 药膳

芡实粥,可滋养强体;芡实山药生姜粥(生姜、芡实、薏米、大米、山药、盐等)制作而成,可暖宫、补肺固肾;莲子芡实粥可健脾益精、固涩;牛肉莲子芡实汤(牛肉、黑豆、猪膀胱、莲子、芡实和黑枣)对缓解小儿遗尿效果较佳。

2. 代表性保健食品

(1)乐斯咀嚼片:由芡实、麦芽、山楂、茯苓、陈皮等组成,可促进消化。

(2)灵参强身胶囊:由灵芝、人参、芡实、桑椹等组成,可调节免疫。

(3)怡神丸:由山药、枸杞、芡实等组成,可抗疲劳。

3. 其他

(1)粮油制品:芡实粉条、茯苓芡实糕、芡实蛋卷、芡实饼干、芡实非油炸方便面、酒酿芡实月饼、芡实麦片等。

(2)乳制品:芡实奶粉、芡实酸奶等。

(3)饮品:芡实饮料、芡实果醋、芡实保健茶(分心木、芡实、枸杞子、补骨脂组成)。

(4)其他食品:芡实辣椒酱、酒酿芡实羹,以及芡实与甜玉米制作的罐头、芡实红枣粉、莲子芡实即食冲调粉、蛹虫草沙棘芡实粉、芡实薏米雪莲膏、芡实黄精片压片糖果等产品。

九、其他应用

芡实提取物可用于化妆品原料。

参考文献

[1] 徐旭,刘娴,李良俊. 芡实研究进展 [J]. 长江蔬菜,2017(18):62-68.

[2] 刘琳,刘洋洋,占颖,等. 芡实的化学成分、药理作用及临床应用研究进展 [J]. 中华中医药杂志,2015,30(02):477-479.

青果 QINGGUO

一、来源及产地

为橄榄科植物橄榄(*Canarium album* (Lour.) DC.)的成熟果实。在中国,主产于福建,另外在广东、广西、海南、台湾、四川、浙江等省亦有栽培。

二、植物形态

乔木,小枝幼时被黄棕色绒毛,后无毛。小叶 3 ~ 6 对,纸质至革质,披针形或椭圆形(至卵形),长 6 ~ 14cm,宽 2 ~ 5.5cm,全缘。侧脉 12 ~ 16 对,中脉发达。雄花为聚伞圆锥花序,雌花序总状,花萼在雄花上具 3 浅齿,在雌花上近截平。雄蕊 6,无毛,花盘在雄花中球形,在雌花中环状。雌蕊密被短柔毛。果卵圆形至纺锤形,黄绿色,种子 1 ~ 2,花期 4 ~ 5 月,果 10 ~ 12 月。

三、药材简明特征

1. 鲜青果:呈梭状,两端钝圆或渐尖,长可达 3 ~ 4cm。外表黄绿色或碧绿色。时日较久呈乌黄色、平滑、微有光泽。果肉厚实,内面黄白多汁。棕褐色果核梭形,具 6 条棱线,质硬不易碎。种子细长梭形,种皮红棕色,种仁白色,油润,有香气、无臭,味涩微酸,嚼之有回甜。以个大、肉厚、色青绿者为佳。

2. 干青果:外形同上,外表紫棕色或棕褐色,皱缩,有多数凹凸不平的皱纹。果肉较薄,棕灰色或褐色,质坚韧,可与果核分离,内核性状与鲜者无异。味甜,酸涩味较差。以个大肉厚、色灰绿、无乌黑斑者为佳。

四、化学成分

1. 主要有效成分
滨蒿内酯、东莨菪内酯、丁酸等。
2. 主要成分
(1)脂肪酸:丁酸、五碳酸、辛酸、癸酸、棕榈酸、十六碳酸、硬脂酸、油酸、亚麻酸、花生四烯酸等。
(2)挥发油:石竹烯、6,6-二甲基-2-亚甲基-二环 [3.1.1]-庚烷、p-薄荷-1-烯-8-醇等。
(3)多酚类:没食子酸、3,4-二羟基苯甲酸乙酯、焦性没食子酸、邻羟基苯甲酸、鞣花酸、没食子酸乙酯;邻、间、对甲基酚、香芹酚及麝香草酚等。
(4)三萜类:α-香树脂醇、β-香树脂醇。

（5）黄酮类：穗花杉双黄酮、槲皮素等。

（6）香豆素类：滨蒿内酯、东莨菪内酯等。

（7）其他类：蛋白质、脂肪、糖类、微量元素、维生素 C。

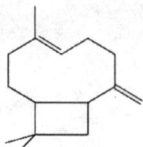
图 82　石竹烯

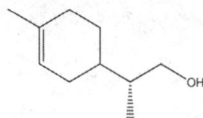
图 83　p-薄荷-1-烯-8-醇

五、现代药理作用

1. 解酒护肝作用：可酒精对肝的损伤，抑制肝细胞凋亡，促进其再生。

2. 抗氧化作用：可清除自由基和抑制细胞氧化。

3. 抑菌作用：可抑制大肠杆菌、金黄色葡萄球菌、黄曲霉等菌。

4. 其他：利咽止咳、抗病毒、降血脂、抗心肌缺血等。

六、功效

性凉，味甘、酸、涩。归肺、胃经；清肺利咽，开胃生津，解毒。用于咳嗽痰血、咽喉肿痛、食欲不振、暑热烦渴、醉酒、鱼蟹中毒、鱼骨鲠咽、湿疹疳疮等症。

七、代表性中药制剂与方剂

1. 青果片（丸）：由青果，金银花，黄芩，北豆根，麦冬，玄参，白芍，桔梗组成，可清热利咽，消肿止痛。

2. 复方青果颗粒（冲剂）：由胖大海、青果、金果榄、麦冬、玄参、诃子、甘草组成，可清热利咽，生津。

3. 咽炎片：由玄参 120g，百部、天冬、牡丹皮、麦冬 90g，制款冬花、地黄和青果各 90g，木蝴蝶和蝉蜕各 30g，板蓝根 150g，薄荷油 0.3g 组成，可利咽。

4. 其他：如橄榄晶冲剂、咽炎片、小儿抗痫胶囊、榄葱茶等。

八、食品应用

1. 药膳

青果柠檬汁（青果 300g，柠檬汁、白糖各适量）、青果梨羹（青果 250g，梨块 300g 等）、青果玉竹百合汤（青果 230g，干百合 15g，玉竹 9g，白糖适量）。

2. 代表性保健食品

（1）欣怡袋泡茶：由青果、余甘子、桔梗、玄参、甘草、绿茶组成，清咽。

（2）复沛夜清胶囊：由葡萄籽、五味子和青果三者的提取物等组成，可辅助保护化学性肝损伤。

3. 其他

青果乌梅茶、青果百合粉、橄榄菜、橄榄油、甘草橄榄、九制香草橄榄果、鸡公榄蜜饯、咸橄榄、佛手橄榄、橄榄汁等。

九、其他应用

青果(橄榄)提取物、橄榄油可用于化妆品原料,如橄榄油美白防晒露、橄榄阳光防晒乳、橄榄无瑕祛斑霜、橄榄洁面油等。

参考文献

[1] 陈碧琼,聂咏飞,涂华. 中药青果的化学成分及药理作用研究进展 [J]. 广州化工 2012,40(21):16-18.

[2] 项昭保,徐一新,陈海生,等. 橄榄中酚类化学成分研究 [J]. 中成药,2009(6):917-918.

[3] 谭穗懿,杨旭锐,杨洁,等. 青果挥发油化学成分的 GC-MS 分析 [J]. 中药材,2008(6):842-844.

人参 RENSHEN

一、来源及产地

为五加科植物人参（*Panax ginseng* C. A. Mey.）的干燥根和根茎。在中国主要产于东北三省。

二、植物形态

多年生宿根草本，主根肥厚，肉质，圆柱形或纺锤形，根状茎短。茎直立，复叶掌状，小叶3～5片，有小叶柄；小叶片边缘有细锯齿，最下1对小叶甚小，无小叶柄。伞形花序。5基数，苞片小，条状披针形；萼钟形，与子房愈合，雌蕊1，子房下位，人参浆果熟时鲜红色，种子2个。花期6～8月。

三、药材简明特征

主根为圆柱形或纺锤形，表面灰黄色，上部有粗横纹和显著纵皱纹，下部可见2～3条支根，短而弯曲，末端具多数细长参须，可见散生细小疣状突起。顶端芦头多拘挛弯曲，有稀疏的凹窝状芦碗，常见1～3个芋。质较硬，横断面淡黄白色，粉性，皮部有黄棕色点状树脂道和放射状裂隙，气特异，味微苦，甘。

四、化学成分

1. 主要有效成分
人参总皂苷。
2. 主要成分
（1）三萜皂苷类：人参皂苷 Rg_1、人参皂苷 Rb_1、人参皂苷 R_0。
（2）糖类：葡萄糖、果糖、蔗糖、葡萄糖－果糖－果糖、三聚葡萄糖、葡萄糖－葡萄糖－果糖、阿拉伯糖半乳聚糖、杂多糖等。
（3）挥发油：β－榄香烯、人参炔醇等。
（4）其他类：维生素（B_1、B_2、菸酸、菸酰胺、泛酸）、多种氨基酸、胆碱、酶（麦芽糖酶、转化酶、酯酶）、精胺及胆胺等。

五、现代药理作用

1. 保护心脑血管系统：可血小板聚集，保护缺血引起的心肌及脑损伤，减少胆固醇的积累。

2.抗氧化作用：可清除自由基和提高超氧化物歧化酶（SOD）的活力。

3.保护神经系统：可增强损伤后的神经系统的性能和记忆力。

4.其他：增强机体免疫功能、抗病毒、减少肝损伤、促进性激素分泌、抗应激、抗衰老、抗疲劳、促进营养的吸收、保护胃、增强消化功能等作用。

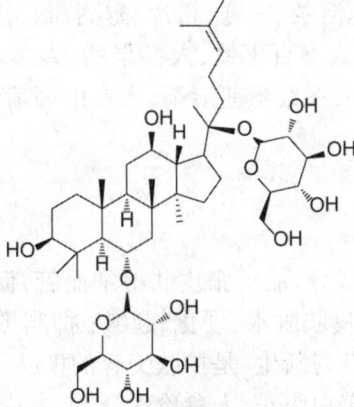

图84　人参皂苷Rg₁

六、功效

性微温，味甘、微苦。归心、肺、脾经；大补元气、复脉固脱、补脾益肺、生津安神。用于体虚欲脱、肢冷脉微、脾虚食少、肺虚喘咳、津伤口渴、内热消渴、久病虚羸、惊悸失眠、阳痿宫冷、心力衰竭、心源性休克等症。

七、代表性中药制剂与方剂

1.定志丸：由人参、茯苓、菖蒲、远志、防风和独活各30g组成，可用于恍惚健忘。

2.人参蛤蚧散：由蛤蚧1对，苦杏仁、人参、川贝、桑白皮和知母各12g，炙甘草9g，云苓15g组成，可益气清肺，止咳定喘。

3.四君子汤：由去芦人参、白术、去皮茯苓、炙甘草各等份组成，可补气，益气健脾。

4.一捻金胶囊：由大黄，牵牛子（炒），槟榔，人参，朱砂组成，可消食导滞，祛痰，通便。

5.其他：如三宝胶囊、人参五味子糖浆、人参健脾丸、人参再造丸等。

八、食品应用

1.药膳

人参枸杞粥（人参15g，枸杞子20g，大米150g），按照粥制作方法完成；人参蒸甲鱼（人参10g，红枣10颗，麦冬9g，丹参log，甲鱼1只，葱10g）；人参炒猪腰（人参10g，猪腰1对）；清蒸人参鸡（人参15g，母鸡1只，火腿10g，水发玉兰片10g，水发香菇15g）；人参菠菜饺（人参100g，猪肉500g，菠菜750g，面粉3000g），再分别加以适量佐料按照常规方法制成。

2.代表性保健食品

（1）人参益母草鹿胎膏：由人参、益母草、马鹿胎粉组成，可增强免疫力。

（2）瑞迪颗粒：由人参、红景天、灵芝、刺五加、枸杞子、蔗糖组成，可缓解体力疲劳，提高缺氧耐受力。

（3）映月胶囊：由人参皂苷粉、牛血提取物、维生素 C 粉、维生素 E 粉等组成，可抗氧化。

3. 其他

人参酒（饮料、压片糖果、速溶茶、蜜膏、粉片、露酒、茶、挂面、锅巴、酥糖、颗粒）、人参蓝莓糖果、人参酸枣仁固体饮料、人参百枣饮、人参果醋、人参玛咖片、人参茯苓复合颗粒、玛咖人参蛹虫草片、人参枸杞酒、人参红枣速溶茶、人参山葡萄酒、富硒木耳人参固体饮料、人参红景天片等。

九、其他应用

人参含多种皂苷和多糖类成分，能扩张皮肤毛细血管，促进皮肤血液循环，增加皮肤营养，调节皮肤的水油平衡，防止皮肤脱水、硬化、起皱；抑制黑色素的还原性能，使皮肤洁白光滑，能增强皮肤弹性，使细胞获得新生，是护肤美容的极品。常见产品如人参美乳霜、人参美白霜、人参黑发霜、人参酵母美白眼霜、人参珍珠膏、人参清爽沐浴乳等。

参考文献

[1] 钟赣生. 中药学 [M]. 北京：中国中医药出版社，2016.

[2] 宋齐. 人参主要化学成分及皂苷提取方法研究进展 [J]. 人参研究，2019（4）：43-45.

肉苁蓉 ROUCONGRONG

一、来源及产地

为列当科植物肉苁蓉（*Cistanche deserticola* Y.C.Ma）的干燥带鳞叶肉质茎。在中国分布于内蒙古、陕西、甘肃、宁夏、新疆等地。

二、植物形态

多年生寄生草本，茎肉质肥厚，圆柱形，黄色。被多数黄色覆瓦状排列的肉质鳞片状叶。穗状花序圆柱形，花多数而密集。每花基部有 1 枚大苞片和 2 枚对称的小苞片，花萼钟形，淡黄色或白色，5 浅裂，花冠管状钟形，5 浅裂，裂片近圆形，紫色。雄蕊 4，花药与花丝基部被皱曲的长柔毛，子房上位，蒴果 2 裂，种子多数。花期 5～6 月，果期 6～7 月。

三、药材简明特征

扁圆柱形，略弯曲，长 3～20cm，直径 2～8cm，表面灰棕色，密被覆瓦状排列的肉质菱形或三角形鳞片，鳞叶先端已断或脱落后留下线状鳞叶痕。质坚硬，体重，不易折断，断面棕褐色，有淡棕色点状波状环纹维管束（习称"筋脉点"）。气微，味甜、微苦。以肉质肥大、油性大、黑棕色、质柔润者为佳。

四、化学成分

1. 主要有效成分
松果菊苷和毛蕊花糖苷。
2. 主要成分
（1）环烯醚萜类成分：表马钱子酸、苁蓉素等。
（2）木质素类成分：松脂醇等。
（3）苯乙醇苷类：麦角甾苷，松果菊苷，毛蕊花糖苷，肉苁蓉苷 A、B、C、D、E、G、H，红景天苷等。
（4）挥发油：邻苯二甲酸二丁酯、葵二酸二丁酯、邻苯二甲酸二异辛酯、丁子香酚等。
（5）其他类：苯丙氨酸、缬氨酸、亮氨酸、异亮氨酸、赖氨酸、苏氨酸等十五种氨基酸及琥珀酸、三十烷醇、多糖等。

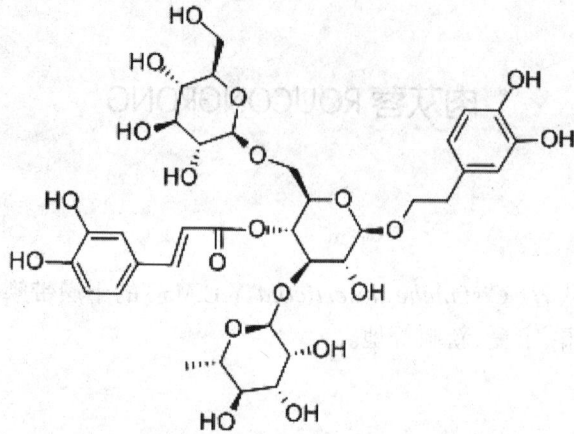

图 85　松果菊苷

五、现代药理作用

1. 神经保护作用：可提高损伤的神经细胞的修复能力,防治神经系统疾病。

2. 抗氧化作用：可有效清除自由基。

3. 抗衰老作用：可改善记忆力。

4. 其他：保肝、润肠通便、抗肿瘤和疲劳、改善骨质疏松等。

六、功效

性温,味甘、咸。归肾、大肠经;补肾阳、益精血、润肠通便。用于阳痿、不孕、腰膝酸软、筋骨无力、肠燥便秘等症。

七、代表性中药制剂与方剂

1. 当归苁蓉散：含当归(麻油炒)180g,肉苁蓉 90g,瞿麦 15g,六神曲 60g,泻叶、厚朴和醋香附各 45g,枳壳 30g,木香和通草各 12g,可润燥滑肠,理气通便。

2. 便通片：由麸炒白术 296g,肉苁蓉 210g,当归 170g,桑椹和枳实各 127g,芦荟 65g 组成,可健脾益肾,润肠通便。

3. 其他：如健脑胶囊、壮阳春胶囊等。

八、食品应用

1. 药膳

肉苁蓉粥(肉苁蓉 30g、鹿角胶 5g、羊肉 100g、粳米 150g),肉苁蓉煎水取汁,羊肉切小块,与大米同煮粥,临熟时下鹿角胶煮至粥熟;鸡肉炖苁蓉;肉苁蓉羹(肉苁蓉 30g、甘薯 50g、羊肉 100g)等。

2. 代表性保健食品

（1）肉苁蓉灵芝茶：由肉苁蓉、灵芝、红茶组成，可增强免疫力。

（2）力能保软胶囊：由银杏叶、肉苁蓉、山药、人参、维生素 E、紫苏油等组成，可缓解体力疲劳、抗氧化。

（3）骨力康胶囊：由黑豆、牡蛎、肉苁蓉组成，可增加骨密度、延缓衰老。

3. 其他

正元胶囊、肉苁蓉泡酒（油、片）、苁蓉麻子仁膏（肉苁蓉 15g，火麻仁 30g 和沉香 6g），前两者煎水，沉香后下，加入约等量的炼蜜，搅匀，煎沸收膏；肉苁蓉枸杞酒（肉苁蓉 200g、锁阳 100g、天麻 30g 和枸杞子 50g）、肉苁蓉菟丝酒：（肉苁蓉 30g、菟丝子 20g），白酒浸泡半月后即成。

九、其他应用

肉苁蓉提取物可用于化妆品原料。

参考文献

[1] 刘晓明，姜勇，孙永强，等 . 肉苁蓉化学成分研究 [J]. 中国药学杂志，2011（14）：1053-1058.

[2] 张宝艳 . 肉苁蓉化学成分的研究概况 [J]. 海峡药学，2015，27（5）：53-56.

肉豆蔻 ROUDOUKOU

一、来源及产地

为肉豆蔻科植物肉豆蔻（*Myristica fragrans* Houtt.）的干燥种仁。现中国在广东、云南、海南等地已引种栽培。

二、植物形态

小乔木,叶近革质,椭圆形,两面无毛,侧脉 8 ~ 10 对。雄花序长 1 ~ 3cm,无毛,花被裂片 3,外面密被灰褐色绒毛;花药 9 ~ 12 枚,雌花序总梗粗壮、着花 1 ~ 2 朵;花被裂片3,外面密被微绒毛。子房椭圆形,外面密被锈色绒毛,果常单生,假种皮红色,种子卵珠形。花期 2-3 月,果期 3-5 月。

三、药材简明特征

椭圆形或卵圆形,长 2 ~ 3cm。表面灰黄色或灰棕色,有时外被白粉。全体有不规则网状沟纹和浅色纵行沟纹。种脊呈纵沟状,连接两端。质坚,断面为棕黄色相杂大理石花纹,宽端可见干燥皱缩富油性的胚。气香浓烈,味辛。

四、化学成分

1. 主要有效成分
肉豆蔻醚、丁香酚、樟烯和肉豆蔻酸甘油酯。
2. 主要成分
（1）挥发油:丁香酚、香桧烯、α - 及 β - 蒎烯、松油 -4- 烯醇、γ - 松油烯、柠檬烯、冰片烯、β - 水芹烯、对聚伞花素、α - 异松油烯、α - 松油醇、δ - 荜澄茄烯、肉豆蔻醚、樟烯、榄香脂素等。
（2）酯类:肉豆蔻酸甘油酯和少量的三油酸甘油酯等。
（3）木脂素:1-（3,4- 亚甲二氧基苯基）-2-（4- 烯丙基 -2,6- 二甲氧基苯氧基）-1- 丙醇、1-（3,4- 亚甲二氧苯基）-2-（4- 烯丙基 -2,6- 二甲氧基苯氧基）-1- 丙醇乙酸酯等。
（4）三萜皂苷类:肉豆蔻酸及三萜皂苷,苷元为齐墩果酸。
（5）其他类:淀粉、蛋白质、少量的蔗糖、多聚木糖、戊聚糖、色素等。

五、现代药理作用

1. 抗菌作用:可抑制及杀灭多种细菌和真菌。

2.抗氧化作用：可清除自由基和提高还原能力。

3.抗肿瘤作用：可抑制癌细胞增殖，诱导癌细胞凋亡。

4.其他：抗炎镇痛、护肝、抗抑郁、抗血小板凝集、抗痉挛、促红细胞生成、降血糖血脂等作用。

六、功效

性温，味辛。归脾、胃、大肠经；有小毒；温中行气，涩肠止泻。用于脾胃虚寒、久泻不止、脘腹胀痛、食少呕吐等症。

七、代表性中药制剂与方剂

1.二十味肉豆蔻散：含肉豆蔻和石灰华各 75g、降香和藏茴香各 80g、沉香 100g、广枣 65g、红花 90g、丁香 40g、大蒜（炭）和豆蔻 35g、阿魏 20g 等，可镇静安神。

2.三味檀香颗粒：由檀香、肉豆蔻和广枣 370g 等组成，可清心热。

3.其他：如肉蔻四神丸可温中散寒，补脾止泻，二益丸可调经止带，温暖子宫；四神丸可温肾散寒，涩肠止泻；肥儿丸可健胃消积，驱虫；养脏汤用于治寒热失调，久痢久泻，里急后重者等。

八、食品应用

1.药膳

砂蔻蒸鱼（草鱼一条，砂仁、肉豆蔻、党参和白术各 10g）、肉豆蔻陈皮烧鲫鱼（鲫鱼一条，肉豆蔻、陈皮和延胡索各 6g）、豆蔻粥（肉豆蔻 10g，生姜 2 片，粳米 50g）、肉豆蔻山药粥（肉豆蔻 20g，山药 20g，粳米 50g）等。

2.代表性保健食品

（1）诃卫胶囊：由诃子肉、白芍、蜂胶、肉豆蔻、珍珠组成，辅助保护胃黏膜免受损伤。

（2）舒睡软胶囊：含酸枣仁、丁香、肉豆蔻、黑胡椒、肉桂等，可改善睡眠。

（3）特质灵芝酒：由灵芝、肉桂、白芷、茯苓、肉豆蔻、乌蛇、龟板、当归、丁香、陈皮、全蝎、甘草等组成，可免疫调节、抗氧化、延缓衰老。

3.其他

肉豆蔻酒、沙棘肉豆蔻复合颗粒、肉豆蔻橘红膏、人参肉豆蔻复合糖果片等。另可作为食物调料。

九、其他应用

肉豆蔻可制成口腔清洁液；作为护肤品，可保湿，如肉豆蔻调理精油。

参考文献

[1] 张勇，张娟娟，康文艺，等.肉豆蔻属植物化学成分和药理活性研究进展[J].中国中

药杂志,2014,39（13）: 2438-2449.

[2] 方爱娟,徐凯节 . 肉豆蔻的化学成分及生物活性研究进展 [J]. 中国药业,2013,22（15）: 113-115.

肉桂 ROUGUI

一、来源及产地

为樟科植物肉桂(*Cinnamomum cassia* Presl)的干燥树皮。在中国,广东、广西、福建、台湾、云南等省区栽培,以广西为道地产区。

二、植物形态

乔木,树皮灰褐色,叶互生或近对生,长椭圆形,离基三出脉,侧脉近对生,自叶基 5 ~ 10mm 处生出。叶柄粗壮,长 1.2 ~ 2cm,腹面被黄色短绒毛。圆锥花序三级分枝排列为聚伞花序,各级序轴被黄色绒毛。白色花和花被两面均被黄褐色短绒毛,能育雄蕊 9,花丝被柔毛。退化雄蕊 3,位于最内轮。子房卵球形,果椭圆形,成熟时黑紫色,无毛。花期 6 ~ 8 月,果期 10 ~ 12 月。

三、药材简明特征

卷筒状或槽状,外表面灰棕色,有不规则细皱纹和横向突起的皮孔,有时见灰白色斑纹。内表面红棕色,略平坦,有细纵纹,划之显油痕。质硬而脆,易折断,断面不平坦,内层红棕色而油润,外层棕色而较粗糙,两层间有 1 条黄棕色线纹。气香浓烈,味甜、辣。

四、化学成分

1. 主要有效成分

肉桂多酚,桂皮醛、桂醇。

2. 主要成分

（1）挥发油:桂皮醛、乙酸桂皮酯、桂皮酸乙酯、苯甲酸苄酯、苯甲醛、香豆精、β - 荜澄茄烯、菖蒲烯、β - 榄香烯、原儿茶酸、反式桂皮酸等。

（2）二萜及其糖苷:锡兰肉桂素、锡兰肉桂醇、脱水锡兰肉桂素,脱水锡兰肉桂醇等。

（3）黄酮类:山奈酚,原矢车菊素 C_1、B_1、B_2、B_5、B_7、A_2,原矢车菊素 B_2-8-C-β-D- 葡萄糖苷,原矢车菊素 B_2-6-C-β-D- 葡萄糖苷,儿茶素,表儿茶素及其糖苷,原花青素三聚体至五聚体等。

（4）其他类:肉桂苷、桂皮苷和桂皮多糖、桂皮鞣质等。

五、现代药理作用

1. 抗菌作用:可与抗生素起协同作用,对抗多种细菌。

2. 降糖作用:可增强胰岛素活性,改善胰岛素抵抗。

3. 抗肿瘤作用：可抑制癌细胞增殖,诱导癌细胞凋亡。

4. 其他：预防与治疗冠心病、心律失常,改善阿尔兹海默症、抗氧化、抗病毒、有效的子宫收缩剂、杀虫等作用。

六、功效

性大热；味辛、甘。归脾、肾、心、肝经；补火助阳、引火归原、散寒止痛、活血通经。用于阳痿、宫冷、腰膝冷痛、肾虚作喘、阳虚眩晕、目赤咽痛、心腹冷痛、虚寒吐泻、寒疝、经闭、痛经等症。

七、代表性中药制剂与方剂

1. 丁桂温胃散：由丁香和肉桂各 500g 组成,可温胃散寒,行气止痛。

2. 小儿腹泻贴：由丁香,肉桂,荜茇组成,可温中健脾．散寒止泻。

3. 其他：如肉桂酊、丹桂香颗粒、仲景胃灵丸、八味肉桂胶囊等。

八、食品应用

1. 药膳

羊肉肉桂汤、肉桂附子鸡蛋汤等。

2. 代表性保健食品

（1）华桂胶囊：由肉桂、桑叶提取物、苦瓜提取物组成,可辅助降血糖。

（2）金惠酒：由拟黑多刺蚁、人参、枸杞子、肉桂、蜂蜜等组成,可增强免疫力、缓解体力疲劳。

（3）三疏胶囊：由三七、泽泻、川芎、莲子心、肉桂组成,可调节血脂。

3. 其他

如肉桂压片糖、肉桂干姜茶、肉桂山楂茶、肉桂桃仁膏、肉桂鹿鞭膏、龙眼肉桂代用茶、肉桂粉、肉桂红糖茶、肉桂膏等。

九、其他应用

用作香料外,还可以作为化妆品原料,如肉桂护手护甲霜等。

参考文献

[1] 曾正渝,兰作平．桂的研究现状及应进展 [J]. 现代医药卫生,2007（01）: 59-60.

桑葚 SANGSHEN

一、来源及产地

为桑科植物桑树（*Morus alba* L.）干燥果实。在中国长江中下游各地常见栽培。

二、植物形态

落叶灌木,幼枝有毛,有乳汁,单叶互生,边缘有粗齿,托叶早落,叶脉密生白柔毛。花单性,雌雄异株,雄花荑葇花序,早落,花被片 4,雄蕊 4。雌花花被片 4,子房上位,由 2 个合生心皮。聚合果被包于肉质化的花被片内,黑紫色或白色。花期 4 ~ 5 月,果期 6 ~ 7 月。

三、药材简明特征

由多数小瘦果集合而成,呈长圆形,长约 12cm,直径 0.5 ~ 0.8cm。表面黄棕色、棕红色至暗紫色,有短果序梗。小瘦果卵圆形,外具肉质花被片 4 枚。气微,味微酸而甜。

四、化学成分

1. 主要有效成分
多糖、鞣酸、苹果酸。
2. 主要成分
（1）多酚类:白藜芦醇、白藜芦醇苷、花色苷类等。
（2）多糖:FMAP-2 杂多糖;
（3）挥发油:苯乙醇、己醛、3- 甲基 – 丁醇、壬醛、2,3- 丁二醇和 3- 羟基 –2- 丁酮、桉叶素、牻牛儿醇、芳樟醇乙酸酯、芳樟醇、樟脑、α – 蒎烯和柠檬烯。
（4）黄酮类:儿茶素、槲皮素、胡萝卜素、芦丁、杨梅酮、矢车菊素和矢车菊苷等。
（5）氨基酸:天门冬氨酸、苏氨酸、丝氨酸、谷氨酸、脯氨酸。
（6）脂肪酸:亚油酸、棕榈酸、油酸、亚麻酸、肉豆蔻酸、棕榈油酸等。
（7）其他类:鞣酸、维生素 B_1、维生素 B_2 等。

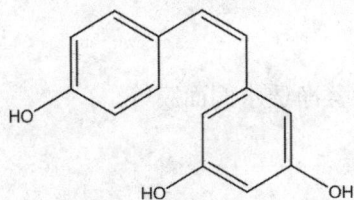

图 86　白藜芦醇

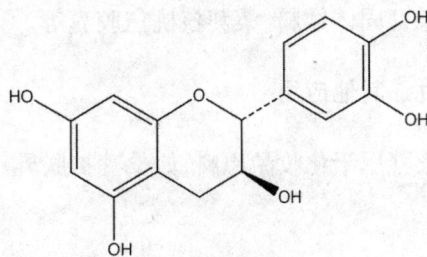

图 87　儿茶素

五、现代药理作用

1. 免疫调节作用：可增强体液免疫、淋巴细胞增殖能力。
2. 抗氧化作用：可清除自由基和抑菌活性。
3. 抗肿瘤作用：可抑制癌细胞增殖,诱导癌细胞凋亡。
4. 其他：降糖、降脂、促进造血机能、增强食欲、开发智力等作用。

六、功效

性寒,味甘。归心、肝、肾经;滋阴补血、润肠、生津。用于阴亏血虚、阴虚消渴、津亏口渴、眩晕耳鸣、肠燥便秘等症。

七、代表性中药制剂与方剂

1. 蚁灵口服液：由陈皮,大枣,桑葚,灵芝,鼎突多刺蚁,续断组成,可补肝肾、强筋骨。
2. 复方桑椹合剂：由鲜桑椹,枸杞,莲子,山楂,麦芽组成,可补肾健脾。
3. 便通片：由麸炒白术 296g,肉苁蓉 210g,当归 170g,桑椹和枳实各 127g,芦荟 65g 组成,可健脾益肾,润肠通便。
4. 其他：如健肾生发丸、养血补肾丸、复脉定胶囊等。

八、食品应用

1. 药膳
如桑椹粥、桑椹果仁粥、枸杞桑葚粥、芝麻桑葚粥、桑葚枸杞猪肝粥、桑葚红枣饮等。
2. 代表性保健食品
（1）美容口服液：由玉竹、灵芝、当归、桑葚、覆盆子、山茱萸、菊花、白芷、香附等组成,可祛黄褐斑、有改善皮肤水分作用。
（2）疏糖丹：由佛手、桑葚、山药等组成,可调节血糖。
（3）肝顺胶囊：由栀子、桑葚、枸杞子、菊花、白芍、当归、泽泻、山药组成,可辅助保护化学性肝损伤。
3. 其他
如桑葚干(粉、膏、果酱、酸奶)、人参桑葚粉、红参桑葚饮料、桑葚鹿鞭糕、鹿茸血桑葚片、枸杞桑葚固体饮料、桑葚核桃仁胶囊等。

九、其他应用

桑葚用于化妆品原料,如桑葚护肤乳、桑葚精华素、桑葚净透水润面膜等。

参考文献

[1] 王欣. 桑椹化学成分及生物活性的研究 [D]. 北京：协和医学院中国医学科学院，2014.

[2] 李银, 滕永慧, 陈艺红, 等. 桑椹的化学成分 [J]. 沈阳药科大学学报, 2003（6）：422-424.

桑叶 SANGYE

一、来源及产地

为桑科植物桑(*Morus alba* L.)的干燥叶。地理分布同桑葚。

二、植物形态

原植物形态与地理分布同桑葚的原植物。

三、药材简明特征

多皱缩,破碎。完整叶有柄,叶片呈宽卵形,先端略尖,基部截形或心形,叶缘有锯齿。腹面可见小疣状突起,背面颜色稍浅,叶脉突出,小脉网状,脉上被疏毛,脉基具簇毛。质脆。气微,味淡、微苦涩。

四、化学成分

1. 主要有效成分
黄酮及黄酮苷。
2. 主要成分
(1)黄酮及其苷类:芦丁、槲皮素、异槲皮苷、槲皮素 –3– 三葡糖苷等。
(2)甾醇类:β– 谷甾醇、豆甾醇、菜油甾醇、β–D– 葡萄糖苷、羽扇豆醇、内消旋肌醇、昆虫变态激素、牛膝甾酮、蜕皮甾酮。
(3)挥发油:乙酸、丙酸、丁酸、异丁酸、戊酸、异戊酸、水杨酸甲酯、愈创木酚、邻苯甲酚、间苯甲酚、丁香油酚、草酸、延胡索酸、酒石酸、柠檬酸、琥珀酸、棕榈酸、棕榈酸乙酯、三十一烷、羟基香豆精。
(4)生物碱:1,4– 二脱氧 –1,4– 亚胺基 –D– 阿拉伯糖醇、1,4– 二脱氧 –1,4– 亚胺基 –(2– 氧 –β–D– 吡喃葡萄糖苷)–D– 阿拉伯糖醇等。
(5)维生素类:维生素 A、维生素 B、维生素 C、烟酸、视黄醇、胡萝卜素等。
(6)其他类:天冬氨酸、谷氨酸、γ– 氨基丁酸;Zn、Cu、B、Mn、Fe 等微量元素;糖、果糖、葡萄糖等。

五、现代药理作用

1. 降血糖作用:可促进胰岛素分泌,抑制糖的吸收,改善糖代谢。
2. 抗氧化作用:可消除自由基的过度氧化和良好的还原能力。

3. 抗肿瘤作用：可抑制癌细胞增殖，诱导癌细胞凋亡。

4. 其他：保护肝脏、抗炎、降低血脂、促进新陈代谢等作用。

六、功效

性寒，味苦、甘。归肺、肝经；疏散风热、清肺润燥、平肝明目。用于风热感冒、肺热燥咳、头晕头痛、目赤昏花等症。

七、代表性中药制剂与方剂

1. 东梅止咳颗粒：由桑叶、枇杷叶、水蜈蚣、岗梅和土牛膝各 341g，东风桔 477g，甘草 45g，蔗糖 846g 组成，可祛痰、止咳，疏风清热。

2. 复方桑菊感冒片：由桑叶 156.3g，野菊花 78.3g，一枝黄花 187.5g，枇杷仁 56.3g，桔梗 125g，芦根 125g，甘草 50g 等组成，可散风清热，利咽止咳。

3. 桑姜感冒片：桑叶 300g，菊花 120g，紫苏叶、连翘和苦杏仁各 160g，干姜 100g 组成，散风清热，宣肺止咳。用于外感风热、痰浊阻肺所致的感冒。

4. 其他：如桑菊丸、夏桑菊口服液、桑麻丸等。

八、食品应用

1. 药膳

如桑杏二冬老鸭汤（鲜桑叶 250g 或干品 30g，南杏仁、麦冬、天冬各 15g，马蹄 6 只，广陈皮 15g，老白鸭 1 只）、桑叶粥（鲜桑叶 100g，新鲜荷叶 1 张，粳米 100g）等。

2. 代表性保健食品

（1）绿尚胶囊：由灵芝、当归、泽泻、桑叶、人参组成，可辅助降血脂。

（2）恒诺胶囊：由黄精、知母、桑叶、人参、五味子组成，可辅助降血糖。

（3）丹参菊花茶：由丹参、牛膝、菊花、桑叶、乌龙茶组成，可助降血压。

3. 其他

桑叶茶、桑芽菜、人参桑叶茶、桑叶薏苡仁即食冲调粉、桑叶昆布片、霜桑叶粉、桑叶固体饮料、苦瓜桑叶片（压片糖果）、桑叶菊花茶、葛根桑叶酒、桑叶咀嚼片等。

九、其他应用

作为皮肤增白剂如桑叶乳液，桑叶保湿弹力面膜，桑叶柔肤水等。

参考文献

[1] 孙玲. 桑叶的化学成分、研究方法及药理活性研究进展 [J]. 临床合理用药杂志，2012（28）：178-179.

[2] 李明聪，杨丹，郭英. 桑叶中黄酮类化学成分及药理作用研究进展 [J]. 辽宁中医杂志，2012（2）：377-380.

沙棘 SHAJI

一、来源及产地

为胡颓子科植物沙棘(*Hippophae rhamnoides* Linn.)的成熟果实。在中国产于河北、内蒙古、山西、陕西、甘肃、青海、四川西部。

二、植物形态

落叶灌木或乔木,棘刺较多,粗壮。嫩枝褐绿色,密被银白色带褐色鳞片或时有白色星状柔毛,老枝灰黑色,粗糙。芽为金黄色或锈色。单叶常近对生,纸质,狭披针形或矩圆状披针形,腹面绿色,初被白色盾形毛或星状柔毛,背面银白色或淡白色,被鳞片,无星状毛;叶柄极短,果实圆球形,种子小,阔椭圆形,长 3 ~ 4.2mm,黑色或紫黑色,具光泽。花期 4 ~ 5 月,果期 9 ~ 10 月。

三、药材简明特征

类球形或扁球形,或数个粘连,单个直径 5 ~ 8mm。表面棕红色或橙黄色,皱缩,基部具短小果梗或果梗痕。果肉油润,质柔软。种子斜卵形,表面褐色,有光泽,中间具 1 纵沟,种皮较硬,种仁乳白色,有油性。气微,味酸涩。

四、化学成分

1. 主要有效成分
黄酮、甾醇、有机酸。
2. 主要成分
(1)黄酮类:异鼠李素、异鼠李素 –3–O–β–D– 葡萄糖苷、异鼠李素 –3–O–β– 芸香糖苷、芸香苷、紫云英苷、槲皮素、儿茶素、山奈酚等。
(2)脂肪酸:棕榈酸、硬脂酸、油酸、亚油酸、亚麻酸等。
(3)甾类:玉米黄质、隐黄质、α– 胡萝卜素,γ– 胡萝卜素和 δ– 胡萝卜素、谷甾醇、β–谷甾醇 –β–D– 葡萄糖苷等。
(4)其他类:维生素 A、B_1、B_2、C、E,去氢抗坏血酸,叶酸,胡萝卜素,类胡萝卜素,花色素,8 种必需氨基酸等。

五、现代药理作用

1. 抗凝血作用:可延长凝血时间,降低纤维蛋白原含量。

2. 对消化系统的作用：可促进溃疡的愈合，良好的镇痛作用。

3. 免疫调节作用：可调节体液免疫和细胞免疫，增强抗病能力。

4. 其他：防治心脑血管系统的疾病、保护肝脏、预防呼吸系统疾病、抗肿瘤、抗氧化、延缓衰老等作用。

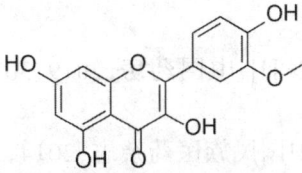

图88　异鼠李素

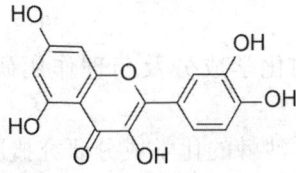

图89　槲皮素

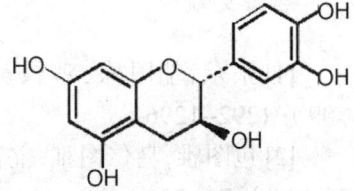

图90　儿茶素

六、功效

性温、味酸、涩。入脾经、胃经、肺经、心经；利肺滋阴、壮阳、消食化积。用于咳嗽痰多、消化不良、瘀血经闭、跌扑瘀肿等症。

七、代表性中药制剂与方剂：

1. 沙棘颗粒：由沙棘制成，可止咳祛痰，消食化滞，活血散瘀。

2. 五味沙棘散：由沙棘膏180g，木香150g，白葡萄干120g，甘草90g，栀子60g组成，可清热祛痰，止咳定喘。

3. 心脑欣丸：由红景天2000g，沙棘鲜浆286g，枸杞子1000g组成，可益气活血等。

4. 其他：沙棘干乳剂、复方沙棘籽油栓、心达康片、利肝和胃丸等。

八、食品应用

1. 药膳

如沙棘天门冬、沙棘菊花饮（沙棘50g，菊花10g）等。

2. 代表性保健食品

（1）沙棘籽油软胶囊：含沙棘籽油、明胶、甘油等，可升免疫力、助降血脂。

（2）通恒软胶囊：由葡萄籽油、沙棘籽油、当归提取液等组成，可通便。

（3）和辉胶囊：由丹参、荜茇、沙棘、制大黄组成，可辅助降血脂。

3. 其他

（1）单一原料食品：沙棘酒（饮料、蜜膏、固体饮料、调和油、软胶囊）。

（2）复合原料食品：苦荞沙棘肉桂粉、高粱沙棘酒、蛹虫草沙棘芡实粉、佛手沙棘茶、沙棘北虫草泡腾片、沙棘桑椹茶、马齿苋沙棘饮品等。

九、其他应用

沙棘油可美容，其中含大量维生素A、维生素E、黄酮和SOD活性成分，能有效消除自由基以达到抗衰老作用,是化妆品产业重要高级化妆品原料。另外沙棘高温萃取出的果素,为祛痘精华液主要成分,其有丰富的营养护肤成分,如沙棘美白防晒霜、沙棘修护日霜、沙棘润肤油、沙棘活力滋养乳液、沙棘活力沐浴乳等。

参考文献

[1] 张东,邬国栋.沙棘黄酮的化学成分及药理作用研究进展 [J]. 中国药房,2019,30（09）: 1292-1296.

[2] 包图雅,乌仁图雅,宝音仓.沙棘的化学成分研究概况 [J]. 中国民族医药杂志,2014,20（08）: 72-73.

砂仁 SHAREN

一、来源及产地

为姜科植物阳春砂（ *Amomum villosum* Lour. ）、绿壳砂 *A. villosum* Lour. ar. *xanthioides* T. L. Wu et Senjen 或海南砂 *A. longiligulare* T. L. Wu 的干燥成熟果实。在中国分布于福建、广东、广西、云南、海南。

二、植物形态

阳春砂为多年生草本，叶无柄，2 列，全缘。花葶从根茎上抽出，总花梗被细柔毛，穗状花序，苞片管状，先端 2 裂。花萼管状，先端具三浅齿；花冠管细长，白色。唇瓣圆匙形，先端 2 浅裂，反卷；雄蕊 1，药隔附属体 3 裂，子房被白色柔毛。蒴果椭圆形，具不分枝的软刺，棕红色。种子成团，多数，有浓郁香气。花期 3～5 月，果期 7～9 月；绿壳砂仁特点在于其叶舌多呈绿色，果实熟时为绿色；海南砂仁的特点为其叶舌极长，长 2～4.5cm。果具明显钝 3 棱，果皮厚硬，被柔刺。花期 4～6 月，果期 6～9 月。

三、药材简明特征

1. 海南砂：卵圆形或长椭圆形，有明显三棱，表面被片状、分枝的软刺，基部具果梗痕。果皮厚而硬。种子团较小，每瓣有种子 3～24 粒，气味稍淡。

2. 绿壳砂、阳春砂：椭圆形或卵圆形，有不明显三棱，表面棕褐色，密生刺突，顶端有花被残基，基部有果梗。果皮薄而软。种子聚结成团，具三钝棱，中有白色隔膜，将种子团分隔成 3 瓣，每瓣有种子 5～26 粒。种子呈不规则多面体，表面暗褐色或棕红色，有细皱纹，外被淡棕色膜质假种皮；质硬，胚乳灰白色。气芳香浓烈，味辛凉、微苦。

四、化学成分

1. 主要有效成分

乙酸龙脑酯、樟脑、樟烯、柠檬烯等。

2. 主要成分

（1）挥发油类：α-蒎烯、β-蒎烯、桉叶醇、对-聚花伞素、柠檬烯、樟烯、乙酸龙脑酯及樟脑等。

（2）黄酮及其苷类：槲皮素、槲皮苷和异槲皮苷。

（3）微量无机成分：有 Zn、Mn、Co、Ni、Cu、B、P、Fe、K、Mg、Ag、N、Pb、Co。

（4）有机酸类：醋酸、3,4-二羟基苯甲酸、苹果酸、香草酸、棕榈酸等。

（5）萜类：冰片、芳樟醇、樟脑萜、橙花叔醇等。

（6）甾类：β-谷甾醇、胡萝卜苷、豆甾醇、麦角甾醇等。

（7）其他类：白附子脑苷 B 和虎杖苷等。

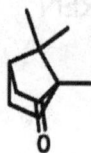

图 91　柠檬烯　　　　　图 92　樟脑　　　　　　图 93　乙酸龙脑酯

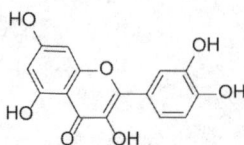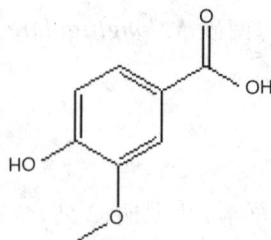

图 94　槲皮素　　　　　　　　　　图 95　香草酸

五、现代药理作用

1. 胃肠保护作用：可抗溃疡、增强肠蠕动。

2. 抑菌作用：可抑制部分真菌及细菌。

3. 镇痛作用：可抑制肿胀、延长痛阈。

4. 其他：止泻、抗炎、调节胃肠道菌群、降血糖、抗氧化等作用。

六、功效

性温，味辛。归脾、胃经；化湿开胃、温脾止泻、理气安胎。用于湿浊中阻、脘痞不饥、脾胃虚寒、呕吐泄泻、妊娠恶阻、胎动不安等症。

七、代表性中药制剂与方剂

1. 封髓丸：由砂仁 200g，盐黄柏 600g，蜜甘草 140g 组成，可用于阴虚火旺。

2. 消食养胃片：由白术 120g，茯苓、醋香附、砂仁、苍术、厚朴、南山楂、六曲、麦芽、藿香和枳壳各 80g，陈皮 160g，甘草和木香各 20g，莱菔子、半夏曲和党参各 40g，硬脂酸镁 15g 组成，可和胃止呕，舒气宽胸。

3. 其他：如香砂养胃丸、仁丹等。

八、食品应用

1. 药膳

砂仁焖排骨、砂仁鲫鱼汤、砂仁蒸鲫鱼、砂仁蒸鸡、砂仁蒸猪腰、砂仁肚条、砂仁粥、砂仁酒、砂仁鲫鱼羹、砂仁炒蛋等。

2. 代表性保健食品

（1）益保康袋泡茶：由人参、三七、酸枣仁、砂仁、续断组成,可抗疲劳。

（2）新胶宝冲剂：由砂仁、山药、栀子、莱菔子、薏苡仁、山楂、鸡内金、陈皮、丁香、白芷、薤白组成,可辅助保护胃黏膜。

（3）润馨阿胶浆口服液：含阿胶、熟地黄、党参、人参、砂仁,可升免疫力。

3. 其他

砂仁蜜饯、丁香砂仁膏、枸杞砂仁酒(露酒)、藿香砂仁固体饮料、陈皮砂仁茶、砂仁百合粉等。

九、其他应用

砂仁提取物可用于化妆品原料。

参考文献

[1] 李丽丽,田文仓,刘茵,等.砂仁中化学成分及其药理作用的研究进展 [J]. 现代生物医学进展,2018,18（22）：4390-4396.

[2] 黄崇才.砂仁的化学成分、药理作用及临床应用的研究进展 [J]. 内蒙古中医药,2017,36（Z1）：210-212.

山奈 SHANNAI

一、来源及产地

为姜科植物山奈(*Kaempferia galanga* Linn.)的干燥根茎。在中国产于广东、广西、云南、海南、台湾等省区。

二、植物形态

低矮草本,根茎块状,淡绿色或绿白色,芳香。叶2片近地生长,近圆形,无毛或叶背具稀疏长柔毛。花4～12朵顶生,花白色,具香味,易凋谢。花萼约与苞片等长,花冠管长2～2.5cm。侧生退化雄蕊倒卵状楔形,唇瓣白色,基部具紫斑,无花丝,药隔附属体正方形,2裂。果为蒴果。花期8～9月。

三、药材简明特征

圆形或近圆形,外皮黄褐色或浅褐色。皱缩,有些有根痕及残存须根,切面类白色。富粉性,时见皮层环纹,中柱常略鼓突,有"皱皮凸肉"之称。质坚脆,易折断,断面用水或酒精浸泡,溶液、断面均无色。气香特异,味辛辣。

四、化学成分

1. 主要有效成分
挥发油。
2. 主要成分
(1)黄酮类:山奈素。
(2)挥发油;龙脑、桉油精、肉桂酸乙酯、对甲氧基肉桂酸、对甲氧基肉桂酸乙酯、肉桂酸异丙醋、环己基乙酸乙醋、3,7-二甲氧基香豆素、十一烷酮、2-十七烷酮、9-羟基-2-壬酮、10-十一炔-1-醇、苯烯等。

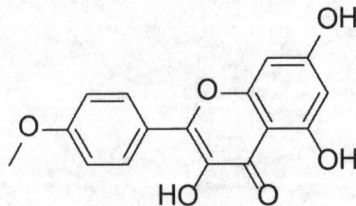

图96 山奈素

五、现代药理作用

1. 抗肿瘤作用：可抑制癌细胞增殖。
2. 抗氧化作用：可清除自由基和提高超氧化物歧化酶（SOD）的活力。
3. 杀线虫活性：可有效杀死线虫。
4. 其他：抗炎、镇痛等作用。

六、功效

性温，味辛甘，无毒。归心、脾、肾三经；温中、消食、止痛。用于心腹冷痛、食滞、跌打损伤、牙痛等症。

七、代表性中药制剂与方剂

（1）琥珀止痛膏：山奈和马钱子各 140g，八角茴香油，冰片和樟脑各 14.7g，石菖蒲 70g，黄连 42g 等组成，可活血化痰，消肿散结，通络止痛。

（2）祖卡木胶囊：由山奈，大枣，甘草，罂粟壳，睡莲花，洋甘菊，蜀葵子，薄荷，破布木果，大黄组成，用于感冒咳嗽，发热无汗，咽喉肿痛，鼻塞流涕。

（3）其他：如百花活血跌打膏、二益丸等。

八、食品应用

（1）药膳：沙姜猪手（猪手 1 只、沙姜 250g、佐料适量）、沙姜鸡（整鸡、沙姜 50g、佐料适量）等。

（2）代表性保健食品：山奈保健酒含山奈、黄芥子、苏子、芫荽，温胃止痛。

（3）其他：如山奈提取液、山奈粉可用于制成调味品。

九、其他应用

山奈提取物可用于防晒油。

参考文献

[1] 项昭保，伍晓玲，张丽，等. 山奈抗氧化作用部位研究 [J]. 食品工业科技，2018，39（24）：62-66.

[2] 吴润，吴峻松，章菽，等. 山奈与苦山奈精油化学成分的比较研究 [J]. 中药材，1994，17（10）：27-28.

山药 SHANYAO

一、来源及产地

为薯蓣科植物薯蓣(*Dioscorea opposita* Thunb.)的干燥根茎。在中国广西、河北、河南等地为主栽培,以河南为道地产区。

二、植物形态

缠绕草质藤本。根茎长圆柱形,断面干时白色。茎常紫红色,右旋无毛。茎下部叶互生,中部以上者对生,少3叶轮生。叶片形态变异大,边缘常3浅裂至3深裂,叶腋内具珠芽。雌雄异株,花序穗状,雄花序轴明显地呈"之"字状曲折,苞片和花被片具紫褐色斑点,雄蕊6。蒴果不反折,三棱状,外面被白粉,种子四周具膜质翅。花期6～9月,果期7～11月。

三、药材简明特征

圆柱形,弯曲而稍扁,表面棕黄色,有明显纵沟,质坚实而脆,易断,断面白色,颗粒状,粉性强。气无,味淡微酸,嚼之发黏。

四、化学成分

1. 主要有效成分
多糖、甾醇、薯蓣皂苷。
2. 主要成分
(1)脂肪酸:棕榈酸、亚油酸、油酸、亚麻酸等。
(2)多糖:山药多糖、甘露聚糖。
(3)蛋白质及氨基酸:丝氨酸、精氨酸、谷氨酸、多酚氧化酶等。
(4)甾类:β-谷甾醇、β-谷甾醇醋酸酯、β-胡萝卜苷、胆甾醇、甾醇等。
(5)皂苷:薯蓣皂苷。
(6)其他类:3,4-二羟基苯乙胺、植酸、胆碱、山药碱、维生素C、鞣酸。

五、现代药理作用

1. 降血糖作用:可保护胰岛功能,增加胰岛素分泌,调整脂质代谢紊乱。
2. 抗氧化作用:可清除体内多余的自由基。
3. 调节脾胃作用:可抑制胃排空,增强小肠的吸收功能。
4. 其他:降血脂、抗肿瘤、调节机体免疫力、延缓衰老等作用。

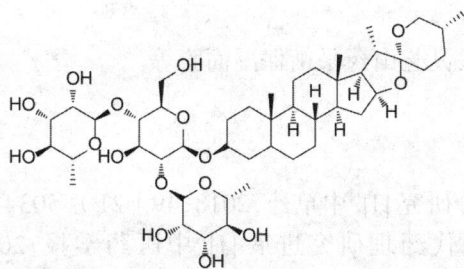

图 97 薯蓣皂苷

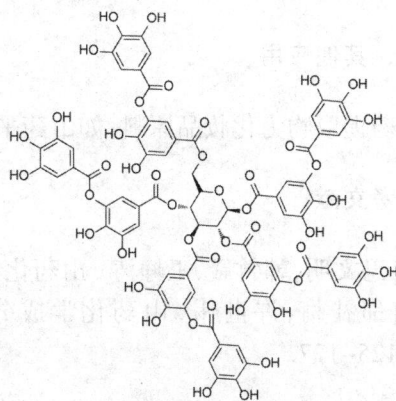

图 98 鞣酸

六、功效

性平,味甘。归脾、肺、肾经;益气养阴、补脾肺肾、固精止带。用于脾虚食少、久泻不止、肺虚喘咳、肾虚、带下、尿频、虚热消渴等症。

七、代表性中药制剂与方剂

1. 健儿散:由山药 62g,川明党参和薏苡仁各 31g,麦芽、稻芽和鸡内金各 15g,可调理脾胃,促进食欲。

2. 参苓白术片:由白术(炒)84g,党参、山药、白扁豆和莲子各 63g,茯苓、薏苡仁、砂仁、桔梗和炙甘草各 42g、陈皮 21g 组成,可健脾,止泻。

3. 其他:如健胃消食片、人参健脾片、健脑丸、健脾润肺丸等。

八、食品应用

1. 药膳

山药羊肉粥、山药炒蛋、山药黄瓜粥、珠玉二宝粥(生山药、生薏苡仁各 60g,柿霜饼 24g)、六元解毒汤(怀山药 30g,人参 5g,莲子、薏苡仁各 20g,芡实、茯苓各 15g)、山药汤(山药、黄芪、熟地各 15g,远志 12g,石菖蒲 10g)、百合拌山药(山药 250g,百合 50g,柠檬汁适量)。

2. 代表性保健食品

(1)安然胶囊:由人参、茯苓、山药、桑叶、苦瓜组成,可辅助降血糖。

(2)常舒茶:由番泻叶、山药、决明、当归、金银花、绿茶组成,可通便。

(3)乌鸡黄芪枸杞子山药口服液:含乌鸡、枸杞、黄芪、山药等,提升免疫力。

3. 其他

山药糕及干制品、山药营养粉、山药枸杞保健面包、薏米山药乳酸饮料、黄秋葵山药蔬菜粉、山药枸杞复合颗粒等。此外八珍糕(白扁豆,山药,薏米,茯苓,莲子,芡实,党参,白术)用于老人小孩脾胃虚弱、食少脾胀等。

九、其他应用

山药提取物为化妆品原料,如山药平衡霜、灵芝山药平衡保湿面膜等。

参考文献

[1] 冯文明,韩竹箴,王峥涛.山药化学成分研究[J].中草药,2018,49(21):5034-5039.
[2] 邵礼梅,许世伟.山药化学成分及现代药理研究进展[J].中医药学报,2017,45(02):125-127.

山银花 SHANYINHUA

一、来源及产地

为忍冬科植物灰毡毛忍冬(*Lonicera macranthoides* Hand.–Mazz.)、红腺忍冬 *L. hypoglauca* Miq.、华南忍冬(*L. confusa* DC.)或黄褐毛忍冬(*L .fulvotomentosa* Hsu et S. C. Cheng)的干燥花蕾或带初开的花。

二、植物形态

灰毡毛忍冬为藤本,幼枝及总花梗具薄绒状短糙伏毛,后变栗褐色有光泽而近无毛,叶背面被灰白色短糙毛,散生橘黄色微腺毛,网脉明显蜂窝状;叶柄具薄绒状短糙毛。花香,双花,圆锥状花序。苞片和萼齿外面均有细毡毛和短缘毛,小苞片有短糙缘毛,萼筒常有蓝白色粉,花冠白色,后变黄色,外被倒短糙伏毛及橘黄色腺毛,唇形,内面密生短柔毛,下唇条状倒披针形,反卷。圆形果实黑色,被蓝白色粉,直径 6 ~ 10mm。花期 6-7 月,果期 10-11 月;红腺忍冬主要特点是叶背面有黄色至橘红色蘑菇形腺体;华南忍冬和黄褐毛忍冬主要特点为幼枝、叶柄、总花梗、苞片、小苞片和萼分别密被灰黄色卷曲短柔毛和黄褐色毡毛状糙毛。

三、药材简明特征

1. 华南忍冬:长 1.6 ~ 3.5cm ,直径 0.5 ~ 2mm,外观为密被倒生糙毛及腺毛,表面红棕色或灰棕色。花朵为卵状三角形有毛或椭圆形有毛披针形。
2. 红腺忍冬:长 2.5 ~ 4.5cm,直径 0.8 ~ 2mm,外观近无毛或疏生伏毛,表面棕色或黄棕色。花朵有缘毛,椭圆形、三角状以及披针形。
3. 灰毡毛忍冬:呈棒状而销弯,长 3 ~ 4.5cm,上部直径 2mm,下部直径 1mm ,外观为疏生毡毛,表面棕黄色或灰绿色。花朵为三角形疏生毛或椭圆形,无毛。质稍硬,手捏之稍有弹性,气清香,味微苦甘。
4. 黄褐毛忍冬:外观呈密被黄褐色倒伏毛或短腺毛,表面黄色或淡黄棕色。花朵有毛,倒卵状或椭圆形,无毛,条状或披针形。

四、化学成分

1. 主要有效成分
绿原酸。
2. 主要成分
(1)苯丙素类(酚酸类):绿原酸、异绿原酸、咖啡酸等。

（2）黄酮类：木犀草苷、忍冬苷、金丝桃苷、槲皮素、苜蓿素等。

（3）皂苷类：灰毡毛忍冬次皂苷甲、乙；灰毡毛忍冬皂苷甲、乙；川续断皂苷乙等。

（3）其他类：棕榈酸、环己烷、东莨菪素等。

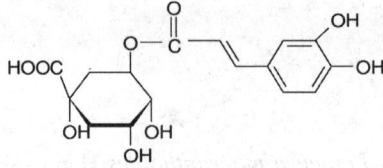

图 99　绿原酸

五、现代药理作用

1. 抗病原微生物：抑制金黄色葡萄球菌，大肠杆菌，肺炎球菌等致病菌。

2. 抗氧化作用：可清除羟自由基和还原 Fe^{3+}。

3. 抗肿瘤作用：可抑制癌细胞增殖，诱导癌细胞凋亡。

4. 其他：抗过敏、抗炎退热、抗动脉粥样硬化、抑菌、调节机体免疫力等。

六、功效

性寒，味甘。归肺经、心经、胃经；清热解毒、凉散风热。用于痈肿疔疮、喉痹、丹毒、热毒血痢、风热感冒、温病发热等症。

七、代表性中药制剂与方剂

1. 麻杏宣肺颗粒：由麻黄、苦杏仁(蝉)、桔梗、浙贝母、鱼腥草、山银花、陈皮、甘草组成，可宣肺止咳，清热化痰。

2. 复方大青叶合剂：由大青叶 400g，山银花 200g，羌活、拳参和大黄各 100g 组成，可疏风清热，解毒消肿，凉血利胆。

3. 银蒲解毒片：含山银花，蒲公英，野菊，紫花地丁，夏枯草，清热解毒。

4. 其他：如口炎清片、复方感冒灵片、清热银花糖浆、清肝利胆口服液等。

八、食品应用

1. 药膳：山银花 30g，煮萝卜，加红糖服，可解煤炭烟毒。

2. 代表性保健食品：山银花普洱茶、山银花绿茶等。

3. 普通食品：如山银花凉茶(露、固体饮料、蛋糕)、山银花红茶等。

九、其他应用

山银花提取物目前被用于香水生产，用作化妆品添加剂。还可以制成山银花牙膏等。

参考文献

[1] 杨倩茹,赵媛媛,赫江波,等.金银花与山银花化学成分及其差异的研究进展[J].江苏科技信息,2018,35（17）: 47-49.

[2] 胡律江,罗江南,郭慧玲,等.金银花与山银花差异性比较[J].江西中医药大学学报,2019,31（5）: 120-124.

山楂 SHANZHA

一、来源及产地

蔷薇科山楂属山楂（*Crataegus pinnatifida* Bunge）和山里红（*C. pinnatifida* var. *Major* N. E. Brown）果实。在中国前者产于在华东、华中、西北、华北和东北等地，后者产于河北、黑龙江、内蒙古等地。

二、植物形态

山楂为落叶乔木，刺长约 1 ~ 2cm，当年生枝紫褐色，无毛，疏生皮孔，老枝灰褐色。叶片宽卵形，两侧常各有 3 ~ 5 羽状深裂片，背面沿叶脉有疏生短柔毛，侧脉 6 ~ 10 对，托叶边缘有锯齿。伞房花序，雄蕊20，花柱3 ~ 5，基部被柔毛。果实近球形，深红色，有浅色斑点；小核 3 ~ 5。萼片脱落很迟。花期 5-6 月，果期 9-10 月；山里红果形较大，直径可达 2.5cm，深亮红色。

三、药材简明特征

果较大，圆形，直径 1.0 ~ 2.5cm，表面暗红色或红色，密布较大的白色斑点，果肉厚。种子 5 粒，较大，长肾形，常具一凹沟。气微清香，味酸、微甜。

四、化学成分

1. 主要有效成分
多种黄酮类物质及氨基酸。
2. 主要成分
（1）黄酮类：牡荆素、槲皮素、槲皮苷、金丝桃苷和芦丁等。
（2）有机酸：山楂酸、柠檬酸、熊果酸等。
（3）其他类：磷脂、维生素 C、维生素 B_2 等。

五、现代药理作用

1. 降血压作用：可扩张血管，降低血脂。
2. 抗氧化作用：可清除自由基和抑制超氧阴离子。
3. 强心作用：可增强心肌收缩力，降低外周阻力。
4. 其他：调节血脂、保护肝脏、抗癌、抗心律失常、提高免疫力等作用。

六、功效

性微温,味酸、甘。归脾、胃、肝经;消食健胃、行气散瘀。用于肉食积滞、胃脘胀满、腹痛、瘀血经闭、心腹刺痛、疝气疼痛、高脂血症等。

七、代表性中药制剂与方剂

1. 双山颗粒:由山绿茶616g,山楂308g,蔗糖963g组成,可用于热毒内蕴证咽喉炎、扁桃体炎及小儿疳积。

2. 保儿安颗粒:由山楂、稻芽、布渣叶和葫芦茶各400g,使君子、莱菔子和孩儿草各133g,槟榔88g,莲子心66g组成,可健脾消滞,利湿,驱虫治积。

3. 保和丸:由焦山楂300g,制半夏、炒六神曲和茯苓各100g,陈皮、炒莱菔子、连翘和炒麦芽各50g组成,可消食,导滞,和胃。

4. 其他:如舒康贴膏、山菊降压片、儿滞灵冲剂等。

八、食品应用

1. 药膳

如山楂莲子汤(莲子100g,山楂50g)、山楂玉米胡萝卜汤(山楂30g,玉米1根,胡萝卜1根,瘦猪肉300g)、橘子山楂粥(橘子250g,山楂100g)、山楂肉丁(瘦猪肉250g,鲜山楂50g,佐料适量)等。

2. 代表性保健食品

(1)卡琦茶:由葛根、山楂、绞股蓝、菊花、陈皮、茶叶组成,辅助保护化学性肝损伤。

(2)臻雪胶囊:由决明子、山楂、荷叶、菊花等组成,可辅助降血脂。

(3)嚼嚼咀嚼片:由山楂、麦芽、白术、山药组成,可促进消化。

(4)其他:山楂保健果酒、消食健胃山楂片等。

3. 其他

通过加工可以制成山楂饼(饮料、糕、片、粉、条、卷、酱、汁、罐头、粉、茶、糖葫芦)、炒山楂、果丹皮、糖雪球、山楂红糖膏等。

九、其他应用

山楂提取物等已用于化妆品原料。

参考文献

[1] 吴士杰,李秋津,肖学凤,等.山楂化学成分及药理作用的研究[J].药物评价研究,2010(04):316-319.

[2] 楼陆军,罗洁霞,高云.山楂的化学成分和药理作用研究概述[J].中国药业,2014(03):92-94.

山茱萸 SHANZHUYU

一、来源及产地

为山茱萸科植物山茱萸（*Cornus officinalis Sieb. et Zucc.*）的干燥成熟果肉。在中国产于华东、西北、华中等地区。

二、植物形态

落叶乔木或灌木，叶对生，纸质，全缘，侧脉 6 ~ 7 对，弓形内弯。伞形花序，总苞片 4，卵形，带紫色，总花梗粗壮，微被灰色短柔毛。花小，两性，先叶开放；花萼裂片、花瓣和雄蕊 4，花盘垫状，无毛；子房下位，核果长椭圆形，红色至紫红色；核骨质，具肋纹。花期 3-4 月，果期 9-10 月。

三、药材简明特征

不规则片状或囊状，宽 0.5 ~ 1cm。表面紫红色至紫黑色，皱缩，有光泽。顶端时有圆形宿萼痕，基部有果梗痕。质柔软。气微，味酸、涩、微苦。

四、化学成分

1. 主要有效成分
马钱苷、莫诺苷等环烯醚萜苷。
2. 主要成分
（1）环烯醚萜类：马钱苷、莫诺苷、獐牙菜苷、山茱萸苷 山茱萸裂苷等。
（2）有机酸类：熊果酸、齐墩果酸、没食子酸、苹果酸、酒石酸、原儿茶酸、3,5-二羟基苯甲酸。
（3）鞣质：水杨梅素 D、山茱萸鞣质 1（即异诃子素）、山茱萸鞣质 2（新唢呐草素Ⅱ）、山茱萸鞣质 3（新唢呐草素Ⅰ）等 11 种鞣质。
（4）其他类：维生素 A、5-羟甲基糖醛、5-二甲基糠醛醚、β-谷甾醇、槲皮素、山奈酚、异槲皮苷等。

五、现代药理作用

1. 抗肿瘤作用：可抑制癌细胞增殖，诱导癌细胞凋亡。
2. 保护心肌作用：减轻氧化应激刺激、细胞内钙超载、降血糖来保护心肌。
3. 调节骨代谢作用：可骨细胞的增殖分化，防治骨质疏松。
4. 其他：降血压，保护神经元、保护肝脏、抗氧化、抗衰老、抗炎等作用。

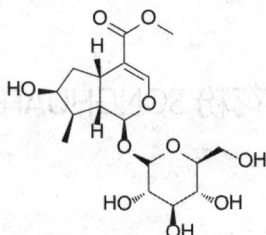

图 100　马钱苷

六、功效

性微温,味酸、涩。归肝、肾经;补益肝肾、涩精固脱。用于眩晕耳鸣,腰膝酸痛、阳痿遗精、大汗虚脱、内热消渴等症。

七、代表性中药制剂与方剂

1. 草还丹:由山茱萸、破故纸、当归和麝香组成,可补元气,固元精。

2. 七味都气丸:由制山茱萸和山药各 200g,醋五味子、茯苓、牡丹皮和泽泻各 150g,熟地黄 400g 组成,可补肾纳气,涩精止遗。

3. 其他:如人参固本丸、健血颗粒、丹杞颗粒等。

八、食品应用

1. 药膳

如山萸肉粥、石斛山萸猪腱汤(石斛 12g、山萸肉 10g、淮山 12g、枸杞 10g)等。

2. 代表性保健食品

(1)必邦胶囊:由山茱萸、淫羊藿、人参组成,可缓解体力疲劳。

(2)爱立尔胶囊:由白术、山茱萸、淫羊藿、人参组成,可增强免疫力。

(3)正点胶囊:由枸杞子、菊花、熟地黄、山茱萸、白芍、葛根等组成,可缓解视疲劳。

3. 其他

山茱萸果酿酒、山茱萸果脯。

九、其他应用

山茱萸提取物可在香烟加工中用以添加剂。

参考文献

[1] 杨明明,袁晓旭,赵桂琴,等 . 山茱萸化学成分和药理作用的研究进展 [J]. 承德医学与学报,2016(5):407–410.

[2] 李平忠,孙晶 . 山茱萸化学成分及其药用与营养价值研究进展 [J]. 安徽农业科学,2013(4):1493–1494.

松花粉 SONGHUAFEN

一、来源及产地

为松科植物马尾松（*Pinus massoniana* Lamb.）、油松（*Pinus tabuli formis* Carr.）或同属数种植物的干燥花粉。在中国，前者产于长江中下游各省，后者产东北、中原、西北和西南等省区。

二、植物形态

马尾松：乔木，树皮红褐色，针叶2针一束，较柔弱，两面有气孔线，边缘有细锯齿，叶鞘宿存。初生叶条形，长2.5～3.6cm，叶缘具疏生刺毛状锯齿。雄球花淡红褐色，穗状弯垂，雌球花单生或2～4个聚生于新枝近顶端，淡紫红色，球果的种鳞无刺尖。球果下垂，成熟前绿色，熟时栗褐色，陆续脱落。种子长卵圆形，花期4-5月，球果次年10-12月成熟；油松的特点是针叶较粗硬，叶较短，球果的种鳞有刺尖。

三、药材简明特征

为淡黄色均匀细粉末。体质轻飘，易飞扬，手捻有滑润感，不沉于水。气微香，味有油腻感。以黄色、无杂质、细腻、流动性较强者为佳。

四、化学成分

1. 主要有效成分
多种氨基酸和脂肪酸。
2. 主要成分
（1）氨基酸类：谷氨酸。
（2）黄酮类成分：山奈酚、双氢山奈酚、柚皮素、花旗松素等。

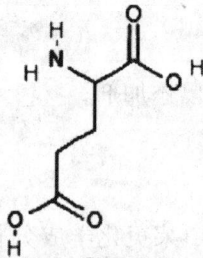

图101　谷氨酸

（3）甾类：胆甾醇、豆甾醇、β-谷甾醇、β-胡萝卜苷等。

五、现代药理作用

1. 增强机体免疫力：可促进免疫器官发育,增强免疫功能。
2. 调节血糖、血脂代谢：可提高糖耐量,抑制脂肪细胞中葡萄糖的消耗。
3. 改善胃肠道功能：可修复溃疡,加速胃肠蠕动,缓解便秘。
4. 其他：促儿童身体和智力发育、抑制前列腺增生、护肝、抗氧化等。

六、功效

性温,味甘。归肝、脾经；燥湿、收敛止血。用于湿疹、黄水疮、皮肤糜烂、脓水淋漓；外伤出血、尿布性皮炎等症。

七、代表性中药制剂与方剂

1. 松花散：由松花粉组成,用于湿疹、黄水疮、皮肤糜烂、尿布性皮炎。
2. 复方牙痛宁搽剂：由松花粉 120g,花椒 90g,冰片 22g,丁香 15g,薄荷脑 13g,荆芥、荜茇、茵陈、甘草和八角茴香各 10g 组成,用于牙痛,牙周肿痛。
3. 甘石散：由炉甘石、石决明、煅龙骨和熟石膏各 31g,松花粉 62g,枯矾 15g,冰片 6g 组成,可用于足跟溃疡。
4. 其他：如清肺止咳散、哮喘金丹、扶正化瘀片等。

八、食品应用

1. 药膳
如松花山药生地粥(生地和山药各 20g,破壁松花粉 3g,粳米等)。
2. 代表性保健食品
（1）松花辅酶 Q10 胶囊：由松花粉、辅酶 Q10、低聚果糖、羧甲基纤维素组成,可增强免疫力、抗氧化。
（2）灵芝松花粉胶囊：由松花粉、灵芝提取物、糊精、硬脂酸镁组成,辅助保护化学性肝损伤；
（3）知春茶：由普洱茶、红景天提取物、松花粉组成,可缓解身体疲劳。
3. 其他
（1）小吃：松花粉面包、松花粉酸奶、松花粉与绿豆粉有蜂蜜调和制成具有地域特色与风味的松花糕等。
（2）其他：松花粉片(冲剂、固体饮料、压片糖果、胶囊、配制酒)、破壁松花粉、红参松花粉压片糖果、银杏松花粉颗粒等。

九、其他应用

松花粉为化妆品原料。另外中国云南民间流行以松花粉涂擦皮肤,可护肤,防治龟裂生疮。

参考文献

[1] 高爱新,李海龙,王敬文,等.松花粉研究开发进展[C].富阳:第十一届全国花粉资源与开发利用研讨会,2010:156–158.

[2] 孙丹丹.破壁马尾松花粉激素样作用及其总糖含量的测定[D].吉林:吉林大学药学院,2016.

[3] 秦玉琴,李羽晗,张旭,等.马尾松花粉的化学成分研究[J].华西药学杂志,2018,33(1):013–016.

酸枣（仁）SUANZAO（REN）

一、来源及产地

为鼠李科植物酸枣（*Ziziphus jujuba* Mill. var. *spinosa*（Bunge）Hu ex H. F. Chow）的果实和种子，前者称为酸枣，后者为酸枣仁。在中国产于大部分省区。

二、植物形态

落叶灌木或小乔木，高 1 ~ 4m；小枝称之字形弯曲，紫褐色。酸枣树上的托叶刺有 2 种，一种直伸，长达 3cm，另一种常弯曲。叶互生，叶片椭圆形至卵状披针形，长 1.5 ~ 3.5cm，宽 0.6 ~ 2cm，边缘有细锯齿，基部 3 出脉。花黄绿色，2 ~ 3 朵簇生于叶腋。核果小，近球形或短矩圆形，熟时红褐色，近球形或长圆形，长 0.7 ~ 2.cm，味酸，核两端钝。花期 6-7 月，果期 8-9 月。

三、药材简明特征

1. 酸枣，多圆形或椭圆形，果小、果皮厚、光滑、紫褐色或紫红，内薄，核呈圆或椭圆形，核面较光滑，种仁饱满。果肉较薄、疏松，味酸甜。以粒大饱满，肥厚油润，外皮紫红色，肉色黄白者为佳。

2. 酸枣仁，扁椭圆形或圆形，表面紫褐色或紫红色，常平滑，有光泽。一面较平坦，中间有条隆起纵线纹；另一面稍突起。一端凹陷，可见线形种脐；另一端具小突起合点。种皮较脆，胚乳白色，浅黄色子叶 2，富油性。气微，味淡。

四、化学成分

1. 主要有效成分
酸枣仁皂苷 A，B 等。

2. 主要成分

（1）皂苷类：酸枣仁皂苷，酸枣仁皂苷 B、酸枣仁皂苷 A_1、酸枣仁皂苷 B_1、酸枣仁皂苷 C、乙酰酸枣仁皂苷 B、原酸枣仁皂苷、原酸枣仁皂苷 B、原酸枣仁皂苷 B_1、酸枣仁皂苷 D。

（2）黄酮类：葛根素、异斯皮诺素、洋芹素 –6–C–β–D– 葡萄糖苷、异当药黄素、槲皮素、芦丁。

（3）生物碱类：酸枣仁碱 A、B、D、F、G_1、G_2 和酸枣仁碱 E、Ia、Ib、K、N– 甲基巴婆碱、酸李碱、5- 羟基 -6- 甲氧基去甲阿朴啡、安木菲宾碱，酸枣仁环肽，木兰花碱等。

（4）甾体类：β– 谷甾醇，胡萝卜苷，过氧麦角甾醇，菜油甾醇。

（5）脂肪油和挥发油类：12- 甲基十三酸、十四酸、十五酸、9- 甲基十四酸、9- 十六碳烯酸、14- 甲基十五酸、棕榈酸、15- 甲基十六酸、9,12- 十八碳二烯酸、9,12,15- 十八碳三烯酸、12,15- 十八碳二烯酸、亚油酸、十八酸、11- 二十碳烯酸、二十一酸、二十二酸、二十三酸。

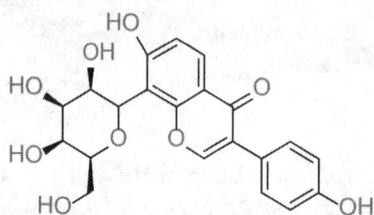

图 102　葛根素

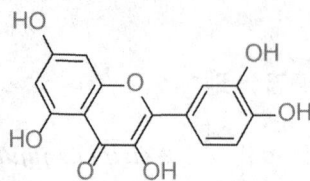

图 103　槲皮素

五、现代药理作用

1. 镇静催眠作用：可抑制中枢神经,缩短入睡潜伏期。
2. 抗抑郁作用：可降低多巴胺和 5- 羟色胺的含量。
3. 增强免疫力作用：可提高迟发型超敏反应。
4. 其他：保护脑神经及肾脏、抗心肌缺血、抗惊厥、抗焦虑、抗心律失常、增强学习记忆、抗氧化等作用。

六、功效

性平,味甘、酸。归心、肝、胆经；补肝、宁心、敛汗、生津。用于虚烦不眠、惊悸多梦、体虚多汗、津伤口渴等症。

七、代表性中药制剂与方剂

1. 安神片：由炒酸枣仁、川芎、知母、麦冬、制首乌、五味子、丹参、茯苓组成,可补血滋阴,养心安神。
2. 心神宁片：由炒酸枣仁 250g,远志和茯苓各 167g,栀子、甘草和六神曲各 83g,糊精 30g 组成,可养血除烦,宁心安神。
3. 酸枣仁汤：含酸枣仁、甘草、知母、茯苓、川芎、养血安神,清热除烦。
4. 其他：枣仁安神冲剂、睡安胶囊、酸枣仁合剂(糖浆)等。

八、食品应用

1. 药膳

酸枣仁粥(酸枣仁 30g,生地黄 15g,粳米 100g)、浮小麦酸枣仁百合粥(浮小麦 10g,酸枣仁 15g,百合 10g,粳米 100g)、酸枣仁夏枯草瘦肉汤(瘦肉 250g,夏枯草 10g,酸枣仁 30g,花生仁 30g,大枣 4 颗)。

2. 代表性保健食品

（1）景润胶囊：由酸枣仁、当归、茯苓、远志、牡蛎、人参组成,助睡眠。

（2）景泰胶囊：由红景天、太子参、酸枣仁、茯苓、五味子等组成,可提高缺氧耐受力、缓解身体疲劳。

（3）乐宝口服液：由人参、酸枣、山茱萸、刺五加、枸杞子、韭菜子、丁香、牛磺酸、蜂蜜、蔗糖组成,可缓解身体疲劳。

3. 其他

酸枣糕、酸枣凝胶软糖、酸枣仁饮液、人参酸枣仁片（固体饮料、颗粒、调制蜜）等。

九、其他应用

酸枣浸膏中挥发性成分作为香烟加工过程中添加剂。

参考文献

[1] 刘世军,唐志书,崔春利,等 . 酸枣仁化学成分的研究进展 [J]. 西部中医药,2016,29（09）：143-146.

[2] 王建忠,陈小兵,叶利明 . 酸枣仁化学成分研究 [J]. 中草药,2009,40（10）：1534-1536.

桃仁 TAOREN

一、来源及产地

为蔷薇科植物桃（*Prunus persica*（L.）Batsch）或山桃（*P. davidiana*（Carr.）Franch.）的干燥成熟种子。在中国分布于河北、山西、陕西、甘肃、山东、河南、四川、云南等地。

二、植物形态

桃为落叶小乔木，高 3 ~ 8m。叶互生，在短枝上呈簇 15cm，宽 2 ~ 3.5cm，先端渐尖，基部阔楔形，边缘有锯齿。花单生，先叶开放。萼片 5，外面被毛。花瓣 5，淡红色。雄蕊多数。心皮 1，有毛。核果肉质，表面具短柔毛。果核坚硬，木质，表面具不规则的深槽及窝孔。种子 1 粒。花期 4 月，果期 5-9 月；山桃的特点在于其芽呈圆球形，芽鳞紫红色，叶片呈卵状披针形，花先叶开放。

三、药材简明特征

1. 桃仁：扁长卵形，常黄棕色，密布颗粒突起。一端钝圆偏斜。尖端侧有短线形种脐，圆端侧合点处散出多数纵向维管束。子叶富油质。气微，味微苦。

2. 山桃仁：呈类卵圆形，较小而肥厚。

四、化学成分

1. 主要有效成分
苦杏仁苷、三酰甘油酯等。

2. 主要成分
（1）脂肪酸及酯类：三酰甘油酯、1,2- 二脂酰基甘油醇、1,3- 二脂酰基甘油醇、甾醇酯、游离脂肪酸、油酸、亚油酸、棕榈酸、硬脂酸。
（2）氰苷：苦杏仁苷。
（3）氨基酸和蛋白质：丝氨酸、苏氨酸、甘氨酸、谷氨酸、γ- 氨基丁酸；蛋白质 PR-A 和 PR-B。
（4）挥发油：苯甲醛、乙酸乙酯、1- 甲基 -1- 丙基肼、3- 甲基 -2- 戊酮。
（5）甾体及其糖苷：24- 亚甲基环水龙骨醇、柠檬甾二烯醇、7- 脱氢燕麦甾醇、β- 谷甾醇、菜油甾醇、β- 谷甾醇 -3-O- β -D- 吡喃葡萄糖苷、菜油甾醇 -3-O- β -D- 吡喃葡萄糖苷、β- 谷甾醇 -3-O- β--D-（6-O- 油酰）吡喃葡萄糖苷等。
（6）黄酮及其糖苷：（+）-L 儿茶酚、柚皮素、洋李苷、山奈酚及其葡萄糖苷、山奈素葡萄糖苷、二氢山奈酚槲皮素葡萄糖苷。

（7）微量元素：Fe、Mn、Mg等。

（8）其他类：苦杏仁酶、脂肪油。

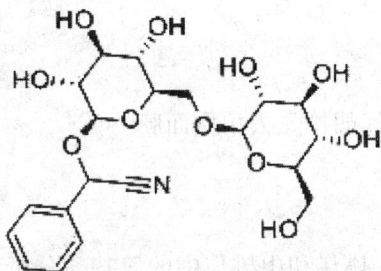

图104　苦杏仁苷

五、现代药理作用

1. 补肾壮阳作用：可提高雄性小鼠交配能力和精子数量。

2. 抗氧化作用：可清除自由基和提高过氧化氢酶活性、稳定细胞膜。

3. 健脑益智作用：可提高大脑生理功能，改善记忆力。

4. 其他：防止胆结石形成、美容养颜、抗衰老、预防心血管疾病等作用。

六、功效

性平，味苦。归心经、肝经、肺经、大肠经；活血祛瘀、润肠通便。用于经闭、痛经、产后瘀阻、跌打伤痛、肺痈、肠痈、肠燥便秘等症。

七、代表性中药制剂与方剂

1. 桃红四物汤：由当归、白芍和桃仁各9g，熟地12g，川芎和红花各6g组成，可养血活血，用于妇女经期超前，血多有块，色紫稠黏，腹痛等。

2. 丹红化瘀口服液：由丹参、当归、川芎、桃仁、红花、柴胡、枳壳组成，用于气滞血瘀引起的视物不清、突然不见症。

3. 其他：丹香清脂颗粒、复方桃仁软肝胶囊、产复康颗粒、京万红软膏等。

八、食品应用

1. 药膳

桃仁粥、红枣核桃仁粥（红枣100g、核桃仁50g、粳米50g、冰糖100g）、苏子桃仁粥（紫苏子20g、桃仁6g、粳米100g、盐3g）。

2. 代表性保健食品

（1）俏俏胶囊：由薏苡仁、决明子、莱菔子、白术、桃仁组成，可助减肥。

（2）易元集胶囊：由当归、白芍、桃仁、芦荟等组成，可辅助通便。

（3）舒鑫胶囊：含丹参、牡蛎、陈皮、茯苓、红花、桃仁、枸杞，提升免疫力。

3. 其他

参核桃仁压片糖果、桃仁固体饮料（颗粒、片、粉、膏、酱）。

九、其他应用

用于面膜等护肤品，如桃仁胡桃壳去角质面膜。

参考文献

[1] 颜永刚,裴瑾,万德光.桃仁和山桃仁中的氨基酸分析 [J]. 云南中医中药杂志,2010, 31（6）: 63-64.

[2] 颜永刚,雷国莲,刘静.中药桃仁的研究概况 [J]. 时珍国医国药,2011,22（9）: 2262-2264.

天麻 TIANMA

一、来源及产地

为兰科植物天麻（ *Gastrodia elata* Bl. ）的干燥块茎。在中国产于大部分省区。

二、植物形态

腐生草本，块茎肥厚，节较密，节上被许多三角状宽卵形的鞘。茎直立，无绿叶，下部被数枚膜质鞘。总状花序常具 30 ~ 50 朵花，花苞片膜质，花扭转，近直立。萼片和花瓣合生成的花被筒顶端具 5 枚裂片。唇瓣 3 裂，基部贴生于蕊柱足末端与花被筒内壁上并有一对肉质胼胝体，上部离生，上面具乳突，边缘有不规则短流苏；蕊柱长 5 ~ 7mm，有短的蕊柱足，蒴果。花果期5-7月。

三、药材简明特征

长条形或椭圆形，常皱缩，表面常黄白色，略透明，有纵皱纹及由潜伏芽形成的多轮横环纹。顶端有红棕色鹦鹉嘴或残留茎基；另端有圆脐形疤痕。质坚硬，不易折断，断面较平坦，黄白色至淡棕色，角质样。气微，味甘。以质地坚实，体重，有鹦哥嘴，无空心者为佳。

四、化学成分

1. 主要有效成分
天麻素（天麻苷）、多糖、维生素 A 类物质、黏液质等。
2. 主要成分
（1）酚类成分：天麻素、天麻醚苷、天麻苷元、4- 羟苄基甲醚等。
（2）脂肪酸类成分：棕榈酸、十七烷酸等。
（3）多糖：杂多糖GE- Ⅰ，Ⅱ，Ⅲ、天麻匀多糖等。

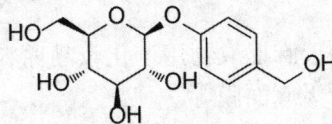

图 105　天麻素

五、现代药理作用

1. 镇静催眠作用：可降低兴奋，改善睡眠质量。
2. 镇痛作用：可降低神经元兴奋，缓解病理疼痛。

3. 对心血管的作用：可提高心肌细胞能量代谢，加速血液循环，抗血栓。

4. 其他：益智、抗惊厥、抗炎、降血压、改善微循环、提升免疫力等作用。

六、功效

性平，味甘。归肝经；熄风止痉、平抑肝阳。用于惊风抽搐、头痛眩晕、风湿痹痛、肢体麻木、半身不遂等症。

七、代表性中药制剂与方剂

1. 人参天麻药酒：由天麻和川牛膝各 210g，黄芪 175g，穿山龙 700g，红花 28g，人参 140g 组成，用于各种关节痛、腰腿痛、四肢麻木。

2. 神应养真丹：由当归、天麻、川芎、羌活、白芍、熟地黄组成，可滋肝补肾、活血祛风、养血生发。

3. 天舒片：由川芎 784g，天麻 196g 组成，可活血平肝，通络止痛。

4. 其他：天麻钩藤饮、半夏白术天麻汤、天麻丸、天舒滴丸、天麻首乌片。

八、食品应用

1. 药膳

天麻、枸杞煮猪脑（鲜天麻 100g，枸杞子 15g，猪脑 2 副），辅助治疗头昏头痛；天麻鸭子（鲜天麻 100g，生地 30g，水母鸭 1 只），可滋阴潜阳，平肝熄风；天麻猪脑粥（天麻 10g，猪脑 1 个，粳米 250g），可用于高血压、动脉硬化、梅尼埃病、头风所致的头痛等症。

2. 代表性保健食品

（1）美英胶囊：由黄精、丹参、枸杞子、天麻组成，可增强免疫力。

（2）静乐胶囊：由酸枣仁、首乌藤、熟地黄、天麻组成，可改善睡眠。

（3）天麻杜仲胶囊：由天麻、杜仲叶组成，辅助降血压、改善睡眠。

3. 其他

天麻片压片糖果。

九、其他应用

天麻粉末作为食品添加剂。天麻提取物用于化妆品原料，如天麻首乌洗发露、天麻首乌修护精华乳、天麻弹力紧致面霜、天麻面膜等。

参考文献

[1] 李云，王志伟，刘大会，等. 天麻化学成分研究进展 [J]. 山东科学，2016，29（4）：24-29.

[2] 谢笑天，李海燕，王强，等. 天麻化学成分研究概况 [J]. 云南师范大学学报，2004，24（3）：22-25.

铁皮石斛 TIEPISHIHU

一、来源及产地

为兰科植物铁皮石斛(*Dendrobium officinale* Kimura et Migo)的干燥茎。在中国产于安徽、浙江、福建、广西、四川、云南、海南等省区。

二、植物形态

多年生草本,茎直立,叶二列,纸质,先端钝并且多少钩转,基部下延为抱茎的鞘,边缘和中肋常带淡紫色,叶鞘常具紫斑。总状花序具 2 ~ 3 朵花;花序柄基部具 2 ~ 3 枚短鞘;花序轴回折状弯曲,长 2 ~ 4cm;花苞片干膜质,浅白色,萼片和花瓣黄绿色,具 5 条脉。唇瓣白色,基部具 1 个绿色或黄色的胼胝体,唇盘密布细乳突状的毛,在中部以上具 1 个紫红色斑块;蕊柱黄绿色,先端两侧各具 1 个紫点;蕊柱足黄绿色带紫红色条纹,疏生毛。花期3-6 月。

三、药材简明特征

茎呈圆柱形,长 15 ~ 1250cm,表面黄色,基部稍有光泽,具纵纹,节上有花序柄痕和残存叶鞘;叶鞘短于节间,褐色,鞘口张开。质硬而脆,易折断,断面纤维状。气微,嚼之有黏性。

四、化学成分

1. 主要有效成分
石斛多糖、氨基酸、联苄类化合物和菲类化合物等。
2. 主要成分
(1)多糖:石斛多糖。
(2)联苄类和菲类:联苄类、倍半萜类、鼓槌菲、毛兰素及香豆素等。
(3)生物碱:石斛碱。
(4)氨基酸:天冬氨酸、谷氨酸、甘氨酸、缬氨酸及亮氨酸。
(5)微量元素:Cu、Zn、Fe、Mn、Ca、Mg 及 K 等。

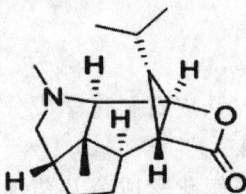

图 106 石斛碱

五、现代药理作用

1. 促消化作用：可促进胃液、胃蛋白酶的排出、增强肠蠕动。
2. 增强机体免疫力：可提高巨噬细胞功能，刺激 T 淋巴细胞增殖与分化。
3. 降血糖作用：可提高血清胰岛素水平及受体对胰岛素的敏感性。
4. 其他：促进消化、抗疲劳、抗肿瘤、促进唾液分泌等作用。

六、功效

味甘、微寒。归胃、肾经；益胃生津、滋阴清热。用于热病津伤、口干烦渴、食少干呕、病后虚热不退、阴虚火旺、目暗不明、筋骨痿软等。

七、代表性中药制剂与方剂

1. 铁皮石斛胶囊（口服液）：由铁皮石斛组成，可滋阴润肺，养胃生津。
2. 铁皮石斛杜仲丹参酒：含铁皮石斛 300g，杜仲和丹参各 120g，怀牛膝和生地黄各 150g，白酒适量，可祛风止痛。

八、食品应用

1. 药膳：洗净切碎和鸡鸭等一起文火炖 2～3h，连渣食用。或用文火煎煮后取汁备用，加入其他原料可煮粥、做羹、煲汤等；白芍铁皮石斛瘦肉汤（含猪瘦肉 250g，白芍和铁皮石斛各 12g，红枣 4 枚），饮汤食肉，可益胃养阴止痛。
2. 代表性保健食品：如铁皮石斛洋参枣片、铁皮石斛西洋参黄芪颗粒、铁皮枫斗颗粒、铁皮石斛灵芝西洋参山药颗粒、石斛西洋参胶囊均能增加免疫力。
3. 常用食品：铁皮石斛鲜品、汤剂、茶、膏、酒，可强阴益精、开胃健脾。如铁皮石斛玉米须茶（铁皮石斛 10g，芦根 15g，玉米须 20g），可养阴清热利尿；铁皮石斛麦冬茶（铁皮石斛 15g，麦冬 10g，绿茶叶 5g）可养阴清热，生津利咽。

九、其他应用

铁皮石斛含有的黏液质对皮肤有滋养保健和抗衰老作用，另外其具有滋阴补阳，抗氧化作用，可用于保湿水分精露、洁面乳、沐浴露等护肤品。石斛多糖具有保水作用，已用于开发铁皮石斛多糖保水护肤产品。

参考文献

[1] 张帮磊，杨豪男，沈晓静，等 . 铁皮石斛化学成分及其药理功效研究进展 [J]. 临床医药文献电子杂志，2019，6（54）：3-8.

[2] 孙恒，胡强，金航，等 . 铁皮石斛化学成分及药理活性研究进展 [J]. 中国实验方剂学杂志，2017（11）：225-234.

乌梅 WUMEI

一、来源及产地

为蔷薇科植物梅(*Prunus mume* (Sieb.) Sieb.etZuce.)的干燥近成熟果实。我国各地均有栽培,以长江流域以南各省最多。

二、植物形态

果实近球形,直径 2 ~ 3cm,黄色或绿白色,被柔毛,味酸;果肉与核粘贴;核椭圆形,顶端圆形而有小突尖头,基部渐狭成楔形,两侧微扁,腹棱稍钝,腹面和背棱上均有明显纵沟,表面具蜂窝状孔穴。花期冬春季,果期夏季。

三、药材简明特征

扁球形或类球形,直径 2 ~ 3cm。表面乌黑色至棕黑色,皱缩不平,基部有圆形果梗痕。果核坚硬,果肉柔软,椭圆形,棕黄色,表面有凹点。淡黄色种子扁卵形。气微,具焦酸气。味极酸。以个大、柔润、肉厚、味极酸者为佳。

四、化学成分

1. 主要有效成分
枸橼酸、苹果酸、琥珀酸等有机酸。
2. 主要成分
(1)有机酸类:枸缘酸、苹果酸、草酸、琥珀酸、和延胡索酸。
(2)挥发油:苯甲醛、4- 松油烯醇、苯甲醇和棕榈酸。
(3)其他类:苦杏仁苷、苦味酸、超氧化物歧化酶。

五、现代药理作用

1. 抑菌作用:可破坏多种致病菌细胞膜系统,抑制细胞分裂。
2. 抗变态反应:可提高病变组织的抗氧化作用,减轻自身免疫。
3. 镇静催眠:可延长睡眠时间,改善睡眠质量。
4. 其他:治疗结肠炎、镇咳、抗病毒、抗肿瘤、抗氧化、抗生育、降血糖血脂、止血、抑制黑色素生成等作用。

六、功效

性平,味酸、涩。归肝、脾、肺、大肠经;敛肺、涩肠、安蛔、生津。用于肺虚久咳、久痢滑肠、虚热消渴、蛔厥呕吐腹痛等症。

七、代表性中药制剂与方剂

1. 乌梅丸:由乌梅肉 120g,花椒和当归各 12g,细辛、黄柏、制附子、桂枝和人参各 18g,干姜 30g,黄连 48g,用于蛔厥,久痢,厥阴头痛等症。
2. 驱蛔汤:含乌梅,胡黄连,雷丸,槟榔,使君子,枳壳,白芍,除蛔虫。
3. 其他:如冰梅上清丸、喉痛片、梅苏丸、梅核气丸等。

八、食品应用

1. 药膳
乌梅粥、乌梅山楂汤、生姜乌梅饮、乌梅四物汤。
2. 代表性保健食品
(1)靓晶晶软胶囊:由乌梅、山药、昆布、阿胶、银杏叶、玉竹组成,可美容(改善皮肤水分)。
(2)金梅清咽含片:由乌梅、罗汉果、青果、金银花、蔗糖、液体葡萄糖、薄荷脑组成,可清咽润喉。
(3)松芪梅胶囊:由松叶、乌梅、黄芪等组成,可调节血糖。
3. 其他
乌梅糕(蜜饯干)蜂蜜味梅饼、乌梅酵素饮等。

九、其他应用

作为脱霉剂应用于养殖场,另外乌梅提取物能显著发挥抑菌活性的作用,在食品工业中可作为保鲜剂。化妆品如天麻首乌洗发露、天麻面膜等。

参考文献

[1] 张华月,李琦,付晓伶.乌梅化学成分及药理作用研究进展[J].上海中医药杂志,2017,51:296-300.

[2] 杨莹菲,胡汉昆,刘萍,等.乌梅化学成分、临床应用及现代药理研究进展[J].中国药师,2012,15(03):415-418.

乌梢蛇 WUSHAOSHE

一、来源及产地

为游蛇科乌梢蛇属动物乌梢蛇(*Zaocys dhumnades*(Cantor))除去内脏的全体,在中国产于华东和西南地区。

二、动物形态

成蛇体长达 1.6m,身体背面呈棕褐色、黑褐色或绿褐色,全身背脊上有两条黑色纵线,黑线之间浅黄褐色纵纹显著,成年后黑色纵线在体后部逐渐不明显。头颈区别显著,眼较大,瞳孔圆形。鼻孔大,呈椭圆形,位于两鼻鳞间,有一较小的眼前下鳞。背鳞平滑,中央 2~4 行起棱。腹鳞呈圆形,腹面呈灰白色。尾较细长。幼蛇背面深绿色,4 条纵纹贯穿于全身,与成蛇明显不同。卵生,最早产卵期为 6 月中下旬,孵化期 38~45 天。

三、药材简明特征

圆盘状,盘径约 16cm。表面常绿黑色,密被菱形鳞片;背鳞行数成双,背中央 2~4 行鳞片强烈起棱,形成两条纵贯全体黑线。头扁圆形,眼大而下凹陷,有光泽感。脊部屋脊状,俗称剑脊。脊肌肉厚,黄白色或淡棕色,可见排列整齐肋骨。尾部渐细而长。剥皮者仅留头尾之皮鳞,中段较光滑。气腥,味淡。

四、化学成分

1. 主要有效成分
蛋白质及多种氨基酸。
2. 主要成分
(1)蛋白质:乌梢蛋白、1,6- 二磷酸酯酶、蛇肌醛缩酶、骨胶原等。
(2)氨基酸类:苯丙氨酸、精氨酸、酪氨酸、异亮氨酸、苏氨酸、谷氨酸等。
(3)其他类:脂肪等。

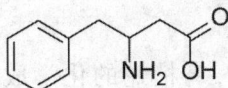

图 107　苯丙氨酸

五、现代药理作用

1. 抗炎作用:可预防及改善关节炎症状。

2. 镇痛作用：延长痛阈时间,抑制肿胀,减低血管通透性。

3. 其他：治疗类风湿性关节炎、抗蛇毒活性。

六、功效

性平,味甘。归肝经;祛风、通络、止痉。用于风湿顽痹、麻木拘挛、中风口眼㖞斜、半身不遂、抽搐痉挛、破伤风、麻风、疥癣等症。

七、代表性中药制剂与方剂

1. 大青膏：由天麻、青黛、蝎尾、乌梢蛇和天竺黄各 3g,白附子 4.5g,朱砂(研)0.3g 组成,用于小儿热盛生风,欲为惊搐,口中气热者等症。

2. 麝香风湿胶囊：由制川乌 15g,全蝎 10g,地龙和黑豆各 25g,蜂房 30g,人工麝香 0.5g,乌梢蛇(去头酒泡)200g 组成,可祛风散寒,除湿活络。

3. 其他：如万灵筋骨酒、三蛇药酒、乌蛇止痒丸、散寒活络丸、乌梢蛇佛手胶囊、乌梢蛇胶囊、乌梢蛇木瓜片等。

八、食品应用

1. 药膳

如乌梢蛇炖老母鸡、清蒸乌蛇块、苦参乌蛇汤、油炸乌蛇块等。

2. 代表性保健食品

（1）银根胶囊：含葛根、乌梢蛇、银杏叶、拟黑多刺蚂蚁,可辅助降血脂。

（2）蛇力康胶囊：由乌梢蛇、枸杞、何首乌、黄精、人参组成,可抗疲劳。

（3）松青胶囊：由蜂王浆浆干粉、松花粉、当归、乌梢蛇组成,可祛黄褐。

3. 其他

如乌梢蛇乌梅配制酒、乌梢蛇蝮蛇粉、鹿筋木瓜乌梢蛇酒、人参乌梢蛇酒、乌梢蛇固体饮料、乌梢蛇木瓜固体饮料、乌梢蛇大枣颗粒(固体饮料)、乌梢蛇蝮蛇粉等。

九、其他应用

暂无。

参考文献

[1] 戴莉香,周小江,李雪松,等. 乌梢蛇的化学成分研究 [J]. 西北药学杂志,2011,26（03）: 162-163.

[2] 郑艳青,王艳敏. 乌梢蛇的化学成分及分析方法研究进展 [J]. 中国药业,2006（21）: 59-60.

西红花 XIHONGHUA

一、来源及产地

为鸢尾科植物番红花(*Crocus sativus* Linn.)干燥柱头,又名藏红花。在中国浙江、北京、河北、上海、江苏等地少量栽培,原产于希腊、小亚细亚、波斯等地。

二、植物形态

多年生草本。地下鳞茎呈球状,外被褐色膜质鳞叶。叶 9 ~ 15 片,无柄,叶片窄长线形,长 15 ~ 20cm,宽 2 ~ 3cm,叶缘反卷,具细毛。花顶生,花被 6 片,淡紫色,花筒细管状,雄蕊和雌蕊各 3,心皮合生,子房下位,花柱细长,伸出花筒外部,下垂,深红色,柱头顶端略膨大,开口呈漏斗状。蒴果,种子多数。花期 11 月上旬至中旬。

三、药材简明特征

多数柱头集合成松散线状,柱头三分枝,长约 30mm,暗红色。上部较宽略扁平,先端边缘显不整齐的齿状。体轻,质松软,滋润而有光泽或无光泽及油润感。气香特异,微有刺激性,味微苦。

四、化学成分

1. 主要有效成分

西红花苷、藏红花醛。

2. 主要成分

(1)萜类:玉米黄素、β－胡萝卜素、八氢番茄红素、六氢番茄红素、西红花酸、藏红花醛、西红花苦苷、番红花苷－1、番红花苷－2、番红花苷－3、番红花苷－4、反式和顺式番红花二甲酯等。

(2)黄酮类:紫云英苷、槲皮素－3－对香豆酰葡萄糖苷、山奈素－3－葡萄糖－6－乙酰葡萄糖苷和山奈素－3－葡萄糖－葡萄糖苷等。

(3)蒽醌类:大黄素、2－羟基大黄素、1－甲基－3－甲氧基－8－羟基蒽醌－2－羧酸,1－甲基－3－甲氧基－6,8－二羟基蒽醌－2－羧酸等。

(4)挥发油:苦藏花素。

五、现代药理作用

1. 预防、治疗动脉粥样硬化作用:可调节血脂,降低血压。

2. 抗肿瘤作用:可抑制癌细胞增殖,诱导癌细胞凋亡。

3. 保护肝脏作用：可抗肝脏纤维化，抑制肝炎病毒，防止肝细胞坏死。

4. 其他：改善冠心病及心绞痛、免疫调节、抗氧化、镇咳、抑菌等作用。

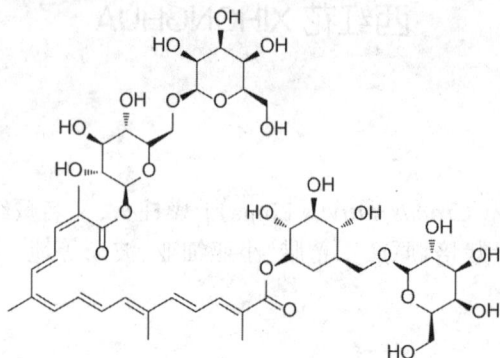

图 108　西红花苷

六、功效

性平，味甘。归心、肝经；活血化瘀通经、凉血解毒。用于经闭症瘕、产后瘀阻、温毒发斑、忧郁痞闷、惊悸发狂等症。

七、代表性中药制剂与方剂

1. 双红活血胶囊：黄芪 300g，西红花 5g，当归、川芎和红景天各 200g，胆南星 100g，苏木、地龙和牛膝 150g，淀粉 130g，可活血祛瘀。

2. 三花接骨散：由三七，西红花，续断，血竭，冰片，大黄，地龙，马钱子粉，自然铜，沉香等组成，可活血化瘀，消肿止痛，接骨续筋。

3. 其他：如六味西红花口服液、八味西红花止血散、珊瑚七十味丸等。

八、食品应用

1. 药膳

藏红花炒饭、藏红花烩萝卜、藏红花焖银鱼（银鳕鱼、红枣、番茄酱、黄油、淀粉、藏红花、佐料各适量）。

2. 代表性保健食品

（1）西红花铁皮枫斗膏：由西红花、铁皮枫斗、益母草、西洋参、茯苓等组成，可增强免疫力。

（2）颐心茶：含滇红茶、西红花、丹参、桃仁、菊花、杞子等，可调血脂。

（3）祛斑口服液：由西洋参、灵芝、香菇、西红花、丹参、五味子组成。

3. 其他

（1）小吃类：阿拉伯及欧洲家庭将西红花用于干果、点心、米饭、奶制品、冰激凌中，呈现鲜艳的金黄色。

（2）其他：藏红花、藏红花方糖等。

九、其他应用

1. 化妆品类：如西红花含有西红花苷，能溶于水，可用于口红等化妆品；又如西藏红花脱毛膏、藏红花丝绒柔肤霜等。

2. 香料和调味品的原料：番红花醛浓郁芳香，可提高食欲。高档食品用其作佐料，点缀或染色可使食品色、香、味大增，长期食用能改善肠胃消化不良。

参考文献

[1] 王平,童应鹏,陶露霞,等.西红花的化学成分和药理活性研究进展[J].中草药,2014,45（20）：3015-3027.

[2] 洪吟秋,张涛,付霞,等.西红花药材的化学成分研究[J].武汉大学学报,2019,65（4）：347-351.

西洋参 XIYANGSHEN

一、来源及产地

为五加科植物西洋参（*Panax quinquefolius* Linn.）的根。原产于美国威斯康星州的森林地区，现在中国和加拿大南部也有栽培。

二、植物形态

多年生草本，根肉质，纺锤形，有时呈分歧状。根茎短。掌状 5 出复叶，通常 3 ~ 4 枚，轮生于茎端；小叶片边缘具粗锯齿，茎端叶柄中央抽出总花梗，伞形花序，萼钟状，先端 5 齿裂；花瓣 5；雄蕊 5，雌蕊 1，花盘肉质环状。浆果扁圆形，成对状，熟时鲜红色，果柄伸长。花期 7 月。果熟期 9 月。

三、药材简明特征

纺锤形，圆柱形或扁圆柱形，外表淡黄色或土黄色，有密集细环纹，另有纵皱和少数横长皮孔。带芦头者具 1 ~ 4 个凹窝状茎痕，不定根有时可见。支根无或 2 ~ 6 个。质硬脆，断面淡黄白色，有棕色或棕黄色环，皮部散有红棕色或橙红色的小点，有放射状裂隙。气微香特异，味微苦，甘。

四、化学成分

1. 主要有效成分
西洋参皂苷。
2. 主要成分
（1）三萜皂苷类成分：人参皂苷 Rb_1、人参皂苷、人参皂苷 Rc、人参皂苷 Rd、人参皂苷 Rf、人参皂苷 Rg_1、拟人参皂苷 F11. 西洋参皂苷等。
（2）挥发油类：反式 β – 金合欢烯、己酸、庚酸等。
（3）糖类：葡萄糖、果糖、山梨糖、人参三糖、麦芽糖等。
（4）其他类：色氨酸、天冬氨酸等多种。

五、现代药理作用

1. 对心血管作用：改善心肌缺血、心律失常、脑血栓、动脉粥样硬化。
2. 保护肝脏作用：增强肝脏的解毒功能。
3. 抗肿瘤作用：可抑制癌细胞增殖，诱导癌细胞凋亡。

4. 其他：延缓衰老、免疫调节、预防老年痴呆、抗氧化、抗惊厥、抗疲劳、增强记忆力等作用。

六、功效

性凉，味甘、微苦。归心、肺、肾经；补气养阴，清热生津。用于气虚阴亏、内热、咳喘痰血、虚热烦倦、消渴、口燥咽干等症。

七、代表性中药制剂与方剂

1. 双参龙胶囊：含西洋参、丹参和川芎各 60g，桃仁和当归各 120g，麦冬 180g，地龙 90g，黄芪 160g，西红花 5g，乳香和全蝎各 25g，淀粉 20g，可益气活血，舒心通脉。
2. 参乌汤：由西洋参和制首乌等份组成，用于烂喉丹痧愈后等症。
3. 其他：如二十七味定坤丸、定坤丸、肺心夏治胶囊、西洋参胶囊等。

八、食品应用

1. 药膳
如西洋参猪血豆芽汤可补血，清除黑眼圈；西洋参大枣粥可补气。
2. 代表性保健食品
（1）衡润胶囊：由黄精、黄芪、女贞子、西洋参组成，可增强免疫力。
（2）立鼎胶囊：含沙苑子、菟丝子、淫羊藿、黄精、西洋参，缓解身体疲劳。
3. 其他
西洋参枸杞饮、西洋参袋泡茶（软蜜片、含片）、西洋参马鹿茸胶囊、哈蟆油西洋参软胶囊等。

九、其他应用

西洋参鲜果汁液可作饮料添加剂、西洋参干制粉末可作为食品风味添加剂、西洋参提取物可作为化妆品原料。

参考文献

[1] 曹敏. 概述西洋参化学成分研究的近况 [J]. 江苏药学与临床研究，2004，12（2）：25-26.

[2] 王蕾，王英平，许世泉，等. 西洋参化学成分及药理活性研究进展 [J]. 特产研究，2007（3）：73-75.

夏枯草 XIAKUCAO

一、来源及产地

为唇形科植物夏枯草（*Prunella vulgaris* L.）的干燥果穗。在中国主要产于西北、华中、华东、华南、西南等地区。

二、植物形态

多年生草本，茎下部伏地，自基部多分枝，钝四棱形，具浅槽，紫红色。叶卵状长圆形或卵圆形，基部下延至叶柄成狭翅，侧脉 3 ~ 4 对。轮伞花序密集组成穗状花序，苞片宽心形。花萼钟形，花冠紫、蓝紫或红紫色，冠檐二唇形。雄蕊 4，花盘近平顶。子房无毛。小坚果黄褐色，花期 4-6 月，果期 7-10 月。

三、药材简明特征

圆棒状，略压扁，直径 0.8 ~ 1.2cm，棕红色或淡棕色。花序由数轮宿萼与苞片组成，每轮有对生苞片 2 枚，膜质，脉纹明显，外表面有白色粗毛。每一苞片内有 3 朵花，宿萼二唇形。果实卵圆形，棕色，尖端有白色突，坚果遇水后，表面会形成白色黏液层。体轻，质轻柔，不易破裂。气微清香，味淡。

四、化学成分

1. 主要有效成分
齐墩果酸、芸香苷、有机酸。
2. 主要成分
（1）三萜类：齐墩果酸、熊果酸等。
（2）黄酮类化合物：芦丁、木犀草素、木犀草苷、异荭草素等。
（3）甾体类：β - 谷甾醇、豆甾醇、α - 菠甾醇等。
（4）有机酸类：咖啡酸、软脂酸、硬脂酸等。
（5）其他类：伞形酮、迷迭香酸、1,8- 桉油精、β - 蒎烯、维生素等。

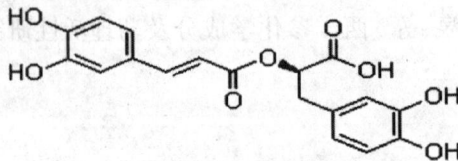

图 109　迷迭香酸

五、现代药理作用

1. 抗菌、抗病毒作用：可抑制金黄色葡萄球菌生长，抗 HIY 活性。
2. 抗氧化作用：较强的清除自由基和抗氧化能力。
3. 抗肿瘤作用：可抑制癌细胞增殖，诱导癌细胞凋亡。
4. 其他：调节免疫、调血脂、降压、降糖、抗炎、护肝、神经保护等作用。

六、功效

性寒，味苦、辛。归肝、胆经；清火明目、散结消肿。用于目赤肿痛、头痛眩晕、瘰疬、肿痛；甲状腺肿大、淋巴结结核、高血压等症。

七、代表性中药制剂与方剂

1. 乳癖散结胶囊：由夏枯草和牡蛎各 297g，僵蚕（麸炒）119g，醋柴胡和酒当归各 198g，玫瑰花 238g 组成，可行气活血，软坚散结。
2. 草香散：由夏枯草和香附子各 128g，甘草 25g 组成，用于目疾等症。
3. 其他：如夏枯草颗粒（口服剂、膏剂、胶囊、注射剂），乳安片，复方羚羊角降压片、夏桑菊颗粒等。

八、食品应用

1. 药膳
如夏枯草双花炖猪瘦肉（夏枯草 15g、灯芯花 5 扎、生姜 3 片、鸡蛋花 10g、蜜枣 2 个、猪瘦肉 400g），夏枯草黑豆汤（黑豆 50g、冰糖 5g、夏枯草 30g），夏枯草煲鸡脚（夏枯草 30g、鸡脚 6 只、猪瘦肉 250g、生姜 3 片）。
2. 代表性保健食品
（1）祛斑胶囊：由夏枯草、丹参、丹皮、野菊花、生山楂、蒲公英、女贞子、墨旱莲、云苓等组成，可祛黄褐斑。
（2）健身茶：由决明子、夏枯草、罗布麻叶等组成，可调血压、润肠通便。
（3）麦冬夏桑菊冲剂：由麦冬、夏枯草、桑叶、杭菊花、野菊花、金银花、玄参、胖大海等组成，可清咽润喉。
3. 其他
如夏枯草茶、王老吉凉茶等。

九、其他应用

夏枯草及其提取物可用于化妆品原料，如夏枯草收敛精华面膜、夏枯草葡萄紧致润体霜。

参考文献

[1] 张金华,邱俊娜,王路,等.夏枯草化学成分及药理作用研究进展 [J].中草药,2018,49（14）: 3432–3440.

鲜白茅根 XIANBAIMAOGEN

一、来源及产地

为禾本科植物白茅（*Imperata cylindrica* Beauv.var. *major*（Nees）C.E.Hubb.）的根茎。分布于中国各地。

二、植物形态

多年生草本，具粗壮的长根状茎。秆直立，具 1 ~ 3 节，节无毛。叶鞘聚集于秆基；叶舌膜质，秆生叶片长 1 ~ 3cm，窄线形，通常内卷。圆锥花序稠密，小穗长 4.5 ~ 5mm，基盘具长 12 ~ 16mm 的丝状柔毛；雄蕊 2 枚，柱头 2，紫黑色，羽状，自小穗顶端伸出，颖果椭圆形。花果期 4 ~ 6 月。

三、药材简明特征

长圆柱形，时有分枝，直径 2 ~ 4mm。表面淡黄色或黄白色，有光泽，具纵皱纹，环节明显，节上残留鳞叶和细根。体轻质韧，折断面纤维性，黄白色，多具放射状裂隙。气微，味微甜。以色白、条粗、味甜者为佳。饮片呈圆柱形段。外表皮淡黄色或黄白色，具纵皱纹，有时可见隆起节。切面皮部白色，多裂隙，放射状排列，中柱淡黄色或中空，易与皮部剥离。气微，味微甜。

四、化学成分

1. 主要有效成分
芦丁、白茅素等。
2. 主要成分
（1）三萜类：芦竹素、白茅素、羊齿烯醇、西米杜鹃醇、乔木萜醇、异乔木萜醇、乔木萜醇甲醚、乔木萜酮以及木栓酮等。
（2）苯丙素类：4,7- 二甲氧基 -5- 甲基香豆素、1-（3,4,5- 三甲氧基苯基）-1,2,3-丙三醇、1-O- 对香豆酰基甘油酯等。
（3）有机酸类：对羟基桂皮酸、棕榈酸、草酸、苹果酸、绿原酸、1- 咖啡酰奎尼酸、3- 咖啡酰奎尼酸、3- 阿魏酰奎尼酸、咖啡酸、二咖啡酰奎尼酸、香草酸、反式对羟基桂皮酸、对羟基苯甲酸、3,4- 二羟基苯甲酸、3,4- 二羟基丁酸等。
（4）糖类：多糖、葡萄糖、果糖、蔗糖、木糖等。
（5）甾醇类：谷甾醇、油菜甾醇、豆甾醇等。
（6）色原酮、黄酮类：色原酮类有 5- 羟基 -2- 苯乙烯基色原酮、5- 羟基 -2- 苯乙基色原酮、5-2-[2-（2-羟基苯基）乙基] 色原酮等；黄酮类有 5- 甲氧基黄酮。

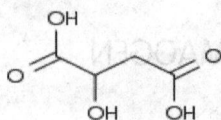

图 110　DL- 苹果酸

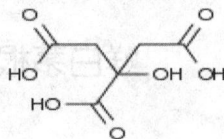

图 111　柠檬酸

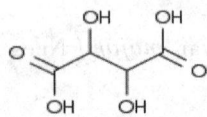

图 112　酒石酸

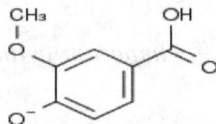

图 113　香草酸

五、现代药理作用

1. 止血作用：提高血小板聚集能力，降低血管通透性，缩短出血时间。
2. 利尿作用：可增加肾血流量和肾滤过率。
3. 抗肿瘤作用：可抑制癌细胞增殖，诱导癌细胞凋亡。
4. 其他：增强缺氧能力、抗氧化、降血压、镇痛、抗炎、抑菌等作用。

六、功效

性寒，味甘。归肺、胃、膀胱经。凉血止血，清热利尿。用于血热吐血、衄血、尿血、热病烦渴、黄疸、水肿、热淋涩痛、急性肾炎水肿等症。

七、代表性中药制剂与方剂

1. 坎离互根汤：由生石膏末 93g、玄参 31g、生淮山药 25g、甘草 10g、野台参 12g、鲜白茅根 130g、生鸡子黄 3 枚组成，可用于伤寒。
2. 二鲜饮：由鲜碎茅根和鲜藕片各 120g 组成，用于虚劳证，痰中带血等症。

八、食品应用

1. 药膳
凉茶竹蔗茅根水，家常煲汤。
2. 代表性保健食品
（1）甘清亮胶囊：由鱼腥草、鲜白茅根、炙黄芪、白术、菟丝子、枸杞子等组成，辅助保护化学性肝损伤。
（2）助眠口服液：由何首乌、酸枣仁、灵芝、人参叶、银杏叶、葛根、桑叶、荷叶、鲜白茅根、淡竹叶、鲜芦根等组成，可延缓衰老、改善睡眠。
3. 其他
如鲜白茅根固体饮料、鲜白茅根调制蜜、玉米须鲜白茅根茶。

九、其他应用

暂无。

参考文献

[1] 刘金荣.白茅根的化学成分、药理作用及临床应用 [J].山东中医杂志,2014,33（12）：1021-1024.

[2] 刘轩,张彬锋,俞桂新,等.白茅根的化学成分研究 [J].中国中药杂志,2012,37（15）：2296-2300.

鲜芦根 XIANLUGEN

一、来源及产地

为禾本科植物芦苇（*Phragmites australis*（Cav.）Trin. ex Steud.）根茎。中国各地均有分布。

二、植物形态

多年生高大草本，具有匍匐状地下茎，横走，节间中空，每节上具芽。茎常具白粉。叶 2 列，具叶鞘。叶较宽，线状披针形。叶舌长 1 ~ 2mm，成一轮毛状。圆锥花序，小穗长 9 ~ 12mm，暗紫色或褐紫色。颖披针形，内颖比外颖长约 1 倍。两性花具雄蕊 3，雌蕊 1，花 柱 2，柱头羽状。颖果，花期 9 ~ 10 月。

三、药材简明特征

长圆柱形，或略扁，长短不一，直径 1 ~ 2cm。表面黄白色，有光泽，外皮疏松。节呈环状， 有残根和芽痕。体轻，质韧，不易折断。折断面黄白色，中空，壁厚 1 ~ 2mm，有小孔排列成环。 无臭、味甘。

四、化学成分

1. 主要有效成分
薏苡素、阿魏酸、多种维生素。
2. 主要成分
（1）糖类：薏苡多糖 A、B、C、中性葡聚糖 1 ~ 7 以及酸性多糖 CA-1，CA-2。
（2）黄酮类：芹菜素、芦丁、野黄芩苷、橙皮苷、木犀草素、槲皮素、山奈酚、异鼠李素（或 橙皮素）、异甘草素和黄芩素等。

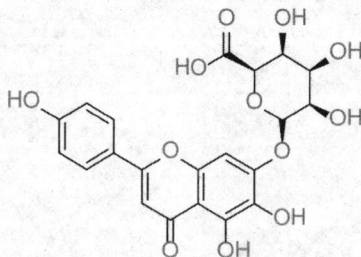

图 114　野黄芩苷

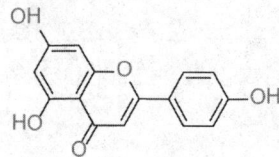

图 115　芹菜素

（3）酚酸：阿魏酸、咖啡酸、龙胆酸、2,5- 二甲氧基对苯醌、对羟基苯甲醛、丁香醛、松柏 醛、香草酸、对香豆酸等。
（4）脂肪酸：棕榈酸、硬脂酸、十八碳 - 稀酸、十八碳二烯酸、肉豆蔻酸及软脂酸酯、硬脂酸酯、棕榈酸等。

（5）甾醇类：阿魏酰豆甾醇、阿魏酰菜子甾醇、α，β，γ–谷甾醇及豆甾醇等。

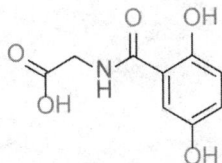

图 116　龙胆酸

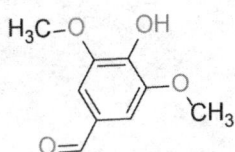

图 117　丁香醛

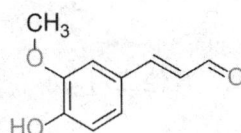

图 118　松柏醛

（6）苯并恶唑酮类：薏苡素（薏苡内酯）。

（7）其他类：小麦黄素、β–香树脂醇、蒲公英赛醇、蒲公英寒酮、游离脯氨酸和三甲铵乙内酯类化合物、维生素 B_1、维生素 B_2、维生素 C 等。

五、现代药理作用

1. 保肝作用：可抑制肝纤维化，促进肝损伤的恢复。
2. 抗氧化作用：具有清除自由基和还原能力。
3. 免疫调节的作用：改善细胞免疫功能，提高淋巴细胞及 T 细胞免疫应答。
4. 其他：保肝护肾、治疗发热、抗肿瘤、抗炎消菌等作用。

六、功效

性寒，味甘。归肺、胃经；清热生津、除烦、止呕、利尿。用于热病烦渴、胃热呕吐、肺热咳嗽、肺痈吐脓、热淋涩痛等症。

七、代表性中药制剂与方剂

1. 二鲜饮：由鲜芦根 90g，鲜竹叶 30g 组成，可清热解暑，生津止渴。
2. 银苇合剂：由银花，连翘各 20g，杏仁 10g，红藤、鱼腥草和去节鲜芦根各 30g，桔梗、冬瓜仁和桃仁各 9g 组成，可清热解毒，活血排脓。
3. 其他：如清热代茶饮、生芦根粥、银花薄荷饮、芦根清肺饮等。

八、食品应用

1. 药膳
芦根葱白橄榄饮（芦根 50g、鲜萝卜 200g、葱白 7 个、青橄榄 7 个）、芦根饮（鲜芦根 50g、冰糖适量）、芦根青皮粳米粥（鲜芦根 100g、青皮 5g、粳米 100g、生姜 2 片）等。
2. 代表性保健食品
（1）绿源胶囊：由谷胱甘肽、鲜芦根提取物、淡豆豉提取物、绿豆皮提取物、富马酸亚铁、乳酸锌等组成，可促进排铅。
（2）劲酒：由西洋参、枸杞子、山药、茯苓、山茱萸、蛤蚧、龟板、蜂蜜、乌梢蛇、鲜芦根组成，可抗疲劳、免疫调节。

3.其他

常用于凉茶等饮料,如鲜芦根冰糖茶,可清热去火;类似芦根、陈皮、甘草、生姜可制成饮料。

九、其他应用

暂无。

参考文献

[1] 王中华,郭庆梅,周凤琴.芦根化学成分、药理作用及开发利用研究进展[J].辽宁中医药大学学报,2014,16(12):81-83.

[2] 赵小霞,谭成玉,孟繁桐,等.芦苇化学成分及其生物活性研究进展[J].精细与专用化学品,2013,21(01):20-22.

香薷 XIANGRU

一、来源及产地

为唇形科植物石香薷（*Mosla chinensis* Maxim.）和江香薷（*M.chinensis* 'Jiangxiangru'）的干燥地上部分。在中国，前者产于华东、华中、西南和华南等地，后者主要产于江西。

二、植物形态

石香薷为直立草本。茎纤细，自基部多分枝，被白色疏柔毛。叶线状长圆形至线状披针形，两面均被疏短柔毛及棕色凹陷腺点；叶柄被疏短柔毛。总状花序，花梗短，被疏短柔毛。花萼钟形，外面被白色绵毛及腺体，萼齿5。花冠紫红至白色。雄蕊及雌蕊内藏。花盘前方呈指状膨大。小坚果球形，直径约2mm。花期6～9月，果期7～11月；江香薷的特点是其植株高大，茎密被灰白色卷曲柔毛；叶片广披针形，叶缘具显著的锐锯齿，花萼裂片三角状披针形。

三、药材简明特征

1. 石香薷：全体密被白色茸毛，茎方柱形，基部类圆形，直径1～2mm；质脆，易折断。叶对生，多皱缩或脱落，叶片展平后呈长卵形或披针形，暗绿色或黄绿色，边缘有浅锯齿。穗状花序顶生及腋生，苞片圆倒卵形；花萼宿存，密被茸毛。小坚果4，近圆球形，具网纹。气清香而浓，味微辛而凉。

2. 江香薷：较石香薷长。表面黄绿色，质较柔软。边缘有5～9疏浅锯齿。果实较石香薷稍大，直径0.9～1.4mm，表面具疏网纹。

四、化学成分

1. 主要有效成分
挥发油、有机酸。

2. 主要成分
（1）挥发油：百里香酚、香荆芥酚、对聚伞花素、乙酸百里酯、乙醇香荆酯、苯甲醛、丁香油酚、蒎烯、香叶烯、丹皮酚、桉树脑、芳樟醇、桉叶油素。

（2）黄酮类：5,7- 二甲氧基 -4'- 羟基黄酮、芹菜素 -7-0-α-L- 鼠李糖（1-4）-6''-0-乙酰基 -β-D- 葡萄糖苷、5,7- 二甲氧基 4'-O-α-L- 鼠李糖（1-2）-β-D- 葡萄糖苷、金合欢素 -7-O- 芸香苷、黄芩素 -7- 甲醚、木犀草素、槲皮素、芹菜素等。

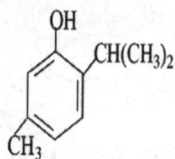

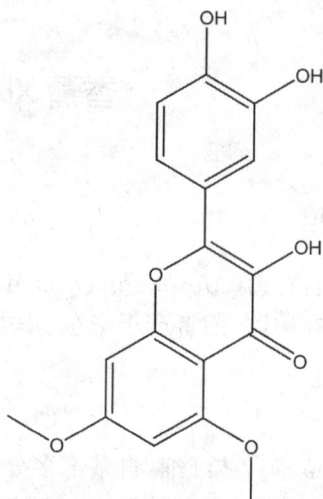

图 119　百里香酚　　　图 120　5，7-二甲氧基 -4'- 羟基黄酮

（3）无机元素类：Cu、Zn、Mn、Co、Ni、Se、Cr、Su、F、Si、Mo。

五、现代药理作用

1. 解热作用：可降低体温，使机体退热。

2. 抗病原微生物：有广谱的抑菌效果，抑制病毒的作用。

3. 增强免疫力：可增强免疫应答，提高机体防御机制。

4. 其他：利尿、抗炎、镇痛、镇静、预防流感、平喘等作用。

六、功效

性微温，味辛。归肺、胃经；发汗解表，和中利湿。用于暑湿感冒、恶寒发热、头痛无汗、腹痛吐泻、小便不利等症。

七、代表性中药制剂与方剂

1. 千金茶：香薷、香附、羌活、制陈皮、贯众、柴胡、紫苏、制半夏、酒川芎、枳壳、桔梗、荆芥和广藿香各 25g，甘草、苍术、玉叶金花和茶叶各 50g，石菖蒲和薄荷各 15g，制厚朴 40g，可疏风解表，利湿和中。

2. 二香散：由紫苏，陈皮，苍术，厚朴，甘草和扁豆各 30g，香薷（去根）60g，香附子 75g 组成，可用于感冒风寒暑湿，呕恶泻利，腹痛，瘴气等症。

3. 其他：如小儿暑感宁糖浆、肠炎宁片、香石双解袋泡茶、香苏调胃片等。

八、食品应用

1. 药膳

如香薷粥（香薷 10g，大米 100g，白糖适量）、香薷饮（香薷 10g，白扁豆和厚朴各 5g）、香薷薄荷茶(香薷、薄荷、淡竹叶各 5g,车前草 10g)、香薷二豆饮(白扁豆 30g,香薷 15g,扁豆花 5 朵)等。

2.代表性保健食品

(1)宇航口服液:由酿酒酵母、麦芽汁、黄芪、香薷、柠檬酸等组成,可增强免疫力,调节肠道菌群。

(2)素丽美茶:含决明、山楂、紫苏子、青钱柳、香薷、菊花等,可减肥。

3.其他

烹饪调料,可烹制肉类。或为增香调味品,如五花香薷冲调粉等。

九、其他应用

香薷提取物已用于化妆品原料。

参考文献

[1] 苗琦,方文娟,张晓毅.江香薷化学成分及药理作用研究进展 [J]. 江西中医药大学学报,2015(2):117–120.

[2] 葛冰,卢向阳,易克.石香薷的研究概况 [J]. 中药材,2004(4):302–305.

香橼 XIANGYUAN

一、来源及产地

为芸香科植物香圆(西南香园)(*Citrus wilsonii* Tanaka)和枸橼(*C. medica* L.)的成熟果实。在中国,前者产于江苏、浙江、江西、四川等地,后者主产于广东、广西。

二、植物形态

香圆为乔木,茎枝光滑无毛,无短刺。叶互生,革质,具腺点,叶片全缘或波状锯齿,叶柄具阔翼。花单生或簇生,芳香;花萼5裂,白色花瓣5,雄蕊在25以上,花丝结合。子房上位,10～12室,柑果圆形,成熟时橙黄色,表面特别粗糙,果汁无色,味酸苦。花期4～5月。果期10～11月;枸橼特点是小乔木,枝刺短而硬,嫩枝幼时紫色,叶大,叶柄短,无翼,果汁黄色,味极酸而苦。

三、药材简明特征

1. 枸橼:长圆形片或圆形,直径3～10cm,厚约2～5mm。横切面边缘稍呈波状,外果皮浅橙黄色或黄绿色,散有凹入油点;中果皮较粗糙,黄白色,有不规则的网状突起(维管束)。瓤囊11～16瓣;种子1～2颗,中轴明显。质柔韧。气清香,味微甜而苦辛。以片黄白、香气浓者为佳。

2. 香圆:圆形片状或类球形,直径4～7cm。表面黄棕色或灰绿色,较粗糙,密布凹陷的小油点,顶端有花柱残痕和圆圈状环纹,习称"金钱环",基部有果柄痕。质坚硬,横切面边缘油点明显,瓤囊9～12瓣,淡棕色或棕色,有黄白色种子。气香,味酸而苦。以个大、色黑绿、皮粗、香气浓者为佳。

四、化学成分

1. 主要有效成分
右旋柠檬烯、枸橼苷等。
2. 主要成分
(1)三萜类:枸橼苦素等。
(2)挥发油类:乙酸牻牛儿酯、乙酸芳樟醇酯、右旋柠檬烯、柠檬醛、水芹烯、柠檬油素等。
(3)甾醇类:β-谷甾醇、β-胡萝卜苷等。
(4)其他类:橙皮苷、枸橼酸、苹果酸、果胶,鞣质及维生素C等。

五、现代药理作用

1. 抗氧化作用：可清除多余的自由基，具有良好的还原能力。
2. 抑菌作用：对酵母、真菌及霉菌有一定的抑制作用。
3. 其他：抗癌、促进脑发育、防止动脉粥样硬化、抗血栓、保护血管壁等。

六、功效

性温，味辛、苦、酸。归肝、脾、肺经；疏肝理气，宽中，化痰。用于肝胃气滞、胸胁胀痛、脘腹痞满、呕吐噫气、痰多咳嗽等症。

七、代表性中药制剂与方剂

1. 阴和解凝膏：由香橼、陈皮和人工麝香各 10g，肉桂、乳香和没药各 20g，苏合香 40g 组成，可温阳化湿，消肿散结。
2. 胃苏冲剂：含紫苏梗，香附，陈皮，香橼，佛手，枳壳，理气消胀止痛。
3. 香砂糖：由香橼 10g，砂仁 8g，白砂糖 200g 组成，可开胃健脾行气。
4. 其他：制金柑丸、十香止痛丸、阴和解凝膏、食消饮、香橼丸等。

八、食品应用

1. 药膳
如香橼佛手粥。
2. 代表性保健食品
（1）减肥胶囊：由山楂、香橼、决明子、荷叶等组成，可减肥。
（2）福鹿丸：由黄芪、西洋参、鹿茸、川牛膝、香橼、玉竹组成，抗疲劳。
（3）胃安液：由薏苡仁、香橼、山药、佛手、莱菔子、麦芽、大枣组成，改善胃肠道功能（对胃黏膜有辅助保护作用）。
3. 其他
香橼汁、冲茶、调味品、香橼膏、茯苓香橼茶、香橼菊花复合颗粒、五花香橼压片糖果等。

九、其他应用

香橼提取物、香橼油等可用于化妆品原料，如菲茨香橼润肤洁面乳、香橼按摩霜、柠檬草香橼沐浴露、洗发露等生活用品。

参考文献

[1] 尹伟，宋祖荣，刘金旗，等.香橼化学成分研究 [J]. 中药材，2015，38（10）：2091-2094.

小茴香 XIAOHUIXIANG

一、来源及产地

为伞形科植物茴香（*Foeniculum vulgare* Mill.）干燥果实。在中国主产内蒙古、山西。

二、植物形态

草本，全株被白粉，具强烈香气，茎有棱。叶互生，3～4回羽状全裂，叶柄基部鞘状抱茎。复伞形花序，小伞形花序具花 15～30 朵，花小，花瓣黄色，内向卷曲。雄花与花瓣互生，放射状伸出。双悬果长圆形，果棱尖锐。

三、药材简明特征

常细圆柱形，长 4～8mm；黄绿色至棕色，光滑无毛，顶端有圆锥形黄棕色花柱基，分果长椭圆形，背面隆起，具 5 条纵直棱线。横切面近五角形，背面四边约等长。气特异而芳香，味微甜而辛。以粒大饱满、黄绿色、气味浓者为佳。

四、化学成分

1. 主要有效成分
茴香醚、小茴香酮、洋芫荽子。
2. 主要成分
（1）挥发油：反式－茴香脑、柠檬烯、小茴香酮、爱草脑、γ－松油烯、α－蒎烯、月桂烯、β－蒎烯、樟脑、樟烯、甲氧苯基丙酮等。
（2）脂肪酸类：10-十八碳烯酸、花生酸、棕榈酸、山嵛酸、肉豆蔻酸、硬脂酸、月桂酸、十五碳酸、二十一碳酸等。
（3）其他类：β－谷甾醇、花椒毒素、α－香树脂醇、欧前胡内酯、香柑内酯、及印度榅桲素。

五、现代药理作用

1. 保护胃肠作用：可促进胃肠蠕动，稳定胃肠内环境。
2. 抑菌作用：可抑制大肠杆菌、金黄色葡萄球菌、变形杆菌等致病菌。
3. 保肝作用：可抑制肝纤维化，提高肝功能。
4. 其他：利胆、抗癌、提高免疫力、缓解疼痛、抗炎等作用。

六、功效

性温,味辛。归肝、脾、胃、肾经。散寒止痛,理气和中。用于寒疝腹痛、睾丸偏坠、痛经、少腹冷痛、食少吐泻、睾丸鞘膜积液等。

七、代表性中药制剂与方剂

1. 人丹:含薄荷脑、肉桂、甘草、儿茶、木香、冰片、桔梗、樟脑、小茴香、草豆蔻、丁香罗勒油,用于消化不良,恶心呕吐,晕船,轻度中暑等症。

2. 天台乌药散:由乌药,木香,盐小茴香,青皮,高良姜,槟榔,川楝子,巴豆霜组成,可行气疏肝,散寒止痛。

3. 少腹逐瘀汤:由盐小茴香,炒干姜,醋延胡索,醋没药,当归,麸炒苍术,川芎,肉桂,生蒲黄,炒五灵脂,赤芍组成,可活血祛瘀,温经止痛。

4. 其他:如小茴香酊(软胶囊、浸膏、颗粒、丸)、七制香附丸、仲景胃灵丸、十滴水、千金止带丸等。

八、食品应用

1. 药膳

如小茴香粥、小茴香炖猪肚等。

2. 代表性保健食品

(1)改善睡眠片:由肉豆蔻、酸枣仁、红景天、蝙蝠蛾被毛孢菌丝体、麦冬、百合、小茴香、珍珠粉、丁香等组成,可改善睡眠。

(2)回元液:鲜人参花、高山红景天、雄蚕蛾、枸杞子、冬虫夏草、小茴香等组成,可抗疲劳。

3. 其他

可用于菜肴调味品,小茴香具有特殊的香味,能刺激肠胃的神经血管,健胃理气,可搭配肉食和油脂的调味品;五香粉、孜然粉等;另有茴香酒。

九、其他应用

1. 磨成粉状作为食品调味料,制成花草茶。茴香精油具有良好的防腐作用,可用于腌渍食品。

2. 茴香精油可用于牙膏、牙粉、肥皂、香水、化妆品等香精。

3. 烟丝:用小茴香茎叶制成烟丝,由于其不含尼古丁成分、焦油量低,对人体危害小,燃烧性类似烟叶、香味浓郁,有望成为新型香烟替代品。

参考文献

[1] 黄晓巍,刘玥欣,刘轶蔷,等.荆芥化学成分及药理作用研究进展[J].吉林中医药,

2017,37（08）: 817-819.

[2] 王凤,温桃群,桑文涛,等.荆芥挥发油化学成分及药理作用研究现状[J].中南药学,2017,15（03）: 312-318.

小蓟 XIAOJI

一、来源及产地

为菊科植物小蓟（*Cirsium belingschanicum* Petr.）的全草或根。在中国分布于除广东、广西、海南、云南、西藏外的其他各地。

二、植物形态

多年生草本，具长匍匐根。茎直立，稍被蛛丝状绵毛。基生叶花期枯萎，茎生叶互生，两面均被蛛丝状绵毛，齿端钝而有刺，边缘具黄褐色伏生倒刺状牙齿，无柄。头状花序，花冠紫红色。瘦果长椭圆形，无毛，冠毛羽毛状。花期5~7月。果期8~9月。

三、药材简明特征

茎圆柱形，表面有纵棱和柔毛；质脆，易折断，断面纤维性，中空。叶多破碎或皱缩，完整者展平后常呈长椭圆形；全缘或微波状，有细密针刺，腹面灰绿色，背面绿褐色，两面均有白色蛛丝状毛。花序总苞钟状，苞片黄绿色，花冠多脱落，冠毛羽状常外露。气弱，味微苦。以色绿、叶多者为佳。

四、化学成分

1. 主要有效成分
刺槐素 -7- 鼠李葡萄糖苷、芦丁。
2. 主要成分
（1）苯丙素类：原儿茶酸、咖啡酸、绿原酸、银椴醇 -9-O- 反式 - 对 - 香豆酰基 -4-O-β -D- 葡萄糖苷、反式对香豆酸二十六醇酯、反式对香豆酸葵酯等。
（2）生物碱类：乙酸橙酰胺、马齿苋酰胺、尿嘧啶、酪胺、1-（3',4'- 二羟基肉桂酰）- 环戊 -2,3- 二酚。
（3）甾醇类：β - 谷甾醇、胆甾醇、豆甾醇、β - 胡萝卜苷、麦角甾 -4,24（28）- 二烯 -3- 酮、豆甾 -4- 烯 -3- 酮、蒲公英甾醇。
（4）黄酮类：异山萘素 -7-O-β -D- 葡萄吡喃糖苷、槲皮素 -3-O-β -D- 葡萄吡喃糖苷、柳穿鱼苷、芦丁、刺槐素、蒙花苷。
（6）其他类：丁二酸、对羟基苯甲酸、香草酸、香豆酸、邻二苯酚、原儿茶醛、原儿酸、5-O- 咖啡酰基 - 奎宁酸、蔗糖、α -tocospiro A、α -tocospiro B、α -tocospiro C 等。

五、现代药理作用

1. 止血作用：提高血小板的聚集和凝血酶活性，缩短出血时间。
2. 抑菌作用：部分抑制金黄色葡萄球菌、大肠杆菌、铜绿假单胞菌等生长。
3. 抗癌作用：抑制癌细胞的增长，诱导癌细胞的凋亡。
4. 其他：提高心肌兴奋、收缩肠胃道及支气管平滑肌、抗衰老、抗疲劳等。

六、功效

性凉，味甘、微苦。归心、肝经；凉血止血、清热消肿。用于咯血，吐血，衄血，尿血，血淋、便血、崩中漏下，外伤出血，痈肿疮毒等症。

七、代表性中药制剂与方剂

1. 山菊降压片：由山楂 500g，盐泽泻和夏枯草各 62.5g，菊花、小蓟和炒决明子各83.3g 组成，可用于阴虚阳亢所致的头痛眩晕、耳鸣健忘、腰膝酸软、五心烦热、心悸失眠等症。
2. 必胜散：由熟地黄、小蓟、人参、蒲黄、当归、川芎、乌梅（去核）各 30g 组成，用于妇人流血，吐血、衄血、呕血、咯血等症。
3. 补脾益肾汤：由党参、黄芪、墨旱莲和茜草各 12g，熟地 15g，小蓟草 30g，炒白术和威喜丸各 9g，炒山药和炒黄柏各 6g 组成，可用于膏淋（乳糜尿）。
4. 其他：如小蓟糖煎剂、小蓟酊剂、十灰丸、血尿安胶囊、荡石胶囊等。

八、食品应用

1. 药膳：如凉拌小蓟、小蓟仙鹤草汁粥（小蓟、仙鹤草、红糖适量）、小蓟根猪脚煲等。
2. 代表性保健食品：如圣康口服液由罗布麻、山楂、银杏叶、小蓟、绞股蓝、西洋参组成，可调节血压、调节血脂。
3. 其他：千针草竹叶茶（小蓟、淡竹叶、菊苣、芡实等）、蒲公英小蓟茶。

九、其他应用

小蓟提取物可用于化妆品原料。

参考文献

[1] 马勤阁，魏荣锐，柳文敏，等 . 小蓟中黄酮类化学成分的研究 [J]. 中国中药杂志，2016,41（05）：868–873.

[2] 冯子明，杨桠楠，姜建双，等 . 小蓟的化学成分研究 [J]. 中国实验方剂学杂志，2012，18（06）：87–89

薤白 XIEBAI

一、来源及产地

为百合科植物小根蒜（*Allium macrostemon* Bge.）或薤（*A. chinensis* G. Don）的干燥鳞茎。在中国，前者分布于东北三省、河北、山东、湖北、贵州、云南、甘肃、江苏等地，后者分布于全国大部地区。

二、植物形态

小根蒜为多年生草本，鳞茎近球形，外被白色膜质鳞皮。叶基生，叶片线形，长20～40cm，宽3～4毫米，先端渐尖，基部鞘状，抱茎。花茎由叶丛中抽出，单一，直立，平滑无毛；伞形花序近球形，顶生；花被6，长圆状披针形，淡紫粉红色或淡紫色；雄蕊6，雌蕊1，子房上位，3室，有2棱。蒴果。花期6～8月。果期7～9月；薤的特点为鳞茎长椭圆形，长3～4cm。叶片2～4片，半圆柱状线形，中空。伞形花序疏松；花被片圆形或长圆形。

三、药材简明特征

1. 小根蒜：不规则卵圆形，直径0.5～1.8cm。表面黄白色，皱缩，半透明，具类白色膜质鳞片，基部鳞茎盘突起。质硬，角质样。具蒜臭，味微辣。
2. 薤：长卵形略扁，直径0.3～1.2cm。表面淡黄棕色，具浅纵皱纹。质较软，断面具2～3层鳞叶，嚼之粘牙。

四、化学成分

1. 主要有效成分
小根蒜含薤白苷、薤含N–（对–反式–香豆酰基）酪胺，N–（对–顺式–香豆酰基）酪胺。
2. 主要成分
（1）甾体皂苷：螺甾皂苷、呋甾皂苷。
（2）挥发油：含硫化合物，包括二甲基三硫醚，甲基烯丙基三硫醚和二甲基四硫醚。

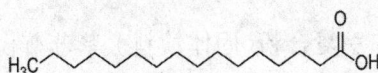

图 121　二甲基三硫醚　　　　图 122　棕榈酸

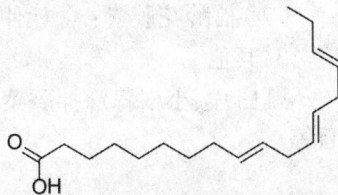

图 123　亚麻酸

（3）含氮化合物：腺苷、胸苷、丁香苷、N–反阿魏酰基酪胺和色氨酸等。

（4）脂肪酸：棕榈酸、油酸、亚麻酸、21–甲基二十三烷酸。

（5）其他类：多糖、脂肪酸等。

五、现代药理作用

1. 增强免疫力作用：增强免疫功能，改善免疫抑制。

2. 平喘作用：抑制炎症，缓解支气管平滑肌痉挛。

3. 抗肿瘤作用：可抑制癌细胞增殖，诱导癌细胞凋亡。

4. 其他：抗血小板相关炎症、抑制凝血和抗血栓、扩张血管、抑菌、抑制肝药酶、降脂、对心肌损伤的保护等作用。

六、功效

性温，味辛、苦。归肺、胃、大肠经；通阳散结，行气导滞。用于胸痹疼痛，痰饮咳喘，泄痢后重等症。

七、代表性中药制剂与方剂

1. 痛泻宁颗粒：由白芍和青皮各800g，薤白和白术各500g组成，可柔肝缓急，疏肝行气，理脾运湿。

2. 枳实薤白桂枝汤：由枳实和桂枝各3g、厚朴12g、薤白9g、栝楼10g组成，可治胸痹，心中痞气，气结在胸等症。

3. 其他：如丹蒌片、瓜蒌薤白半夏汤、心脑宁胶囊等。

八、食品应用

1. 药膳

薤白粥（薤白20g、粳米100g），共煮成粥，可宽胸行气止痛，用于冠心病和心绞痛，同时还可以预防老年人肠胃炎；薤白煎饼，把薤白捣烂成泥，配上粳米粉和蜂蜜，制作成饼，可用于产妇的泻痢。

2. 代表性保健食品

（1）欣泰口服液：由银杏叶、薤白、香菇、沙棘、茯苓、山楂、荷叶等组成，可辅助降血脂。

（2）福龄花胶囊：含杜仲、薤白、罗布麻叶、怀牛膝、槐花、天麻等，可辅助降血压。

3. 其他

薤白片、小根蒜辣拌蕨菜、薤白佛手复合粉（固体饮料）、紫苏薤白膏、洋葱薤白人参葡萄酒等。

九、其他应用

薤鳞茎提取物被用于化妆品原料。

参考文献

[1] 盛华刚 . 薤白的化学成分和药理作用研究进展 [J]. 药学研究,2013,32（01）: 42–44.

[2] 康小东,吴学芹,张鹏 . 薤白的化学成分研究 [J]. 现代药物与临床,2012,27（02）: 97–99.

杏仁 XINGREN

一、来源及产地

为蔷薇科植物山杏(苦杏)(*Prunus armeniaca* L. var. ansu Maxim.)、西伯利亚杏(*P. sibirica* L.)、东北杏(*P. mandshurica* (Maxim.)Koehne)或杏(*P. armeniaca* L.)的干燥成熟种子。分为甜杏仁和苦杏仁,后者需炮制后才能使用。原产于中亚、西亚、地中海地区,引种于暖温带地区。

二、植物形态

杏为落叶小乔木,单叶互生,叶片圆卵形或宽卵形,长 5 ~ 9cm,宽 4 ~ 8cm。先叶开花,花单生,花几无梗,花萼基部成筒状,外面被短柔毛,上部 5 裂;花瓣 5,白色或浅粉红色,雄蕊多数,着生萼筒边缘;雌蕊单心皮,着生萼筒基部。核果圆形,直径 2.5cm 以上。种子 1。花期 3 ~ 4 月,果期 6 ~ 7 月。

山杏特点为叶长 5 ~ 10cm,宽 4 ~ 7cm。果实扁球形,直径 1.5 ~ 2.5 cm,两侧扁,核易与果肉分离,基部一侧不对称,平滑。

西柏利亚杏特点为叶片稍小,核果近球形,黄色而具红晕,果核平滑,腹棱增厚有纵沟,沟边缘形成 2 条平行锐棱,背棱翅状突起,边缘极锐利。

东北杏特点为大乔木,叶椭圆形或卵形,长 6 ~ 12cm,宽 3 ~ 8cm。子房密被柔毛。核果近球形,黄色;核近球形或宽椭圆形,粗糙,边缘钝。

三、药材简明特征

几种杏仁形态相似,扁心形,长 1 ~ 1.9cm。表面黄棕色至深棕色,一端尖,另一端钝圆,肥厚,左右不对称,尖端侧有短线形种脐,合点处向上具多数深棕色脉纹。种皮薄,富油性。气微,味苦。以颗粒饱满、完整、味苦者为佳。

四、化学成分

1. 主要有效成分
(1)苦杏仁:苦杏仁苷、苦杏仁酶。
(2)甜杏仁:多元酚酸、黄酮。
2. 主要成分
(1)苦杏仁:亚油酸、亚麻酸、油酸、花生四烯酸等脂肪酸,苦杏仁苷,清蛋白、苦杏仁酶、苦杏仁苷酶、樱叶酶、醇腈酶等,另有苯甲醛、β – 谷甾醇等。
(2)甜杏仁:脂肪、黄酮、杏仁多糖、蛋白质等。

五、现代药理作用

1. 镇咳平喘作用：抑制呼吸中枢，改善呼吸窘迫。
2. 抗氧化作用：可清除自由基，较好的还原能力。
3. 抗肿瘤作用：可抑制癌细胞增殖，诱导癌细胞凋亡。
4. 其他：润肠通便、抗炎镇痛、改善胃肠疾病、降血脂、杀虫、调节免疫、保护肾脏等功能。

六、功效

1. 苦杏仁：性微温，味苦。有毒，归肺、大肠经；降气止咳平喘，润肠通便。用于咳嗽气喘、胸满痰多、血虚津枯、肠燥便秘等症。
2. 甜杏仁：性平，味甘，无毒。归肺、大肠经；润肺，平喘。用于虚劳咳喘，肠燥便秘润肺、平喘等症。

七、代表性中药制剂与方剂

1. 三拗片：含麻黄、苦杏仁和甘草各 833g，生姜 500g，用于湿热所致痹病。
2. 三仁合剂：由苦杏仁和姜半夏各 165g，薏苡仁和滑石各 198g，淡竹叶、通草、厚朴和豆蔻各 66g 组成，可宣化畅中，清热利湿，用于头痛身重，胸闷不饥，午后身热，舌白不渴等症。
3. 麻黄汤：由麻黄 9g，桂枝和杏仁各 6g，甘草 3g 组成，可用于外感风寒。
4. 其他：如苦杏仁配方颗粒、杏仁止咳口服液、众道妙方紫苏杏仁颗粒、杏仁止咳糖浆、伤风咳茶等。

八、食品应用

1. 药膳
如薏米杏仁粥（薏米 30g、杏仁 10g、大米 50g、白糖适量）、杏仁水鱼汤（甲鱼 1 只、苦杏仁 10g）等。
2. 代表性保健食品
（1）杏花鱼蛋白片：含鱼蛋白粉、杏仁粉、花粉、维生素 E 等，可美容。
（2）康美乐粉：由燕麦、山楂、杏仁组成，可调节血脂。
（3）杏仁桔梗川贝枇杷膏：含川贝母、苦杏仁、桔梗、枇杷果浆、薄荷脑。
3. 其他
（1）休闲食品：如琥珀类、五香类、糖衣果味类杏仁等，杏仁露等饮料类制品，固体杏仁奶等制品。
（2）其他食品：葡萄籽杏仁冬瓜粉、人参杏仁茶、杏仁复合粉、薏米山药杏仁粉、杏仁玫瑰花复合粉饮料、人参杏仁片等。

九、其他应用

其提取物用于化妆品，如欧舒丹杏仁紧肤乳、杏仁麝香型洗手液、婴儿杏仁滋养保湿喷油、杏仁养护膏等。

参考文献

[1] 李科友，史清华，朱海兰，等 . 苦杏仁化学成分的研究 [J]. 西北林学院学报，2004（02）：124-126.

[2] 史清华，朱海兰，李科友 . 苦杏仁精油化学成分的研究 [J]. 西北林学院学报，2003（03）：73-75.

益智仁 YIZHIREN

一、来源及产地

为姜科植物益智(*Alpinia oxyphylla* Miq.)的果实。主产于海南。

二、植物形态

多年生草本,叶片披针形,叶柄短。叶舌膜质,2 裂,被淡棕色疏柔毛。总状花序轴和花萼均被极短的柔毛,花冠裂片后方的 1 枚稍大,白色,外被疏柔毛;侧生退化雄蕊钻状,唇瓣粉白色而具红色脉纹,先端边缘皱波状;子房密被绒毛。蒴果鲜时球形,干时纺锤形,长1.5 ~ 2cm,宽约 1cm,被短柔毛,果皮上有隆起的维管束线条,种子被淡黄色假种皮。花期3 ~ 5 月,果期 4 ~ 9 月。

三、药材简明特征

椭圆形或纺锤形,两端渐尖,表面棕色至灰棕色,有凹凸不平的断续状隆起线 13 ~ 20条,先端有花被残基,基部残留果柄或果柄痕,果皮薄韧,与种子紧贴,种子团中间有淡棕色隔膜分成 3 室,不规则多面形种子灰褐色,具淡黄色假种皮,腹面中央有凹陷种脐,种脊沟状。气芳香,味辛、微苦。

四、化学成分

1. 主要有效成分
益智酮甲、益智酮乙等。
2. 主要成分
(1)二芳基庚烷类化合物:益智酮甲、益智酮乙、益智醇、益智新醇。
(2)黄酮类化合物:白杨素、杨芽黄素、伊砂黄素、山柰酚 –4'–0– 甲醚等。
(3)萜类:艾里莫芬烷型倍半萜 A、B、C,诺卡酮。
(4)甾体类化合物:β – 谷甾醇、胡萝卜苷、豆甾醇、β – 谷甾醇棕榈酸酯、胡萝卜苷棕榈酸酯。
(5)挥发油类:香橙烯、圆柚酮、姜酮、桉油精、对 – 聚伞花烃、芳樟醇和桃金娘醛、姜烯、姜醇。
(6)脂肪酸:棕榈油酸、油酸、亚油酸,亚麻酸,木焦油酸、棕榈酸。
(7)其他类:原儿茶酸、异香草醛、细辛醚等。

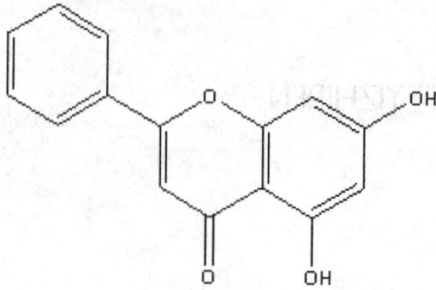

图 124　白杨素

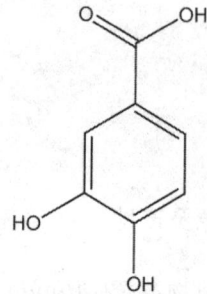

图 125　原儿茶酸

五、现代药理作用

1. 对血管系统的作用：可舒张血管和强大的正性肌力、强心作用。
2. 抗衰老：可清除自由基活性，促进细胞生长发育。
3. 抗肿瘤作用：可抑制癌细胞增殖，诱导癌细胞凋亡。
4. 其他：镇静、催眠、镇痛、抗过敏反应、抗溃疡、止泻、神经保护等。

六、功效

性温、味辛。归肾、脾经；温脾止泻、摄唾涎、暖肾、固精缩尿。用于脾寒泄泻、腹中冷痛、口多唾涎、遗尿、小便频数、遗精白浊等症。

七、代表性中药制剂与方剂

1. 豆蔻散：含草豆蔻和益智仁各 30g、干柿蒂 60g，用于寒气攻胃呃噫。
2. 缩泉丸：由益智仁、乌药和山药各 300g 组成，可温肾祛寒，缩尿止遗。
3. 遗尿散：由粉萆薢（盐炒）500g、益智仁（盐炒）25g、朱砂 25g 组成，可暖肾，涩尿。用于睡中遗尿。
4. 其他：如健脑丸、混元丹、补脑丸、固肾定喘丸、混元丹等。

八、食品应用

1. 药膳

如益智茯苓粥（益智仁和白茯苓各 5g、大米）、益智仁粥等。

2. 代表性保健食品

（1）多液康口服液：由益智仁、红枣、山药、芡实和乌梅等组成，可增强免疫力。

（2）至能胶囊：由枸杞子、龟甲、覆盆子、黄精、益智仁、丹参、酸枣仁组成，可延缓衰老。

（3）忆眠口服液：由何首乌、益智仁、酸枣仁、人参、红景天、五味子等组成，可辅助改善记忆、改善睡眠。

3. 其他

如益智仁膏、破壁益智仁粉、益智仁山核桃米、核桃益智仁固体饮料、红参狗鞭益智仁植物饮品、益智仁龙眼压片糖果等。

九、其他应用

益智仁提取物可用于化妆品原料。

参考文献

[1] 邸磊,王治元,王志.益智仁的化学成分[J].植物资源与环境学报,2011,20（2）:94-96.

[2] 张俊清,王勇,陈峰.益智的化学成分与药理作用研究进展[J].天然产物研究与开发,2013,25（2）:280-287.

薏苡仁 YIYIREN

一、来源及产地

为禾本科植物薏苡（*Coix lacryma-jobi* L. var. *mayuen*（Roman.）Stapf）Stapf）的干燥成熟种仁。在中国产于华北、华东、华中、华南和西南等地区。

二、植物形态

一年生粗壮草本，秆直立丛生，节多分枝。叶鞘无毛；叶舌干膜质，叶片扁平宽大，中脉粗厚，在下面隆起，边缘粗糙，常无毛。总状花序具长梗。花序上部和下部分别为雄小穗和雌小穗，前者 2 ~ 3 对，无柄者长 6 ~ 7mm，雄蕊 3 枚，花药桔黄色，长 4 ~ 5mm；后者外面包被骨质念珠状有光泽的总苞，雄蕊常退化；柱头细长，从总苞之顶端伸出。颖果小，常不饱满。花果期 6 ~ 12 月。

三、药材简明特征

长椭圆形或宽卵形，长 4 ~ 8mm，宽 3 ~ 6mm。表面乳白色，光滑，偶见残存黄褐色种皮。一端钝圆，另一端较宽且微凹，有一淡棕色点状种脐。背面圆凸，腹面有 1 条较宽的深纵沟。质坚实，断面白色，粉性。气微，味微甜。

四、化学成分

1. 主要有效成分
薏苡素（薏苡内酯）、脂肪酸、多种氨基酸。
2. 主要成分
（1）脂肪酸及酯类：脂肪酸有棕榈酸、亚油酸、油酸和硬脂酸；酯类有三亚油酸甘油酯、棕榈酸二亚油酸甘油酯、二亚油酸油酸甘油酯、亚油酸二油酸甘油酯、三油酸甘油酯、棕榈酸亚油酸油酸甘油酯和棕榈酸二油酸甘油酯等。

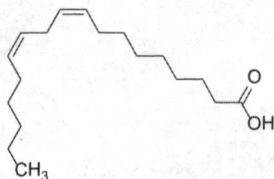

图 126　亚油酸

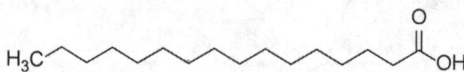

图 127　棕榈酸

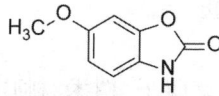

图 128　薏苡素（薏苡内酯）

（2）糖类：薏苡多糖 A、B、C 和中性葡聚糖 1 ～ 7 及酸性多糖 CA–1 和 CA–2，鼠李糖、甘露糖、阿拉伯糖、葡萄糖、半乳糖和木糖等单糖。

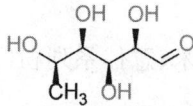

图 129　L– 鼠李糖　　　　**图 130　D– 甘露糖**

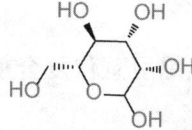

（3）黄酮类：黄烷酮、大豆异黄橙酮、查耳酮和二氢查耳酮。

（4）甾醇类：阿魏酰豆甾醇、阿魏酰菜子甾醇、芸苔甾醇、α – 谷甾醇、β – 谷甾醇、汉地醇、钝叶大戟甾醇、γ – 谷甾醇和豆甾醇等。

五、现代药理作用

1. 对血管系统作用：可舒张血管和强大的正性肌力、强心作用。

2. 抗衰老作用：可清除自由基活性，促进细胞生长发育。

3. 抗肿瘤作用：可抑制癌细胞增殖，诱导癌细胞凋亡。

4. 其他：镇静、催眠、镇痛、抗过敏反应、抗溃疡、止泻、神经保护等。

六、功效

性微温，味甘，淡。归脾、胃、肺经；健脾渗湿、除痹止泻、清热排脓。用于水肿、脚气、小便不利、湿痹拘挛、脾虚泄泻、肺、肠痈等症。

七、代表性中药制剂与方剂

1. 三仁汤：由杏仁和半夏各 15g，飞滑石和生薏苡仁各 18g，白通草、白蔻仁、竹叶和厚朴各 6g 组成，可清热利湿，宜畅湿浊。

2. 乐儿康糖浆：含党参、黄芪、山药、麦冬、太子参、陈皮、薏苡仁和制首乌各 77.3g，茯苓 51.5g，大枣、焦山楂和炒麦芽各 25.8g，桑枝 206.2g，可益气健脾，和胃。

3. 四妙丸：由苍术 125g、牛膝 125g、盐黄柏 250g、薏苡仁 250g 组成，清热利湿。用于湿热下注所致的痹病等症。

4. 其他：如甘露消毒丹、参苓白术散、薏苡附子败酱散等。

八、食品应用

1. 药膳

红豆薏仁汤或粥(赤小豆、薏仁、冰糖)，对食欲不振、疮毒、皮肤湿疹、筋骨湿痹、水肿均有作用；薏米柠檬水可清热排毒，护肤。

2.代表性保健食品

（1）俏俏胶囊：由苡仁、决明子、莱菔子、白术、桃仁组成，可辅助减肥。

（2）灵枣薏莲胶囊：由薏苡仁、莲子、灵芝、大枣四种药材的提取物等组成，可辅助增强免疫力。

（3）复合参甙胶囊：由人参、西洋参、薏苡仁组成，可免疫调节、抗突变。

3.其他

木耳薏仁甘草代用茶、绿豆薏仁复合粉、薏仁米、薏仁系列粉（方便食品）、薏苡仁芡实沙琪玛等。

九、其他应用

薏苡仁干制后研粉，做食品添加剂。

参考文献

[1] 田洪星,郑晓霞,胡蝶,等.薏苡仁的化学成分及质量控制研究进展 [J].贵州农业科学,2017,45（07）:82-87.

[2] 杜萌,丁安伟,陈彦.薏苡仁化学成分及其防治肿瘤作用机制研究 [J].吉林中医药,2012,32（02）:195-198+201.

[3] 温晓蓉.薏苡仁化学成分及抗肿瘤活性研究进展 [J].辽宁中医药大学学报,2008（03）:135-138.

油松 YOUSONG

一、来源及产地

为松科植物油松（*Pinus tabuliformis* Carrière）及同属植物,其树脂药材名为松香;针叶即药材松叶。球果即中药材松球。分布同松花粉来源中之一油松分布。

二、植物形态

植物形态同松花粉来源之一油松。

三、药材简明特征

1. 松叶,针状,2针一束,长6～18cm,直径约0.1cm。基部有鞘,叶片枯绿色或深绿色,表面光滑,中央有一细沟。质脆。气微香,味微苦涩。

2. 松节,常扁圆节段状。表面常灰棕色,可见棕色至黑棕色油脂斑。质坚而重。横切面心材色稍深,可见同心环纹,或见散在棕色小孔油性状树脂道;髓部小,淡黄棕色,纵切面纹理直或斜,不均匀。具松节油香气,味微苦辛。

3. 松球,卵圆形或类球形,由螺旋状排列的木质化种鳞组成,直径4～6cm,多已破碎。表面棕褐色或棕色。种鳞背面先端宽厚隆起,鳞脐钝尖。基部有残存果柄或果柄痕。质硬,有松脂特异香气,味微苦涩。

4. 松香,透明或半透明不规则块状,颜色从淡黄到深棕色。常温质地较脆,碎面平滑,有玻璃样光泽,气微弱。遇热变软,后融化,燃烧可见黄棕色浓烟。

四、化学成分

1. 主要有效成分
多糖。

2. 主要成分
（1）黄酮苷类:5,7,4'-三羟基-3-甲氧基-6-甲基黄酮-7-O-β-D-葡萄糖苷、5,7,8,4'-四羟基-3-甲氧基-6-甲基黄酮-8-O-β-D-葡萄糖苷等。

（2）挥发油:α-蒎烯、樟脑、α-红没药醇、石竹烯。

五、现代药理作用

1. 抗氧化作用:可清除多余的自由基,具有良好的还原能力。

2. 镇痛抗炎作用:抑制炎症和疼痛,缓解肿胀及解热。

3. 其他：抗老化、降血脂、抑菌、抗突变效应、镇咳、祛痰和平喘等作用。

六、功效

1. 松节：性温、味苦。祛风燥湿、活络止痛。用于风湿关节痛、腰腿痛、大骨节病、脚气痿软、鹤膝风、跌打肿痛等症。

2. 松叶：性温、味苦。祛风活血、明目安神、杀虫止痒。用于流行性感冒、风湿痿痹、跌打损伤、夜盲症、失眠、湿疮、疥癣、冻疮等症。

3. 松球：性温、味苦。祛风散寒、润肠通便。用于风痹、肠燥便秘、痔疮等症；外用治白癜风。

4. 松香：性温、味苦、甘；祛风燥湿、排脓拔毒、生肌止痛。用于疔疮肿毒、疥癣、痔瘘、湿疹、扭伤、风湿关节痛等症。

七、代表性中药制剂与方剂

1. 克伤痛搽剂：由当归，川芎，红花，丁香，生姜，樟脑，松节油组成，可活血化瘀，消肿止痛。

2. 除湿酒：由防己、云苓、杜仲、晚蚕砂、松节、狗脊、续断、伸筋草和秦艽各9g，茄根、木瓜、苍耳子和枸杞子各12g，桑枝15g，牛膝3g，独活6g等组成，可用于风寒湿痹。

3. 其他：如养血荣筋丸、万灵筋骨酒、骨痛药酒、天麻追风膏等。

八、食品应用

1. 普通食品：松节酒。

2. 代表性保健食品：如松芪梅胶囊含松叶、乌梅、黄芪等，可助调节血糖。

九、其他应用

松香和油松提取物为化妆品原料。

参考文献

[1] 滕坤,张靖亮. 油松松针中挥发油的GC-MS分析[J]. 通化师范学院学报,2012,33（10）:32-33.

[2] 郭春晓,吕静,袁久志,等. 油松松针的化学成分[J]. 沈阳药科大学学报,2010,27（03）:202-204.

余甘子 YUGANZI

一、来源及产地

为大戟科余甘子(*Phyllanthus emblica* Linn.)的成熟果实。在中国产于江西、福建、台湾、广东、海南、广西、四川、贵州和云南等省区。

二、植物形态

乔木,枝具纵细条纹,被黄褐色短柔毛。叶二列,上面绿色,下面浅绿色,干后带红色或淡褐色,边缘略背卷,侧脉每边 4 ~ 7 条。叶柄长 0.3 ~ 0.7mm,托叶三角形,褐红色,边缘有睫毛。蒴果核果状,圆球形,直径 1 ~ 3cm,外果皮肉质,内果皮硬壳质。种子略带红色。花期 4 ~ 6 月,果期 7 ~ 9 月。

三、药材简明特征

扁球形或球形,直径 1.2 ~ 2cm。表面棕褐色至墨绿色,具淡黄色颗粒状突起、皱纹及不明显 6 棱。中果皮质硬而脆。内果皮黄白色,硬核样,背缝线的偏上部有数条维管束,干后裂成 6 瓣。种子近三棱形,棕色。气微,味酸涩,回甜。以个大、肉厚、回甜味浓者为佳。

四、化学成分

1. 主要有效成分
原诃子酸、鞣花酸、诃黎勒酸。
2. 主要成分
(1)有机酸:亚麻酸、亚油酸、油酸、硬脂酸、棕榈酸、肉豆蔻酸等。
(2)氨基酸:谷氨酸、脯氨酸、天冬氨酸、丙氨酸和赖氨酸等。
(3)鞣质:葡萄糖没食子鞣苷、没食子酸、并没食子酸、鞣料云实精等。

五、现代药理作用

1. 抗氧化作用:可清除自由基,有较好的还原能力。
2. 抗菌作用:可抑制病原菌的数量及活性。
3. 抗肿瘤作用:可抑制癌细胞增殖,诱导癌细胞凋亡。
4. 其他:抗炎、保护肝损伤、保护心肌细胞、抗肥胖等作用。

六、功效

性凉,味甘、酸、涩。归肺、胃经;清热凉血、消食健胃、生津止咳。用于血热血瘀、消化不良、腹胀、咳嗽、喉痛、口干等症。

七、代表性中药制剂与方剂

1. 三果汤口服液:由去核诃子300g,去核毛诃子200g,去核余甘子240g组成,可清热,调和气血。用于瘟疫热症初期与后期,劳累过度等症。

2. 大黄利胆胶囊:含大黄、手掌参和余甘子各100g,可清热利湿,退黄。

3. 其他:如二十五味余甘子丸(散)、六味余甘子汤散、七味消肿丸等。

八、食品应用

1. 药膳

如余甘子煲猪肉、余甘子泡酒等。

2. 代表性保健食品

(1)葛根胶囊:由葛根、余甘子组成,辅助保护化学性肝损伤。

(2)润清含片:由余甘子、金银花、牛蒡子、麦冬组成,可清咽。

(3)桃乐丝胶囊:含余甘子、决明、麻仁、百合、绞股蓝,助降血脂、通便。

3. 其他

如甘蜜饯、甘果脯、卤余甘,余甘子果粉可用于糕点制作。另外还有余甘子糖片(固体饮料、精粉)、余甘子刺梨粉、余甘子荷叶片等。

九、其他应用

余甘子提取物、果汁和果粉均可用于化妆品原料,如余甘子清透修护乳液、余甘子均衡亮肤精华液等。

参考文献

[1] 王淑慧,程锦堂,郭丛,等.余甘子化学成分研究 [J].中草药,2019,50(20):4873-4878.

[2] 让卓玛.藏药余甘子与诃子化学成分及药理作用的对比 [J].当代医药论丛,2019,17(17):14-15.

鱼腥草 YUXINGCAO

一、来源及产地

为三白草科植物蕺菜（ *Houttuynia cordata* Thunb. ）的干燥地上部分。在中国产于秦岭、淮河以南。

二、植物形态

多年生草本，全株有腥臭味；茎上部直立，常呈紫红色，下部匍匐。叶互生，有腺点，基部心形，背面常紫红色，掌状叶脉 5 ~ 7 条，托叶下部与叶柄合生成鞘。花小，无花被，穗状花序与叶对生，总苞片 4 片，花瓣状，雄蕊 3 枚，3 个合生心皮。蒴果近球形。种子多数。花期 5 ~ 6 月，果期 10 ~ 11 月。

三、药材简明特征

茎呈扁圆柱形，扭曲，直径 0.2 ~ 0.3cm；表面棕黄色，具纵棱数条，节明显，下部节上具残存须根；质脆，易折断。叶互生，叶片卷折皱缩，展平后心形，长 3 ~ 5cm，宽 3 ~ 4.5cm；先端渐尖，全缘；背面暗黄绿色至暗棕色，腹面灰棕色或灰绿色；叶柄细长，基部与托叶合生成鞘状。有时可见顶生穗状花序，黄棕色。搓碎有鱼腥气味。

四、化学成分

1. 主要有效成分

鱼腥草素、绿原酸、癸酰乙醛等。

2. 主要成分

（1）挥发油类：癸酰乙醛（即鱼腥草素）、月桂醛、甲基正壬酮、α‒蒎烯、芳樟醇、樟烯、月桂烯、柠檬烯、乙酸龙脑酯、丁香烯等。

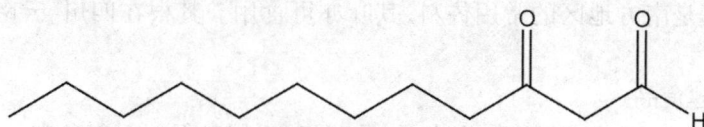

图 131　癸酰乙醛

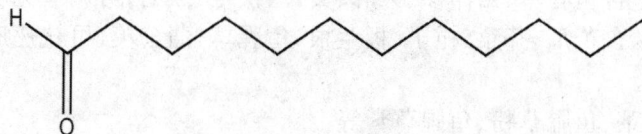

图 132　月桂醛

（2）黄酮类：斛皮苷、异斛皮苷、金丝桃苷、芸香苷、芦丁等。

（3）有机酸类：亚油酸、油酸、棕榈酸、辛酸、马兜铃酸、绿原酸。

（4）氨基酸：天冬氨酸、谷氨酰胺、丝氨酸、组氨酸、甘氨酸、亮氨酸等。

（5）生物碱类：胡椒内酰胺、马兜铃内酰胺。

五、现代药理作用

1. 抑菌作用：对金黄色葡萄球菌、大肠杆菌、结核分枝杆菌等病原体具有抑制作用。

2. 抗氧化作用：可清除自由基和提高超氧化物歧化酶的活力。

3. 抗肿瘤作用：可抑制癌细胞增殖，诱导癌细胞凋亡。

4. 其他：抗病毒、调节机体免疫力、抑制炎症等作用。

六、功效

性微寒，味辛。归肺经；清热解毒、消痈排脓、利尿通淋。用于肺痈吐脓、痰热喘咳、热痢、热淋、痈肿疮毒等症。

七、代表性中药制剂与方剂

1. 肺炎Ⅰ号合剂：由鱼腥草、鸭跖草和半枝莲各30g组成，用于肺炎。

2. 鱼败银海汤：含鱼腥草、败酱草和白花蛇舌草31g，金银花和地肤子各18g，海金沙24g，苦参、石苇和黄芩各12g，车前草和千里光各15g，可清热解毒利湿。

3. 复方鱼腥草片：由鱼腥草583g，黄芩和板蓝根各150g，连翘和金银花各58g组成，可用于急性咽炎、急性扁桃体炎所致咽部红肿、咽痛等症。

4. 其他：如鱼腥草颗粒（注射液、滴眼液）、鱼腥草岑蓝合剂等。

八、食品应用

1. 药膳

如鱼腥草煮猪瘦肉、鱼腥草炖猪排骨、鱼腥草苡米鸡蛋羹、鱼腥草蒸鸡、鱼腥草炒鸡蛋、鱼腥草炒肉丝、鱼腥草烧猪肺、鱼腥草粥、腊味小炒鱼腥草、鱼腥草猪肺汤、鱼腥草炒腊肉，总而言之，鱼腥草是南方地区的常用佐料，其叶亦可食用。其根在四川、云南等地常用作凉拌菜。

2. 代表性保健食品

（1）贝利茶：由鱼腥草、红景天、女贞子、黄芪组成，辅助保护辐射危害。

（2）生生胶囊：含鱼腥草、西洋参、天麻、黄芪、茯苓、三七，可调节免疫。

（3）痘痘平片：含苦瓜、芥菜、栀子、板兰根、鱼腥草、蒲公英，可祛痤疮。

3. 其他

如鱼腥草袋泡茶、鱼腥草粉、鱼腥草膏等。

九、其他应用

鱼腥草粉和鱼腥草提取物均可用于化妆品原料，如鱼腥草祛痘修护滋养面膜、鱼腥草洗面皂等。

参考文献

[1] 籍秀梅,马丽萍.鱼腥草的研究进展 [J].河南职工医学院学报,2007（1）:91-93.

[2] 梁明辉.鱼腥草的化学成分与药理作用研究 [J].中国医药指南,2019,17（2）:153-154.

玉竹 YUZHU

一、来源及产地

为百合科植物玉竹(*Polygonatum odoratum*(Mill.)Druce)的根茎。产于东北、华北、西北、华中和华东等地区。

二、植物形态

多年生草本。根状茎肉质,有结节。茎单一,向一边倾斜。叶互生,叶背有白粉。叶柄短或几无柄。花腋生,于一侧下垂;花被管状,黄绿色至白色,顶端6裂,雄蕊6枚,子房上位,3室。浆果球形,成熟时蓝黑色,具种子7～9粒。花期5～6月,果期7～9月。

三、药材简明特征

根茎圆柱形,直径0.7～2cm,环节明显,有圆盘状茎痕数个,可见残留鳞叶。表面黄白色至土黄色,有细纵皱纹。质柔韧,有时干脆,易折断,断面黄白色,颗粒状,横断面可见散列维管束小点。气微,味甜,有粘性。

四、化学成分

1. 主要有效成分
多糖、铃兰苷、铃兰苦苷、山奈酚等。
2. 主要成分
(1)多糖类:玉竹黏多糖,玉竹果聚糖A、B、C、D等。
(2)甾体及其苷类:黄精螺甾醇及黄精螺甾醇苷,黄精呋甾醇苷等。
(3)挥发油类:棕榈酸、正己醛、雪松醇等。
(4)其他类:β-谷甾醇、棕榈酸甲酯、α-软脂酸甘油酯、二十八碳酸等。

五、现代药理作用

1. 降血糖作用:可保护胰岛B细胞,提高耐糖量。
2. 抗氧化作用:可清除自由基和抑制自由基的活性。
3. 抗肿瘤作用:可抑制癌细胞增殖,诱导癌细胞凋亡。
4. 其他:抑制细菌生成、调节免疫力、减缓肥胖、抗疲劳、抗血栓、保护肾脏、抗缺氧等作用。

六、功效

性微寒,味甘。归肺、胃经;养阴润燥,生津止渴。用于肺胃阴伤、燥热咳嗽、咽干口渴、内热消渴等症。

七、代表性中药制剂与方剂

1. 玉竹膏:由玉竹制成,可补中益气,润肺生津。
2. 益胃汤:由北沙参,麦冬,冰糖,地黄,玉竹组成,可滋阴润燥。
3. 其他:如玉竹颗粒、玉竹茯苓膏、万年春酒、五根油丸等。

八、食品应用

1. 药膳
如玉竹排骨汤、玉竹兔肉汤、玉竹粥、玉竹煲鸡脚、银耳玉竹汤。
2. 代表性保健食品
(1)瑞怡茶:由枸杞子、玉竹、知母、山茱萸、人参等组成,可助降血糖。
(2)斯达町丸:由葛根、党参、当归、川芎、玉竹等组成,可辅助降血脂。
(3)清逸颗粒:含金银花、酸枣仁、茯苓、黄精、玉竹等,可提升免疫力。
3. 其他
如玉竹挂面、玉竹人参片(压片糖果)、人参玉竹煲汤料、玉竹山药固体饮料、玉竹葛根茶、玛咖玉竹颗粒(固体饮料)、松花粉玉竹液饮品。

九、其他应用

玉竹提取物较好促进纤维芽细胞活性,可活肤,用于抗衰老化妆品。还可抑制黑色素细胞增殖和黑色素的生成,具有美白作用。

参考文献

[1] 晏春耕,曹瑞芳.玉竹的研究进展与开发利用 [J].中国现代中药,2007(04):33-37.
[2] 刘塔斯,杨先国,龚力民,等.药食两用中药玉竹的研究进展 [J].中南药学,2008(02):216-219.

郁李仁 YULIREN

一、来源及产地

为蔷薇科植物欧李（*Cerasus humilis*（Bunge）Bar. & Liou）郁李（*C. japonica*（Thunb.）Lois.）、长梗扁桃（*Amygdalus pedunculata* Pall.）的成熟种子，前两者称小李仁，第三者习称大李仁。主产黑龙江、吉林、辽宁、内蒙古、河北、山东。

二、植物形态

欧李为落叶灌木，小枝被短柔毛。叶互生，叶片倒卵状长椭圆形。叶片先端急尖或短渐尖，基部楔形，最宽处在中部以上，叶柄无毛或被稀疏柔毛。托叶边缘有腺体。花与叶同时开放，萼片三角卵圆形。雄蕊 30～50。花柱与雄蕊近等长，无毛。核果核表面除背部两侧外无棱纹，直径 5.～1.8cm。花期 4～5 月，果期 6～10 月。郁李特点是其叶片先端渐尖或尾状尖，基部圆形；最宽处在中部以下。核果核表面光滑，直径约 1cm；长梗扁桃特点是果实近球形，核宽卵形，先端具小突尖头，表面平滑或稍有皱纹。

三、药材简明特征

1. 小李仁呈卵形，长 5～8mm，直径 3～5mm，表面黄白色或浅棕色。
2. 大李仁长 6～10mm，直径 5～7mm，表面黄棕色。尖端有线形种脐，圆端有深色合点和多条纵向维管束脉纹。种皮薄，子叶富油性。气微，味微苦。

四、化学成分

1. 主要有效成分
苦杏仁苷、郁李仁苷。
2. 主要成分
（1）黄酮类：儿茶素，表儿茶素，原花青素 B_1、B_2，槲皮素，杨梅素等。
（2）脂肪酸类：棕榈酸、棕榈烯酸、硬脂酸、油酸、亚油酸、芥酸等。
（3）氨基酸类：亮氨酸、异亮氨酸、苯丙氨酸、甘氨酸等。
（4）苷类：苦杏仁苷，郁李仁苷 A、B，郁李糖苷，山奈苷，营实苷等。
（5）其他类：钙铁锌硒等元素、甾醇、维生素 B_1、熊果酸、香草酸、原儿茶酸、蛋白质 IR-A 和 IR-B 等。

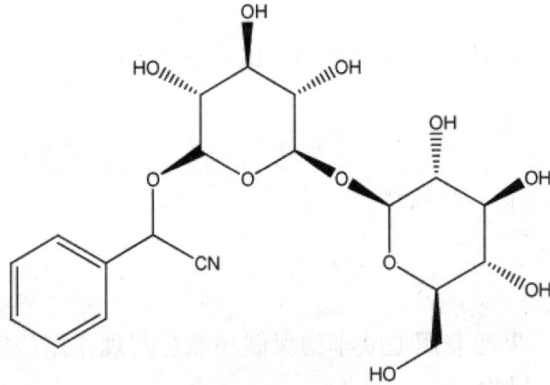

图 133　苦杏仁苷

五、现代药理作用

1. 泻下作用：促进增加胃肠蠕动，促进排便。

2. 镇咳平喘祛痰作用：可镇静呼吸中枢，促进支气管黏膜增厚。

3. 降血压作用：可扩张血管。

4. 其他：治疗水肿、补钙、抗炎、止痛等作用。

六、功效

性平，味辛、苦、甘。归脾、大肠、小肠经；润燥滑肠，下气，利水。用于津枯肠燥、食积气滞、腹胀便秘、水肿、脚气、小便不利等症。

七、代表性中药制剂与方剂

1. 五仁润肠丸：由地黄和陈皮各 200g，桃仁、火麻仁、当归、酒蒸肉苁蓉和大黄各 50g，郁李仁和松子仁各 15g，柏子仁 25g 组成，可用于老年体弱便秘。

2. 大黄泻肝散：郁李仁和荆芥各 8g，甘草和大黄各 16g，可用于青光眼。

3. 其他：如搜风顺气丸、痔血丸、蚕茧眼药、麻仁滋脾丸、当归郁李仁汤、郁李仁煮散、木香郁李仁丸等。

八、食品应用

1. 药膳

郁李仁粥（郁李仁 15g、粳米 100g），郁李仁捣烂，水研绞取药汁，加入粳米同煮为粥，可润肠通便，利水消肿。

2. 代表性保健食品

（1）润通胶囊：由决明子、郁李仁、枸杞子、槐花组成，可润肠通便。

（2）减肥胶囊：含郁李仁、魔芋、鸡内金、何首乌、人参、灵芝，可助减肥。

3. 其他

如郁李仁浓缩液（粉、固体饮料、液体饮料、压片糖果）。

九、其他应用

郁李仁提取物可用于化妆品原料。

参考文献

[1] 李卫东,顾金瑞. 果药兼用型欧李的保健功能与药理作用研究进展 [J]. 中国现代中药,2017,19（9）: 1336–1340.

[2] 刘星劼,张永清,李佳. 中药郁李仁本草考证及化学成分研究 [J]. 辽宁中医药大学学报,2017（12）: 100–103.

芫荽 YANSUI

一、来源及产地

为伞形科植物芫荽（*Coriandrum sativum* Linn.）的全草。在中国产于东北、华北、华东、华中、华南、西南等地区，主要为栽培。

二、植物形态

一年生或二年生草本，高 20 ～ 100cm，有强烈气味。根生叶有长 2 ～ 8cm 柄，叶片 1 或 2 回羽状全裂，上部的茎生叶 3 回以至多回羽状分裂。复伞形花序，萼齿常大小不等。花瓣倒卵形。果实圆球形，背面主棱及相邻的次棱明显。花果期 4-11 月。

三、药材简明特征

全草长 15 ～ 35cm。主根粗短，圆锥形，须根众多，灰褐色。基生叶 8 ～ 12 片，皱缩，展平后呈披针形或倒披针形，长 10 ～ 20cm，宽 2 ～ 3.5cm，黄绿色，基部渐窄成一扁平叶柄，边缘具硬骨质、刺状齿和硬刺。花茎具披针形的短叶，顶端尖锐，边缘 3 ～ 5 裂或不分裂，具疏而锐利的齿。有时可见头状花序，小花残留萼片尖硬刺手。全株香气较浓，味辛微苦。以叶片多，气香浓者为佳。

四、化学成分

1. 主要有效成分
葫芦巴碱、多种皂苷和挥发性成分。
2. 主要成分
（1）脂肪醛和醇：2- 十二烯醛、2- 环己烷 -1- 醇、丁酸乙酯。
（2）香豆素类：异香豆精、二氢芫菜异香豆精和异香豆酮 A、异香豆酮 B、香柑内酯、欧前胡内酯、伞形花内酯、花椒毒酚、东莨菪素等。
（3）其他类：苹果酸钾、维生素 C、氨基酸与微量元素。

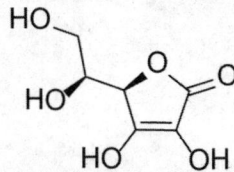

图 134　维生素 C

五、现代药理作用

1. 抗菌作用：可抑制大肠杆菌和金黄色葡萄球菌的活性。
2. 抗氧化作用：可清除自由基和具有还原 Fe^{3+} 的能力。
3. 降糖作用：可降低血清葡萄糖的吸收，提高胰岛素的释放。
4. 其他：降血脂、抗焦虑、抗肿瘤、促进消化和毛发增长、利尿排毒等。

六、功效

性温，味辛。入肺、胃经；发表透疹，健胃。用于麻疹不透，感冒无汗等症。

七、代表性中药制剂与方剂

1. 芫荽汤：由鲜芫荽和干板栗各 150g，鲜胡萝卜 200g 组成，用于小儿水痘。
2. 七味糖脉舒胶囊：由黄芪 300g，芹菜籽、芫荽和红参各 200g，五味子和地黄各 250g，蜂胶 100g 组成，可补气滋阴，生津止渴。
3. 其他：如二十味疏肝胶囊、二十五味余甘子丸等。

八、食品应用

1. 药膳：芫荽捣碎混合面糊煮粥。
2. 调料：菜肴调料。

九、其他应用

可作为食品添加剂，其由芸香草、芫荽、肉豆蔻、木糖醇、麦冬、金银花、辣木叶、鹰嘴豆、香榧、香椿叶等组成。另外芫荽提取物或果油均被用于化妆品原料，如植萃洗手液芫荽香、芫荽橙萃净澈防护面膜等。

参考文献

[1] 宋珍 . 藏药芫荽果的化学成分研究 [D]. 苏州：苏州大学药学院，2017.

枣 ZAO

一、来源及产地

为鼠李科枣属植物枣（*Ziziphus jujuba* Mill.）的成熟果实。大枣一般指红枣，大枣经蒸制后成为黑枣。在中国分布于东北、华北、华东、西北、西南和华南等地区，广为栽培。

二、植物形态

落叶小乔木，树皮褐色或灰褐色；具2个托叶刺；具长、短枝。单叶互生；卵圆形至卵状披针形，基部歪斜，边缘具细锯齿，主脉自基部发出，侧脉明显。花小，聚伞花序，萼裂，雄蕊与花瓣对生；子房室、花柱于花盘中央突出，核果熟时深红色，果肉味甜，核两端锐尖。花期5~6月，果期9~10月。

三、药材简明特征

1. 大枣，球形或椭圆形，长2~3.5cm。表面暗红色，具不规则皱纹。基部凹陷，有短果柄。外果皮薄，中果皮淡褐色或棕黄色，肉质，柔软，富糖性而油润。果核纺锤形，两端锐尖，质坚硬。气微香，味甜。

2. 黑枣，颗大均匀，短壮圆整，顶圆蒂方，表面皱纹细浅，色乌黑或黑里泛红，有光泽。味甘。

四、化学成分

1. 主要有效成分
三萜皂苷类化合物、黄酮类、有机酸、生物碱。

2. 主要成分

（1）糖类：大枣果胶、D-半乳糖、L-阿拉伯糖、L-鼠李糖、D-甘露糖、D-半乳糖醛酸、D-葡萄糖。

（2）三萜类化合物：羽扇豆烷型、齐墩果烷型及氰基硅烷三萜类。

（3）皂苷类化合物：枣树皂苷Ⅰ~Ⅵ，大枣皂苷Ⅰ~Ⅲ和酸枣仁皂苷B等。

（4）生物碱类化合物：环肽类和异喹啉类生物碱。

（5）黄酮类化合物：芦丁、当药黄素。

（6）其他类：含有苏氨酸、脯氨酸、天冬氨酸、组氨酸、精氨酸、丝氨酸、丙氨酸、酪氨酸、谷氨酸等非必需氨基酸和蛋氨酸、缬氨酸、赖氨酸和异亮氨酸等必需氨基酸，以及芸香苷、富含的维生素A、B、C和多种微量元素等。

五、现代药理作用

1. 增强免疫：可促进免疫细胞的增殖,提高免疫功能。
2. 抗氧化作用：具有清除自由基的能力。
3. 抗肿瘤作用：可抑制癌细胞增殖,诱导癌细胞凋亡。
4. 其他：抗过敏、保护肝脏、改善血脂水平、抗疲劳、降压、降血糖等。

六、功效

性温、味甘。归脾、胃经;补中益气,养血安神。用于脾虚食少、乏力便溏等症。

七、代表性中药制剂与方剂

1. 黑归脾丸：含党参、茯苓、炙黄芪、炒白术、熟地黄、龙眼肉、炒酸枣仁和黑枣各100g,炒当归和远志各50g,木香25g,炙甘草5g,可补益心脾,养血安神。
2. 小建中汤：饴糖30g、桂枝和生姜各9g、芍药18g、大枣6枚、炙甘草6g组成,可温中祛寒。
3. 其他：如珍枣胶囊、枸枣口服液、芪枣颗粒、五味健脑口服液、健肝片、党参养荣丸等。

八、食品应用

1. 药膳
如蜜(红)枣粥、花生蜜枣粥、莲子红枣粥等。
2. 代表性保健食品
（1）红枣口服液：由干制红枣、水组成,可增强免疫力。
（2）参茸酒：由马鹿茸、西洋参、红参、淫羊藿、黄精、黑枣、龙眼肉、枸杞子、乌梢蛇、蜂蜜、白酒等组成,可抗疲劳。
3. 其他
（1）蜜饯和果脯：如可做成蜜枣、红枣、熏枣、黑枣、酒枣及牙枣等。
（2）食品原料：枣泥、枣面、枣酒、枣醋等。
（3）其他食品：干枣、蜂蜜大枣茶味罐头、红参大枣饮料、大枣莲子红糖、大枣黑芝麻固体饮料、人参大枣袋泡茶、人参百合大枣颗粒等。

九、其他应用

枣提取物可用于化妆品原料。

参考文献

[1] 刘世军,唐志书,崔春利,等.大枣化学成分的研究进展 [J].云南中医学院学报,2015,38（03）:96-100.

[2] 张采,李佳,张永清.大枣化学成分研究概况 [J].中国现代中药,2011,13（11）:49-51.

栀子 ZHIZI

一、来源及产地

为茜草科植物栀子（*Gardenia jasminoides* Ellis）的干燥果实。产于西北、华东、华中、湖南、华南、西南等地区，其中河南省唐河县为最大的栀子生产基地。

二、植物形态

灌木，叶对生，或 3 枚轮生，叶形多样，侧脉 8 ~ 15 对，托叶膜质。花芳香，常单朵生于枝顶，花梗长 3 ~ 5mm；萼管常 6 裂，结果时增长，宿存。花冠白色或乳黄色，高脚碟状，常6 裂；子房黄色，平滑，果黄色或橙红色，具 5 ~ 9 条翅状纵棱；种子多数。花期 3–7 月，果期 5 月至次年 2 月。

三、药材简明特征

椭圆形或长卵圆形，直径 1 ~ 5cm。表面常棕红色，有 6 条翅状纵棱，棱间常有 1 条明显纵脉纹。果皮薄而脆，略有光泽，具 2 ~ 3 条隆起假隔膜。种子多数，集结成团，红黄色或深红色，表面密有细小疣状突起。气微，味微酸而苦。

四、化学成分

1. 主要有效成分
栀子苷、藏红花素等。
2. 主要成分
（1）环烯醚萜类：栀子苷、山栀苷、栀子酮苷、鸡屎藤次苷甲酯等。
（2）酚酸类：绿原酸、3,4- 二 –O– 咖啡酰其奎宁酸、3–O– 咖啡酰基 –4–O– 芥子酰基奎宁酸、3,5- 二 –O– 咖啡酰基 –4–O–（3- 羟基 –3甲基）戊二酰基奎宁酸等。
（3）黄酮类成分：芸香苷、槲皮素等。
（4）二萜类：藏红花素、藏红花酸及其衍生物。
（5）三萜类：熊果酸、19α– 羟基 –3– 乙酰乌苏酸、铁冬青酸、异蒲公英赛醇等。

五、现代药理作用

1. 利胆作用：可促进胆汁分泌。
2. 促进胰腺分泌：可降低胰淀粉酶活性，增加胰胆流量。
3. 泻下作用：可增加大肠，促进排便。

4. 其他：保肝、降血压、降血脂、泻下、抗菌消炎等作用。

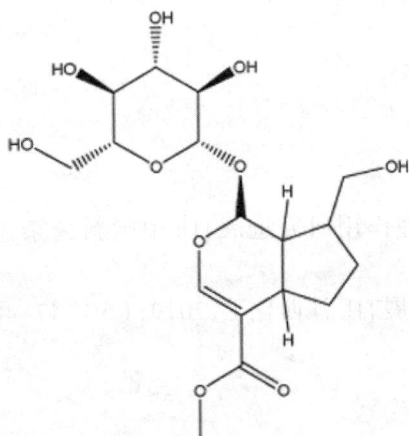

图 135　栀子苷

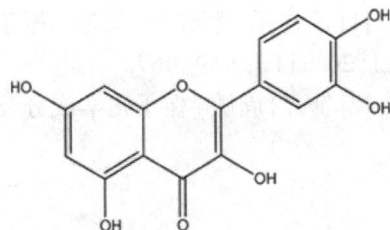

图 136　槲皮素

六、功效

性寒，味苦。归心、肺、三焦经；泻火除烦、清热利尿、凉血解毒。用于热病心烦、黄疸尿赤、目赤肿痛、火毒疮疡等症；外治扭挫伤痛。

七、代表性中药制剂与方剂

1. 三子散：由诃子、川楝子和栀子各 200g 组成，可清热凉血，解毒。

2. 栀子金花丸：由栀子和大黄各 116g，黄连 4.8g，黄芩 192g，黄柏和天花粉各 60g，金银花和知母各 40g 组成，可用于肺胃热盛，口舌生疮，牙龈肿痛等。

3. 其他：如栀子桃仁泥膏、栀子豆豉汤、栀子柏皮汤、复方栀子止痛膏等。

八、食品应用

1. 药膳

香附栀子粥（香附 6g、栀子 10g、粳米 100g）、栀子粥、莲栀梨汁粥（莲子 15g、栀子和陈皮各 6g、鸡内金 10g、梨 3 个、大米 50g、白糖 15g）。

2. 代表性保健食品

（1）肝顺胶囊：由栀子、桑葚、枸杞子、菊花、白芍、当归、泽泻、山药组成，辅助保护化学性肝损伤。

（2）逗特可丽丸：由栀子、金银花、菊花、决明子组成，可美容（祛痤疮）。

3. 其他

栀子茶、人参葛根栀子片、栀子茯苓固体饮料、栀子茯苓代用茶、蚕蛹栀子固体饮料、栀子蒲公英片（压片糖果）等。

九、其他应用

栀子黄色素为天然染料,其也可为食品添加剂。

参考文献

[1] 孟祥乐,李红伟,郭澄 . 栀子化学成分及其药理作用研究进展 [J]. 中国新药杂志,2011,20(11):959-967.

[2] 邹毅,周敏 . 栀子化学成分及药理作用的研究进展 [J]. 江西化工,2019,(5):47-48.

枳椇子 ZHIJUZI

一、来源及产地

为鼠李科植物北枳椇（*Hovenia dulcis* Thunnb）、枳椇（*H. acerba* Lindl.）和毛果枳椇（*H. trichocarpa* Chun et Tsiang）的成熟种子。在中国，北枳椇和枳椇产于全国大部分地区。毛果枳椇产于浙江、江西、湖北、湖南、广东等地。

二、植物形态

北枳椇为落叶灌木，小枝红褐色。叶互生，具长柄。叶片广卵形，边缘具不整齐粗锯齿，两面均无毛，基出 3 脉。聚伞花序，花杂性，萼片、花瓣、雄蕊均 5，雌蕊 1，子房 3 室，果实近球形，种子扁圆，红褐色，有光泽。花期 5 ~ 7 月，果期 8 ~ 10 月；枳椇特点是小枝幼时被锈色细毛，叶柄红褐色，具细腺点，叶背面脉上及脉腋有细毛；毛果枳椇特点是落叶乔木，小枝褐色或黑紫色，叶背面密被黄褐色或黄灰色不脱落的绒毛。花萼密被锈色柔毛，花盘密被锈色长柔毛，果序轴被锈色或棕色绒毛。

三、药材简明特征

1. 北枳椇，种子呈扁平圆形，背面稍隆起，正面较平坦，直径约 5mm，厚 1 ~ 5mm。表面棕黑色、红棕色或绿棕色，有光泽，种皮坚硬，胚乳白色，子叶淡黄色，肥厚，均富油质。气微，味微涩。

2. 枳椇，种子黑紫色或暗褐色，直径 3.2 ~ 4.5mm。

3. 毛果枳椇，种子黑色、棕色或黑紫色，近圆形，直径 4 ~ 5.5mm，腹面中部有棱，背面有时有乳头状突起。均以饱满、有光泽为佳。

四、化学成分

1. 主要有效成分
多糖、有机酸。

2. 主要成分

（1）三萜皂苷类：枳椇皂苷 C、D、G、H；北枳椇皂苷 A_1、A_2、B_1、B_2、北拐枣 Ⅲ。

（2）黄酮类：洋芹素、山奈酚、双氢山奈酚、杨梅黄素、双氢杨梅黄素、槲皮素等。

（3）糖类：枳椇子多糖、葡萄糖、果糖、蔗糖等。

（4）其他类：十八烯酸甲酯、十九烷烯酸甲酯、二十烷烯酸甲酯等；大黄素、黑麦草碱、欧鼠李碱、枳椇碱 A、枳椇酸、苹果酸钙等。

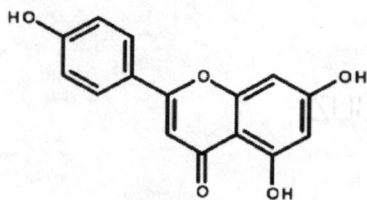

图 137　洋芹素

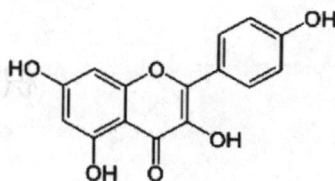

图 138　山奈酚

五、现代药理作用

1. 保护肝脏作用：可改善肝功能,缓解肝组织炎症程度。

2. 抗氧化作用：可清除自由基和提高超氧化物歧化酶（SOD）的活力。

3. 抗肿瘤作用：可抑制癌细胞增殖,诱导癌细胞凋亡。

4. 其他：延缓衰老、抗疲劳、解酒毒等作用。

六、功效

性平,味甘。归心、脾经；止渴除烦,清湿热,解酒毒。用于中酒毒,烦渴呕逆,二便不利等症。

七、代表性中药制剂与方剂

1. 枳椇子丸：由枳椇子 60g、麝香 3g 组成,可用于饮酒过多。

2. 加减葛花汤：含葛花、花粉、茯苓和贝母各 6g,枳椇子、石斛和杏仁各 9g,沙参和薏苡仁各 12g,麦冬 4.5g,橘红 3g,橄榄 2 枚,可用于嗜酒太过,伤肺咳嗽等症。

八、食品应用

1. 药膳：如枳椇粥等。

2. 代表性保健食品：藏疏胶囊、艾尔口服液、益顺清软胶囊、疏青片等均对化学性肝损伤有辅助保护功能。

3. 其他：枳椇子胶囊(压片糖果、液饮料、泡腾片、茶、调制蜜、果干)。

九、其他应用

暂无。

参考文献

[1] 晋海洋. 枳椇子化学成分的研究 [D]. 吉林大学,2015

[2] 吴龙火,张剑. 枳椇子的化学成分研究 [J]. 时珍国医国药,2013,24（05）：1028-1029.

紫苏 ZISU

一、来源及产地

为唇形科植物紫苏(*Perilla frutescens*(L.)Britt.)的带枝嫩叶。在中国,华北、华中、华南、西南地区及台湾地区均分布有野生种和栽培种。

二、植物形态

一年生直立草本植物。茎钝四棱形,具四槽,密被长柔毛。叶两面绿色或紫色,或仅下面紫色,上面被疏柔毛,下面被贴生柔毛,侧脉 7 ~ 8 对。叶柄、花柄、花萼下部同样密被长柔毛。 轮伞花序,苞片无毛,边缘膜质;花萼钟形,萼檐二唇形,花冠白色至紫红色,冠筒短。雄蕊 4;雌蕊 1,子房 4 裂,柱头 2 室,2 裂;小坚果近球形,具网纹。花期 8 ~ 11 月,果期 8 ~ 12 月。

三、药材简明特征

叶多皱缩蜷曲、破碎,完整者卵圆形,边缘具圆锯齿。两面紫色或背面绿色而腹面紫色,疏生灰白色毛,腹面有凹点状腺鳞数个。叶柄紫绿色。质脆易碎。带嫩枝者,断面具髓。气清香,味微辛。饮片呈方形厚片,表面黄白色,髓部白色,疏松或脱落。外围暗紫色或紫棕色。体轻质硬。气微香,味淡。

四、化学成分

1. 主要有效成分
紫苏醛等成分。
2. 主要成分
(1)挥发油:紫苏醛、紫苏酮、柠檬烯、紫苏烯、芹菜脑。

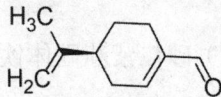

图 139 (S)-(-)-紫苏醛　　图 140 (S)-(-)-柠檬烯

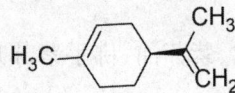

(2)脂肪酸类:α-亚麻酸、亚油酸、油酸等,尤以 α-亚麻酸含量最高。
(3)黄酮类:主要含黄酮类、黄烷醇类,且以黄酮类结构类型为主。
(4)酚酸类及苯丙酸类:迷迭香酸、阿魏酸、咖啡酸。
(5)三萜类化合物:熊果酸、科罗索酸、齐墩果酸、香树脂醇。

五、现代药理作用

1. 保护心脑血管作用：增加冠状动脉血流量、扩张血管、减轻脑缺血损伤。

2. 抗氧化作用：可清除自由基和提高超氧化物歧化酶（SOD）的活力。

3. 抑菌作用：具有广谱的抑菌及杀菌能力。

4. 其他：降血脂、降血糖、抗血栓、抗抑郁、善记忆力、抗肿瘤等作用。

六、功效

性温，味辛。归肺、脾经；解表散寒，行气和胃。用于风寒感冒、咳嗽呕恶、妊娠呕吐、鱼蟹中毒等症。

七、代表性中药制剂与方剂

1. 香苏散：由香附和紫苏叶各 120g、炙甘草 30g、陈皮 60g 组成，可疏散风寒，理气和中。

2. 万应甘和茶：由藿香、紫苏和茯苓各 313g，厚朴（姜炒）156g，制半夏、漂白术、木瓜和苍术各 94g，制陈皮和泽泻各 250g，苦杏仁和砂仁各 63g，甘草 46g，白扁豆 125g，茶叶适量，可用于感冒发热，腹痛吐泻，暑湿泄泻。

3. 其他：卫生宝丹、伤风咳茶、伤风感冒冲剂、化风丹等。

八、食品应用

1. 药膳

紫苏粥（紫苏叶 6g、粳米 50g）、紫苏砂仁粥（紫苏叶和粳各 5g、砂仁 3g）、凉拌紫苏叶（紫苏嫩叶 300g、佐料适量）、紫苏饮（鲜紫苏叶 3 ~ 5 片）。

2. 代表性保健食品

（1）珍美软胶囊：由天然维生素 E、珍珠粉、红花、紫苏叶油、食用植物油等组成，可祛黄褐斑。

（2）紫苏蜂胶软胶囊：含蜂胶、紫苏油、明胶等，可增强免疫力、助降血脂。

3. 其他

如鹿心紫苏颗粒、紫苏油、佛手紫苏片（压片糖果）、砂仁紫苏固体饮料、金银花紫苏固体饮料等。

九、其他应用

1. 紫苏叶与花中提取物有天然色素。

2. 紫苏精油可做防腐材料。

参考文献

[1] 何育佩,郝二伟,谢金玲,等 . 紫苏药理作用及其化学物质基础研究进展 [J]. 中草药,2018,49（16）: 3957-3968.

[2] 叶宇,梁克利 . 紫苏的化学成分研究 [J]. 哈尔滨商业大学学报（自然科学版）,2017,33（05）: 523-525.

紫苏子 ZISUZI

一、来源及产地

来源及产地同紫苏,种子入药及食用。

二、植物形态

植物形态同紫苏原植物形态。

三、药材简明特征

类球形或卵圆形,直径0.6～2mm。表面灰褐色或灰棕色,有微隆起的暗紫色网状花纹,具灰白色点状果梗痕。果皮薄而脆,易压碎。种子黄白色,种皮膜质。子叶类白色,富油性。碎后有香气,味微辛。

四、化学成分

1. 主要有效成分
亚麻酸、亚油酸。

2. 主要成分
(1)紫苏种子含蛋白质、不饱和脂肪酸、亚麻酸、亚油酸。
(2)挥发油:紫苏醛、紫苏醇、薄荷酮、薄荷醇、丁香油酚及白苏烯酮等。

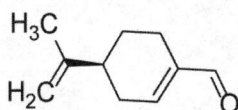

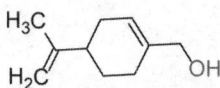

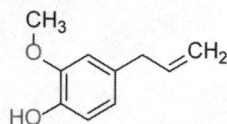

图141 (S)-(-)-紫苏醛　　　图142 紫苏醇　　　图143 丁香酚

(3)维生素:维生素 B_1、维生素 B_2、维生素 C。
(4)微量元素:K、Ca、P、Fe、Mn 和 Se 等。

五、现代药理作用

1. 保护心脏作用:可调节心脏代谢、延缓心力衰竭。
2. 抗氧化作用:可有效清除自由基,具有良好的还原能力。
3. 抗炎作用:可抑制炎症因子的产生,促进淋巴因子和抗体的产生。
4. 其他:减肥、抗衰老、降血脂、提高记忆力和机体免疫力、抗过敏等。

六、功效

性温,味辛。归肺、大肠经;降气消痰,平喘,润肠。用于痰壅气逆、咳嗽气喘、肠燥便秘等症。

七、代表性中药制剂与方剂

1. 咳喘顺丸:含紫苏子、款冬花、前胡和紫菀各 120g,茯苓和桑白皮各 150g,瓜蒌仁 180g,鱼腥草 300g,苦杏仁 90g,陈皮 50g,制半夏和甘草各 100g,宣肺化痰平喘。

2. 苏子降气汤:由紫苏子和法半夏各 9g,陈皮和肉桂各 3g,当归、前胡、姜厚朴和炙甘草各 6g,生姜 2 片,大枣 1 个组成,可降气平喘,祛痰止咳。

3. 三子养亲汤:紫苏子、白芥子、莱菔子各 9g,可温肺化痰,降气消食。

4. 其他:如宁嗽丸、复方咳喘胶囊、咳喘橡胶膏、咳喘安口服液等。

八、食品应用

1. 药膳

如紫苏麻仁粥(紫苏子、火麻仁、北杏仁三者各 10g,粳米 100g),可用于肠燥便秘;紫苏子汤团(紫苏子 300g,糯米粉 1000g),以熟碎紫苏子和猪油、白糖为馅。和糯米粉做成汤团,煮熟,可宽中开胃、理气利肺。

2. 代表性保健食品

(1)蒜素鱼油软胶囊:由紫苏子油、鱼油、大蒜油等组成,可辅助降血脂。

(2)其他:如紫苏子莱菔子代用茶、人参紫苏子调和油、松籽油紫苏子油软胶囊、蜂胶紫苏子油软胶囊等。

3. 其他食品

如紫苏子油、破壁紫苏子粉等。

九、其他应用

紫苏子油含有丰富的亚麻酸,紫苏子与紫草配伍,具有抗炎、舒缓、修复肌肤作用,可用于皮肤护理。

参考文献

[1] 王晓辉. 紫苏化学成分和抗肿瘤的研究 [D]. 吉林大学,2016.

[2] 刘洪旭,陈海滨,吴春敏. 紫苏子的研究进展 [J]. 海峡药学,2004,(04): 5-8.